dtv

Immer mehr Forschungsergebnisse zeigen: Der Einfluss von Bakterien auf unsere Gesundheit, unsere Stimmung und unser Denken ist immens. Es fragt sich, wer in unserem Körper eigentlich das Sagen hat. Gleichzeitig glauben wir, Mikroben mit Desinfektionsmitteln und Antibiotika in Schach halten zu müssen. Damit stören wir jedoch das fein justierte Ökosystem des menschlichen Körpers – und verursachen womöglich Zivilisationskrankheiten wie Übergewicht, Allergien, Herz-Kreislauf-Leiden und Krebs.

»Das Buch informiert unterhaltsam über ein hochaktuelles Forschungsfeld. Aufschlussreich sind auch die Kapitel über den Einfluss von Bakterien auf Krebserkrankungen und auf unsere Psyche.«
Anne Preger, WDR5

Hanno Charisius, Jahrgang 1972, studierte Biologie in Bremen, arbeitete u.a. als Redakteur bei ›MIT Technology Review‹ und ›Wired‹ und war 2010/11 Stipendiat für Wissenschaftsjournalismus am Massachusetts Institute of Technology.

Richard Friebe, Jahrgang 1970, schreibt u.a. für die ›Frankfurter Allgemeine Zeitung‹, die ›Frankfurter Allgemeine Sonntagszeitung‹ und die ›Süddeutsche Zeitung‹. Er ist Träger des Georg-von-Holtzbrinck-Preises für Wissenschaftsjournalismus 2010. Für einen Artikel zum Thema »Biohacking« hat er 2013 den Peter-Hans-Hofschneider-Recherchepreis gewonnen.

Hanno Charisius
Richard Friebe

Bund fürs Leben

Warum Bakterien
unsere Freunde sind

Mit Illustrationen
von Veronique Ansorge

Ausführliche Informationen über
unsere Autoren und Bücher
www.dtv.de

Ungekürzte Taschenbuchausgabe 2017
dtv Verlagsgesellschaft mbH & Co. KG, München
© 2014 Carl Hanser Verlag München
Lizenzausgabe mit Genehmigung des Hanser Verlags, München
Das Werk ist urheberrechtlich geschützt. Sämtliche, auch auszugsweise
Verwertungen bleiben vorbehalten.
Umschlaggestaltung: dtv nach einem Entwurf von Birgit Schweitzer, München
Illustrationen: Veronique Ansorge – Fotolia.com/Dawn Hudson – Fotolia.com
Druck und Bindung: Druckerei C.H.Beck, Nördlingen
Gedruckt auf säurefreiem, chlorfrei gebleichtem Papier
Printed in Germany · ISBN 978-3-423-34899-7

INHALT

EINLEITUNG 9

Transplantation ohne Skalpell · Wandel in wenigen Jahren ·
Terra incognita · Die innere Serengeti darf nicht sterben · Hundert
Billionen Mitarbeiter · Die Macht der Mikroben: Vom Darm
über die Psyche bis zum Tumor

TEIL I DER MIKRO-MENSCH 18

1 Superorganismus Mensch 19
Happy Birthday, Bakterien · Das biologische Wir entscheidet ·
Jedes Mikrobiom ist einzigartig · Was ist Ihre Mikrobenadresse? ·
Das erste Geburtstagsgeschenk von Mama

2 Expeditionen ins Wir-Reich 27
Nagelprobe · Der Mückenmagnet · Nabelschau · Und nun
zum Sex · Das orale Schlachtfeld · Küsse, Bisse, Hindernisse

3 Die Darm-WG 38
Bakterienhort Blinddarm · Das zweite Gehirn · Ordnung ist das
halbe Mikrobenleben · Black Box Darm

4 Uralte Feinde, alte Freunde 46
Schutz und Nutz · Liebe deinen Wirt (ein bisschen) wie dich selbst ·
Kost, Lust und Logis · Zahnpasta als Evolutionsmotor

5 Die Farmen der Tiere 53
Alles ist besiedelt · Innere Solarkraftwerke und Zuckerfabriken ·
Rumen est Omen · Wie die Bremer Stadtmusikanten ·
Die Neuentstehung der Arten

INHALT

6 Eine kurze Geschichte der Mikrobiologie … 62
Mit Pocken gegen Pocken · Das Melken macht's · Heftige Krankheiten durch Winzlinge? · Ein Landarzt namens Dr. Robert Koch · Fannys Rezept, Petris Hit · Gute Keime? · Das zweite Genom

7 Auf der Suche nach dem verlorenen Keim … 74
Zivilisatorische Bakterienarmut · Karriere mit Irrtum · Bakterientherapie für Fortgeschrittene

8 Mikroben-Liebe … 83
Küssen kann man nicht alleine · Gib mir deinen Saft · Haut an Haut

TEIL II WIR GEGEN UNS … 88

9 Antibiotika – eine ökologische Katastrophe … 89
Pharmazeutische Fettmacher · Keimbekämpfung mit Nebenwirkungen · Von Mäusen und Menschen · Handgranate im Darm · Zu rein, um gesund zu sein

10 Wenn Paracetamol zum Gift wird … 100
Lang lebte der Wurm · Digitale Herzprobleme · Lauter Mikro-Lebern – Giftabbau im Darm · Die toxischen Nachfahren der Blockbuster-Pillen · Analysieren oder weglassen

11 Die zwei Geburten des Menschen und die Sache mit dem Kaiserschnitt … 109
Sauber, keimfrei, aber nicht problemfrei · Der Weg ins und durch viel Leben · Die ersten tausend Tage – entscheidend für die Gesundheit · Zu viel Hygiene · Von führenden Forschern (noch nicht) empfohlen · Probiotika zum Säuglingsfrühstück · Ex utero

TEIL III DESINFEKTIONSKRANKHEITEN … 118

12 Die Schule des Immunsystems … 119
Mehr Krippenplätze! · Unsere kleine Farm · Paranoide Wächter · Gluten und andere Unverträglichkeiten · Die Rohmilch macht's · Die Redundanz der Gemüsesuppe · Alles ist möglich

INHALT

13 Übergewicht, Diabetes und der Einfluss der Mikroben   133
Smithii führt Regie · Kleiner Unterschied, große Wirkung · Früher Überlebensvorteil, heute Bedrohung · Zucker – der Elefant im Raum · Offene Stellen bei der Agentur für Darmarbeit · Ansteckend schlank · Ernährungsumstellung: Vielfalt und Pflanzen

14 Bauchgefühle – wie Bakterien unsere Psyche beeinflussen   150
Beißbefehl vom Parasiten · Mutige Mäuse · Gelassen durch Joghurt · Darm-Immunzelle an Graue Zelle · Die 500-Millionen-Frage · Forscher aller Disziplinen, vereinigt euch · Frühe Hirnentwicklung

15 Die K-Frage – fördern und verhindern Mikroben Tumoren?   163
Schutz durch Laktobazillen · Kefir gegen Krebs? · Feuer ist gut, Dauerfeuer nicht · Toll und nicht so toll · Das macht Bauchschmerzen · Polyphenole, heilsames Bakterienfutter · Trittbrettfahrer oder Turbolader?

16 Bazillen statt Betablocker?   175
Das fabelhafte Baker-Lab · Studien mit Menschen · Fleisch für den Veganer · So wertvoll wie ab und zu ein kleines Steak

17 Der kranke Darm   185
Reizdarm · Der Wurm im Flugzeug · Lebendige Stärkung für den Schutzwall · Gallenliebe · Die Rolle der Ballaststoffe · Bitte ein Placeborezept

TEIL IV HEILEN MIT MIKROBEN   198

18 Joghurt für ein langes Leben   199
Indizienprozess um Mikroben · Fehler und fehlende Empfehlungen · Zu Risiken und Nebenwirkungen … · Gelatinekapsel auf, Bakterien rein, Gelatinekapsel zu · Gärung, Gärung, Geldvermehrung · Esst mehr Sauerkraut! · Bakterientherapie · Bioprävention und die Probiotika der Zukunft

INHALT

19 Milliardenspende für die Gesundheit — 218
Uralte Methoden · Ein Geschenk Gottes · Studie wegen Erfolges abgebrochen · Die Suche nach dem idealen Spender · Therapie mit künstlichem Stuhl

20 Die Bak-Strategie – personalisierte Medizin für jedes Mikrobiom — 233
Ein Krankheitsbild, viele Ursachen · Therapie mit der Schrotflinte · Individuelle Gene, individuelle Bakteriengene · Gewollter Verdrängungswettbewerb · Schwarze Schafe · Von Tumoren kultivierte Bakterien · Abwarten und Joghurt essen

TEIL V FOLLOW THE MONEY — 244

21 Spülen, Entschlacken, Sanieren, Kassieren — 245
Der Chirurg als Superstar · Darmwaschanlagen und Schlauchpflegesets · Der Trick mit dem Fußbad · Saubere Leber, gefährliche Pilze

22 EM: 80 Mikroben für die Welt — 256
»Nicht alles auf der Welt lässt sich erklären« · Das auf Wolke 7 fliegende Klassenzimmer

23 Die Darm-AG — 265
Bakterientherapie als Wirtschaftskraft · Gentechnisch veränderte Milchsäurebakterien · Keim-Geheimnisse, Geschäftsgeheimnisse · Bugs are Drugs · Hochdruck in der Pipeline

AUSBLICK — 275
Das Reich der Körpermitte · Wer seid ihr, und wenn ja, was macht ihr? · Bund fürs Leben – ein neues Menschenbild · Was Bakterien brauchen · Bakterien und Persönlichkeit · Bakterien und Privatsphäre · Der innere Gärtner · Warum Bakterien unsere Freunde sind

Literaturhinweise und Erläuterungen — 292

Sachregister — 310

Personenregister — 317

EINLEITUNG

»Die Abhängigkeit der Darmmikroben vom Essen macht es möglich, Maßnahmen zu ergreifen, um die Flora in unseren Körpern zu modifizieren und die schädlichen Mikroben durch gute Mikroben zu ersetzen.«
Ilja Metschnikow, 1908

Bakterien sind unsere Feinde. Sie sind Krankheitserreger. Sie sorgen für üble Gerüche. Wo sie sind, ist es nicht sauber, und was nicht sauber ist, das ist nicht gut. »Antibakteriell« ist eines der wenigen Wörter mit »Anti-« am Anfang, das in unseren Ohren einen positiven Klang hat. Und wir schaffen es seit einiger Zeit, mit antibakteriellen Mitteln und mit Antibiotika Bakterien so effektiv umzubringen wie nie zuvor in der Menschheitsgeschichte. Antibiotika haben, seit sie im Zweiten Weltkrieg erstmals eingesetzt wurden, unzähligen Menschen mit akuten Infektionen geholfen, ja das Leben gerettet, und sie gehören heute zu den am häufigsten verschriebenen Medikamenten überhaupt. Wir desinfizieren und putzen, so gut wir nur können. Wir vermeiden Keime, wo es nur geht.

Trotzdem sind wir heute nicht unbedingt gesünder als zu jenen Zeiten, als Hygiene ausschließlich aus Wasser und Seife bestand. Genau seit der Zeit, zu der wir begannen, im großen Stil Krieg gegen Bakterien zu führen, haben Krankheiten und Gesundheitsprobleme, die zuvor eher selten waren, extrem an Häufigkeit zugenommen: Diabetes, krankhafte Fettleibigkeit, Allergien, Autoimmunkrankheiten sind nur ein paar Beispiele dafür. Ist diese Gleichzeitigkeit reiner Zufall? Oder kann es sein, dass unsere erfolgreiche Keimbekämpfung uns diese Art unbeabsichtigter Risiken und Nebenwirkungen beschert hat? Stören wir ein über Jahrtausende, ja Jahrmillionen eingependeltes Gleichge-

EINLEITUNG

wicht zwischen uns und den Mikroben in uns, an uns und um uns herum? Und macht uns das krank? Sind Bakterien also sehr häufig nicht unsere Feinde, sondern unsere Freunde?

In diesem Buch wollen wir versuchen, diese Fragen zu beantworten.

Transplantation ohne Skalpell

Das Internet ist für viele Kranke mittlerweile eine mindestens ebenso wichtige Anlaufstelle wie der Hausarzt. Leute mit chronischer Darmerkrankung sind in den Jahren 2012 und 2013 häufiger auf der Website des Musikvereins Grabenstätt gelandet. Die rührigen Musikanten vom Chiemsee bitten dort um »Stuhlspenden«, um den Bau ihres neuen Probenhauses finanzieren zu helfen. Eine Stuhlspende heißt dort: symbolisch einen der Stühle, die im Probenraum stehen werden, für 50 Euro kaufen und dem Verein überlassen.

Das allerdings interessiert jemanden, der an chronischer Darmentzündung leidet, eher nicht.

Wer im Internet Informationen über Stuhlspenden sucht, den plagen Schmerzen im Bauch, Durchfälle, auch Fieber und Nahrungsmittelüberempfindlichkeiten, manchmal zusätzlich sogar ganz andere Leiden von Immunschwächen bis Herzbeschwerden. Eine Stuhlspende, bestehend aus nichts anderem als ein bisschen Darminhalt eines Menschen, der keine dieser Beschwerden hat, soll Linderung oder gar Genesung bringen. Fäkaltransplantation heißt eine solche Übertragung von Darm zu Darm auf Medizinerdeutsch. Das Prinzip: Im Stuhl eines gesunden Menschen, also in seinen Fäkalien, lebt wahrscheinlich auch ein gesunder Bakterienmix, im Stuhl eines Darmkranken ein kranker. Bringt man den gesunden Bakterienmix erfolgreich und nachhaltig in den kranken Darm, dann sollte auch der Darm gesunden.

Es ist, als ob man im Fußball die gesamte Mannschaft auswechselt. Als ob man die untereinander und mit dem Trainer zerstrittenen müden Kicker – sagen wir mal: des HSV im Herbst 2013 – herausnimmt und elf Neue aus dem eingespielten, individuell starken, gut vom Trainer eingestellten Kader von Borussia Dortmund oder Bayern München auf den Rasen schickt.

Vor ein paar Jahren lehnten Mediziner Stuhlspenden und Stuhltransplantationen noch fast durchweg ab. Inzwischen aber haben höchstens noch Pharmaunternehmen, die in dem Naturprodukt Konkurrenz für ihre alten und neuen Darmmedikamente sehen, Probleme mit dem Konzept. In Wissenschafts- und Mediziner-Fachzeitschriften steht immer häufiger davon zu lesen.

Wandel in wenigen Jahren

Ein Blick in die Ausgabe des altehrwürdigen *Deutschen Ärzteblattes* vom 15. Februar 2013: Dort beschreibt eine Gruppe von Internisten aus Ulm zum allerersten Mal in einer Fachpublikation eine »Stuhltransplantation bei therapierefraktärer *Clostridium-difficile*-assoziierter Kolitis« in Deutschland.[1]

Kolitis heißt Darmentzündung. Therapie-refraktär heißt: Die Darmentzündung kommt nach Behandlung immer wieder zurück. *Clostridium difficile* heißt das Bakterium, das bei solchen Erkrankungen offensichtlich die Schwierigkeiten macht. Stuhltransplantation heißt ... aber das erwähnten wir ja bereits.

Selbst aus den medizinisch-nüchternen, in Fachsprache gehaltenen Formulierungen auf diesen acht Seiten kann man leicht herauslesen, wie verzweifelt die 73-jährige Patientin nach immer wieder neuen Antibiotika-Therapien gewesen sein muss. Auf eine kurze Besserung der Symptome von Bauchschmerz bis Durchfall folgte immer ein erneuter Absturz in einen noch schlimmeren Gesamtzustand. Man kann sich auch denken, wie ratlos die Ärzte gewesen sein müssen: optimale klinische Versorgung, neue Medikamente, dann Besserung und Labortests, in denen der *Clostridium*-Keim nicht mehr nachzuweisen war, und dann ein paar Wochen später Rückkehr des Pathogens, verschärfte Rückkehr der Symptome – und Rückkehr der Patientin in die Klinik.

»Solche Leute sind verzweifelt und oft massiv beeinträchtigt in ihrer Lebensqualität, sie sind auch psychisch stark belastet, haben zum Beispiel Angst, irgendeine Einladung anzunehmen und dort dann etwas zu sich zu nehmen«, sagt Thomas Seufferlein, Chef der Klinik für Innere Medizin I der Uniklinik Ulm. Er hat jenen ersten in Deutschland in einem Fachmagazin dokumentierten Fall begleitet.

Um es kurz zu machen: Der damals 73-Jährigen geht es seither gut, sie fühlt sich wie neu geboren und ist es zum Teil tatsächlich. Neu ist ihr Mikrobiom im Darm, die Gemeinschaft von Abermilliarden Bakterien, die normalerweise bei uns mitisst und uns gleichzeitig Nahrung

EINLEITUNG

zur Verfügung stellt, die sich normalerweise für ihren Träger oder ihre Trägerin außer über einen gelegentlichen Pups kaum bemerkbar macht. Die Dame bekam, nachdem ihr Darm gereinigt und sie noch einmal ordentlich mit Antibiotika behandelt wurde, über einen Koloskopieschlauch Fäkalien ihrer 15-jährigen Enkelin verabreicht. Es ging ihr umgehend besser. Genetische Analysen hätten gezeigt, sagt Seufferlein, dass sie nun tatsächlich eine Bakterienmischung in sich trägt, die der von ihrer Stuhlspenderin entspricht. Anders als bei den vorherigen Behandlungen ist also die alte, ungünstige Bakterienmischung nicht zurückgekehrt, auch *Clostridium difficile* ist nicht mehr nachweisbar.

Inzwischen, so erzählt uns Seufferlein im November 2013, haben er und seine Kollegen acht weitere Patienten so behandelt, sieben von ihnen sprachen beim ersten Versuch auf die Stuhltherapie an, der achte beim zweiten. »Allen geht es gut«, berichtet der Professor. Er weiß von etwa 20 anderen Gruppen von Internisten in Deutschland, die mittlerweile Patienten mit *Clostridium-difficile*-bedingten Darmentzündungen mehr oder weniger nach gleichem Schema behandeln, mit Erfolgsraten von etwa 90 Prozent beim ersten Versuch. Durchweg positiv und interessiert sei auch die Reaktion von Kollegen auf den Artikel im *Ärzteblatt* gewesen. Auch bei Patienten sei »die Akzeptanz erstaunlich hoch, anders als man eigentlich erwarten würde« bei so einer Prozedur.

Noch vor wenigen Jahren hätten Kollegen und Patienten sicher ganz anders reagiert. Da war es unmöglich, Artikel über Stuhlspenden und Stuhltransplantationen überhaupt in einem Fachmagazin unterzubekommen. Doch in sehr kurzer Zeit hat sich das geändert. Auch bei anderen Leiden und Diagnosen, etwa Diabetes Typ 2 und Metabolischem Syndrom,[2] verbesserten Stuhltransplantationen in ersten Studien die physiologischen Werte.[3]

Immer klarer zeigt sich: Wir haben lange einen Teil von uns, der auf Gesundheit und Wohlbefinden einen riesengroßen Einfluss hat, sträflich ignoriert. Das lag nicht nur daran, dass das, was wir von ihm mitbekommen, ziemlich unangenehm riecht, sondern auch daran, dass wir ihn eigentlich überhaupt nicht kannten.

EINLEITUNG

Terra incognita

Die letzte noch praktisch völlig unerforschte Gegend. Unzählige seltsame Kreaturen verbringen dort ihr ganzes Leben in absoluter Dunkelheit und ernähren sich von seltsamen Sachen. Eine Menge Geheimnisse, die es zu ergründen lohnt, aus schierem Forscherinteresse, aber auch, weil es vielleicht ziemlich lohnend sein könnte.

Artikel in Zeitungen oder Magazinen, die mit solchen Worten beginnen, liest man in den letzten Jahren ziemlich häufig. Gemeint ist dann natürlich die Tiefsee, die viel beschworene »Final Frontier«, die letzte unerforschte Gegend des Planeten, die letzte *terra incognita*, die dem Entdeckergeist in Zeiten von Google Earth und Pauschalreiseangeboten bis nach Feuer- und Neufundland und von Bissagos bis Galapagos noch Raum lässt. Man kann aber einen Artikel oder ein Buch über eine ganz andere Gegend ganz genauso beginnen. Auch sie liegt in der Tiefe und bleibt dem Auge verborgen, es ist dort auch sehr, sehr dunkel. Weit weg allerdings ist diese Gegend nicht. In jedem einzelnen Menschen findet sich ein solches unbekanntes, weitgehend unerforschtes Land. Es ist bewohnt von unzähligen Lebewesen, von denen bis vor kurzem nur die allerwenigsten überhaupt je ein Wissenschaftler gesehen hatte, ganz zu schweigen von uns normalen Menschen. Es ist die *terra incognita* namens Darm.

Sie ist voller Leben, das lebenswichtig für den Menschen ist, der es in sich trägt, das über Wohl und Wehe ziemlich entscheidend mitbestimmt.

Das Mikrobiom ist unser zweites Genom.

Die innere Serengeti darf nicht sterben

Mikroben sind überlebenswichtig für uns. Doch sie haben bislang ein massives Imageproblem. Weil zwischen den vielen Tausend gutmütigen ein paar wenige pathogene Keime lauern, bekämpfen wir sie heute großflächig mit Desinfektionsmitteln und Antibiotika. In den Augen einer wachsenden Zahl von Ärzten und Wissenschaftlern ist das allerdings ein Irrsinn. Zu denen gehört auch Roberto Kolter. Der ist für die Welt der mikroskopischen Lebewesen in etwa das, was der Verhaltensforscher Bernhard Grzimek für die Megafauna der Serengeti war.

Zwar hat Kolter nicht so eine prägnante näselnde Stimme wie der legendäre Tierfilmer. Doch der Harvard-Professor spricht sein Eng-

EINLEITUNG

lisch immerhin mit einem freundlichen guatemaltekischen Akzent. Wie Grzimek davon beseelt war, den Lebensraum der Wildtiere Afrikas zu erhalten, so wird Kolter davon getrieben, den Lebensraum der Mikroben zu schützen. »In den letzten einhundert Jahren wurden Bakterien vor allem als gefährlich angesehen. Ich will den Leuten erklären, dass sie gut für uns sind.« Er versteht den menschlichen Köper mit seinen Mitbewohnern als ein fein justiertes Ökosystem. Eben eines, das spricht, läuft, isst, liebt und Bücher liest. Wir werden krank, wenn irgendetwas das fein justierte Gleichgewicht in diesem Ökosystem stört. Keimtötende Medikamente wie Antibiotika fallen deshalb in die Kategorie »ökologische Katastrophe«, weil sie nicht nur die Krankheitserreger töten, sondern auch freundliche Bakterien. Dann stirbt auch ein Teil von uns.

Lange galten jene Bakterien, die man nicht als Pathogene dingfest machen konnte, auch in der Forschung schlicht als »Kommensalen«. Man sah sie also als Mitesser im nicht-dermatologischen Sinne, als Kostgänger, die sich bei Tische bedienen, ohne wirklich zu stören, aber auch ohne sich zu revanchieren. Inzwischen ist klar, dass es fast unmöglich ist, dass ein massenhaft im Darm auftretendes Bakterium völlig neutral und ohne jeden Einfluss auf den Darmbesitzer vor sich hin keimt. Die Bakterien verstoffwechseln Nahrung, machen daraus andere Stoffe, die entweder von anderen Keimen weiterverwendet werden oder auf selbige auf andere Weise Einfluss nehmen, oder die auf Darmzellen wirken oder durch die Darmwand hindurchwandern, ins Blut, überallhin in den Körper, in die Leber, wo sie wieder umgebaut werden, und so weiter.

Hundert Billionen Mitarbeiter

Geschätzte hundert Billionen Einzellebewesen bevölkern einen jeden Menschen, die meisten davon seinen Verdauungstrakt. Das sind in etwa zehn Mal mehr Zellen, als ein Erwachsener Körperzellen hat. Die bei Menschen in aller Welt bislang insgesamt analysierten Darmbakterien haben zusammen geschätzte 3,3 Millionen verschiedene Gene, deren Funktionen sich auf den Menschen auswirken können – verglichen mit gerade einmal gut 20.000 körpereigenen Erbanlagen. Wie viele Arten und Varianten es normalerweise pro Mensch sind,

EINLEITUNG

weiß niemand, Hunderte Spezies könnten es sein, aber auch Tausende. Die meisten Schätzungen liegen zwischen 1000 und 1400, es könnten aber auch sehr viel mehr sein. Sie interagieren miteinander wie Lebewesen in jedem anderen Biotop auch, konkurrieren um Platz und Nahrung, kooperieren aber auch beim Erschließen von Futterquellen, werden beeinflusst von den Umweltbedingungen, die sie vorfinden, geraten unter Stress, wenn das ökologische Gleichgewicht gestört wird, finden dieses Gleichgewicht wieder (oder auch nicht, und ein anderes stellt sich ein), müssen sich gegen Gifte wehren und mit Naturkatastrophen umgehen können.

Während wir angesichts der Zerstörung von Regenwäldern oder Streuobstwiesen, des Verschwindens von Tigern und Orchideen noch mit einem Schulterzucken reagieren können, weil die Regale im Supermarkt trotzdem voll bleiben, betreffen uns Artensterben und ökologische Katastrophen mitten in uns drin unmittelbar. Ob wir etwas davon mitbekommen, ist allerdings eine andere Frage.

Leute, die *Clostridium difficile* und eine Entzündung in ihrem Darm haben, bekommen dies durchaus mit. Sie haben Schmerzen, Durchfälle, fühlen sich insgesamt schlecht. Das Gleichgewicht in ihrem Darm ist massiv durcheinander geraten, dort leben weniger Bakterienvarianten als normalerweise, und manche, die typisch für gesunde Därme sind, fehlen weitestgehend.

Man kann sich aber auch ganz normal fühlen, während im Darm die Dinge nicht ganz optimal oder sogar ziemlich aus dem Ruder laufen. Die »falschen« Darmbakterien können sich ruhig verhalten und doch Schäden anrichten. Sie können zum Beispiel unterschwellige Entzündungen fördern oder das Hormonsystem und den Stoffwechsel beeinflussen, und das nicht nur im Darm, sondern bis in die letzten Winkel des Körpers hinein. Sie können Tumoren fördern, Herzkrankheiten, wahrscheinlich sogar Depressionen. Die falschen, schlechten.

Die Macht der Mikroben: Vom Darm über die Psyche bis zum Tumor

Und die guten? Sie können all das verhindern helfen und sind damit für die Gesundheit mindestens so wichtig wie richtige Ernährung und regelmäßige Bewegung.

Bakterienzellen und ihre Gene haben nicht weniger Einfluss auf das

EINLEITUNG

menschliche Leben, auf die menschliche Gesundheit, als die körpereigenen Zellen und Gene. Und sie haben nicht weniger Einfluss als die Nahrung selbst, die wir uns und ihnen vorsetzen. Egal, ob es um Krebs, Herzkrankheiten, Darmentzündungen, die Psyche oder welchen anderen Gesundheitsaspekt auch immer geht: Wer wissen will, wie bestimmtes Essen wirkt, dem bringt es nur begrenzt etwas, ein Nahrungsmittel zu pulverisieren und seine Inhaltsstoffe im Chemielabor analysieren zu lassen. Wer wissen will, wie Essen wirkt, muss auch die Mit-Esser im Darm einbeziehen. Wer eine Krankheit und ihre Mechanismen verstehen will, darf die in und auf dem Menschen lebenden Bakterien nicht ausklammern. Wer es trotzdem tut, findet sich schnell in einer Sackgasse wieder. So wie jene Mediziner, die über Jahrzehnte mit geringem Erfolg versuchten, Darmgeschwüre zu kurieren, bis endlich anerkannt wurde, dass ein Bakterium die Ursache war. So wie jene Internisten, bei deren Patienten eine *Clostridium*-Kolitis immer wieder zurückkommt, bis sie es endlich damit versuchen, die gesamte Darmmannschaft auszuwechseln.

Wer herausfindet, welches die guten und welches die schlechten Mikroben sind und wie man, ohne anderswo Schaden anzurichten, die schlechten vertreibt und die guten zum Bleiben bewegt oder ansiedelt, kann die Menschheit sicher ein gutes Stück gesünder machen. Manches ist schon heute möglich, viel mehr mit Sicherheit in nicht allzu ferner Zukunft. Darum wird es in diesem Buch gehen.

Stuhlspenden sind dabei nur eine von vielen Optionen.

TEIL I
DER MIKRO-MENSCH

1 SUPERORGANISMUS MENSCH

Mit jeder Geburt beginnt sich eine Lebensgemeinschaft zu formieren aus einem Menschen und hundert Billionen Bakterien. Zusammen bilden sie eine Allianz fürs Leben.

Ein lang anhaltender Schrei. Ihn in seinem Wesen zu beschreiben, ihn nachfühlbar zu machen, wäre nicht einmal Hemingway oder Saint-Exupéry gelungen, selbst Murakami würde daran scheitern. Alles, was man sagen kann, ist: Er geht durch Mark und Bein. Der Mann, der ihn aus nächster Nähe hört, ist einigermaßen hilflos, tupft seiner Freundin mit einem Stück strahlend weißer Baumwolle die Stirn, hält mit der anderen Hand ihre Hand, sucht ihre Augen und dann fragend die der Hebamme. Seine Freundin fixiert mit weit aufgerissenen Augen einen Punkt im Nirgendwo irgendwo dort, wo die Wand und die Decke des Kreißsaals weiß und cremefarben zusammentreffen.

Kurze Entspannung. Dann folgt schon der nächste Krampf, der nächste Schmerz, der nächste laute, hell-gläserne, markerschütternde Schrei. Der Muttermund ist schon weit geöffnet, das Köpfchen schon sichtbar. Die Hebamme verlangt nachdrücklich von der Frau, zu pressen, pressen, pressen, ja, ja, ja, ja ... Dann geht alles ganz schnell, das Köpfchen rutscht durch, die Hebamme hilft der Frau mit geübten Ansagen und Griffen, auch den Rest des kleinen Körpers aus dem ihren herauszubringen. Der erste Schrei des gerade zum Baby gewordenen Fötus. Abnabeln. Abtrocknen. Dem Kind geht es gut, es kann sofort zur Mutter. Es wird ruhig, dem Vater fließen die Tränen. Die Augen der Mutter schauen schräg nach unten auf den kleinen Kopf, funkelnd. Glückwünsche.

Wer einmal bei einer normalen, erfolgreichen Geburt dabei war, als

Praktikant im Krankenhaus zum Beispiel wie einer der beiden Autoren dieses Buches, wird diese Momente nie vergessen. Beteiligte Väter und Mütter natürlich auch nicht, auch wenn manche berichten, sich eher nicht so genau erinnern zu können wegen all der Aufregung und der beteiligten Stresshormone.

Es ist laut im Kreißsaal, es wird auf Hygiene geachtet, ein neues Leben kommt offiziell an auf Erden.

Gleichzeitig passiert aber noch etwas anderes. Geräuschlos. Unhygienisch. Sehr inoffiziell. Aber auch sehr lebendig.

Wer einmal bei einer Geburt dabei war, wird sich auch *daran* erinnern: Sie ist bei aller Sauberkeit, die im Kreißsaal herrscht, bei aller strahlend weißen Baumwolle, bei aller Klinikatmosphäre doch kein klinisch reiner Vorgang. Das Baby muss sich durch die Scheide der Mutter hindurcharbeiten. Die ist bekanntermaßen voll mit allen möglichen Mikroorganismen, meist sind es zu großen Teilen Milchsäurebakterien. Bei dem Druck, der im Unterbauch herrscht, fließt meist auch etwas vom Darminhalt aus dem sehr nahen Anus nach außen und gerät in den Bereich, wo das Baby durchmuss. Und der Enddarm ist einer der mikrobenreichsten Lebensräume, den Planet Erde zu bieten hat. Das Kind wird mit all dem überzogen, es schluckt davon, in der Pofalte setzt sich etwas davon ab und gerät in den kleinen Enddarm, unter die kleinen Fingernägel schiebt sich auch etwas. Mit dem Kind wird auch ein neuer Wirt für unzählige verschiedene Mikroben geboren, die auch durch das erste Abreiben und Abtrocknen nur zum Teil wieder weggewischt werden und sich bald zu vermehren beginnen. Wenn die Mutter das Neugeborene in den Arm nimmt, kommen Bakterien von ihrer Haut dazu, wenn sie es zum ersten Mal stillt, noch mehr von den Brustwarzen durch den Mund. Und wer das alles eklig, unhygienisch, gefährlich, therapiebedürftig findet, liegt in fast allen Fällen ziemlich falsch.

Happy Birthday, Bakterien

Der Geburtstag, der allererste oder nullte, wie immer man ihn nennen will, ist nicht nur der Beginn eines hoffentlich langen und einigermaßen gesunden und glücklichen Lebens. Er ist auch der Tag der Geburt einer Lebensgemeinschaft, der Beginn eines Bundes, der sich erst nach dem Tod wieder auflöst. Es ist eine stille, unbemerkte Selbstverständlichkeit. Es beginnt eine Beziehung, die am Anfang sehr dynamisch und voller Veränderungen ist, gefolgt von einer Stabilisierung der Verhältnisse, in der sich Mensch und Mikroben aufeinander eingestellt haben und ihre Gegenseitigkeit zum gegenseitigen Vorteil leben. Zwar kann sich im Leben, mit dem Älterwerden oder durch eine Veränderung der Lebensverhältnisse oder auch der Ernährung immer wieder ein wenig ändern in der WG Mensch, doch mit den meisten unserer Partner bleiben wir für immer zusammen.

Das Mikrobiom – so wird die Gesamtheit der in und auf einem Menschen lebenden Mikroorganismen genannt – und sein Gastgeber, sie sind idealerweise von Anfang an und bis zum Schluss Freunde. Fürs Leben.

Den Ausdruck »Mikrobiom« soll der große, mit einem Nobelpreis ausgezeichnete Bakterienforscher und Molekularbiologe Joshua Lederberg (1925–2008) um das Jahr 2000 herum erfunden haben. So schreibt es zumindest der heute gerne als großer Mikrobiomforscher bezeichnete Jeffrey Gordon in einem seiner Fachartikel.[4] Praktisch zeitgleich mit der ersten Entzifferung eines menschlichen Genoms bekam also jenes »zweite Genom«, bestehend aus Millionen weitgehend noch unerforschten Mikroben-Genen, gerade erst seinen Namen. Es hat allerdings nicht nur einen. Ein Bakterienkollektiv wird auch als Mikrobiota bezeichnet oder, etwas altmodisch, dafür aber poetisch, als Darmflora, obgleich dort ja eher keine Pflanzen wachsen.

Dass Bakterien, aber auch viele Pilze und sogar Viren, nicht nur nutznießende, nicht wegzukriegende Trittbrettfahrer unseres Lebens sind, nicht nur Mitesser und 37-Grad-Heizungsschmarotzer, sondern dass sie hie und da auch ganz nützlich sein können, diese Erkenntnis hat sich in den vergangenen Jahrzehnten nur langsam ihren Weg gebahnt. Dass sie mehr als nur ganz nützlich sind, sondern maßgeblich über Wohl und Weh' eines Menschen, über Krankheit und Gesundheit, ja Leben und Tod mitentscheiden, das stellt sich erst seit wenigen Jahren heraus.

Wir leben wie selbstverständlich mit unseren geschätzt hundert Billionen Mikroben, die insgesamt deutlich mehr als tausend Arten angehören, zusammen.

Und wie so häufig im Leben merkt man erst, wie wichtig etwas Selbstverständliches, immer Präsentes ist, wenn es fehlt oder nicht mehr richtig funktioniert. So ganz ohne unsere Bakterien hätten wir ziemliche Probleme, wir könnten normale, abwechslungsreiche Nahrung nicht mehr ordentlich verdauen, unsere Haut würde ihre effektive Schutzfunktion einbüßen, wir wären ein offenes Scheunentor für alle möglichen anderen Mikroorganismen, inklusive gefährlicher Krankheitserreger.

Wer zum Beispiel von bösen Streptokokken verschont bleiben will, dem gelingt das am ehesten, wenn er *gute* Streptokokken hat. Denn die verweigern ihren Krankheiten auslösenden Verwandten ziemlich effektiv den Zutritt. Es ist wie in jedem gut funktionierenden Ökosystem: Wenn eine ökologische Nische besetzt ist, ist es für Neuankömmlinge, wenn sie nicht durch irgendetwas ihren direkten, etablierten Konkurrenten deutlich überlegen sind, sehr, sehr schwierig, sich durchzusetzen.

Das biologische Wir entscheidet

Wir bilden uns als Menschen viel auf unsere Individualität ein. Jeder ist etwas ganz Besonderes, Einzigartiges. Jeder und jede hat seine oder ihre Alleinstellungsmerkmale – Charaktereigenschaften, Talente, Fähigkeiten, diesen unverwechselbaren Blick, die Stimme, die Gene. Doch bei aller Individualität – allein stehen wir nicht im Leben, nicht einmal der mürrische Einsiedler auf Neufundland lebt ohne Gesellschaft, auch in und auf und an ihm sind all die Mikroorganismen an- und eingesiedelt.

Und nicht nur das: Wir sind mit all dem Winzlingsleben so aufs Engste verknüpft, tauschen uns mit ihm so intim aus, dass es kaum mehr möglich ist, hier die berühmte psychologisch-soziologisch-anthropologische Linie zwischen dem Selbst und dem oder den »Anderen« zu ziehen. Die Bakterien auf unserer Haut haben Schutzfunktionen, die denen der Hautzellen selbst in nichts nachstehen. Bakterien im Darm schließen Nahrung teilweise effektiver für uns auf als unsere eigenen Enzyme, Bakterien in der Scheide einer Frau sind für die erfolgreiche Fortpflanzung vielleicht nicht ganz so wichtig wie Spermien- und Eizellen, aber sie leisten ihren Beitrag, ganz zu schweigen von ihrer Bedeutung bei der Abwehr von weiblichen Harnwegsinfektionen.

Jeder Mensch ist also im Grunde das, was Soziobiologen einen »Superorganismus« nennen: eine Gemeinschaft von vielen einzelnen Lebewesen, jedes davon mit einer gewissen Individualität, jedes im eigenen Interesse vor sich hin arbeitend und letztlich doch im ständigen Austausch, in ständiger Kommunikation und gegenseitiger Kontrolle ein großes Ganzes nährend und einigermaßen stabil haltend. Dieses große Ganze heißt dann Cindy aus Marzahn, Michael aus Kerpen oder Herbert aus Bochum. Gut sieben Milliarden solcher Superorganismen der Kategorie Mensch gibt es derzeit, dazu kommen all die anderen Tierarten. Auch sie sind, soweit bekannt, allesamt unsteril und voller Mikrobenleben. Dazu kommen wohl auch so ziemlich alle Pflanzen, auf deren Blättern, an deren Wurzeln, Rinde und Früchten die mikroskopisch kleinen Nützlinge und Unschädlinge regieren. Sogar der Terroir, der spezifische Geschmack eines Weines von einer bestimmten Lage, soll Mikroben auf den Trauben geschuldet sein.[5]

Biologen haben für Organismen, bei denen sich irgendwann herausstellte, dass sie eigentlich enge, symbiotisch kooperierende Gemeinschaften mehrerer Organismen und Arten sind – Korallen zum Beispiel –, den Begriff »Holobiont« erfunden. Auch der Mensch erscheint inzwischen als Holobiont, könnte man mit Max Frisch sagen.

Oder, wie die Sozialdemokraten es formulieren würden: Das Wir entscheidet.

Unser Holobionten- oder Superorganismus-Dasein bedeutet aber alles andere als eine Nivellierung oder Ent-Individualisierung. Im Gegenteil. Jedes Wir ist sehr speziell.

Jedes Mikrobiom ist einzigartig

So wie jeder Mensch einen eigenen, einzigartigen Fingerabdruck hat, eine individuelle Stimme, Lebenserfahrungen, die niemand anderes genau so teilt, ein eigenes einzigartiges Genom (selbst eineiige Zwillinge unterscheiden sich ein bisschen), so hat auch jeder Mensch seinen mikrobiellen Fingerabdruck.

Keine zwei Menschen sind gleich. Und keine zwei Menschen sind gleich besiedelt.

Allerdings, und das ist einer der Gründe, dass es dieses Buch gibt, ist diese Besiedlung zwar, soweit man bis heute weiß, relativ stabil und widerstandsfähig. Aber sie ist auch dynamisch. Man kann auf sie jedenfalls besser Einfluss nehmen als auf ein Gen oder »die Gene«. Es ist zum Beispiel ziemlich wahrscheinlich, dass ein fünfjähriges Großstadtkind nach drei Wochen Urlaub auf dem Bauernhof einen deutlich anderen Mikrobenfingerabdruck haben wird als davor. Auch wer massiv wegen einer nachgewiesenen Infektion mit pathogenen Bakterien Antibiotika schlucken muss, hat danach eine andere Bakterienmischung in sich. Das wäre ihm oder ihr zumindest zu wünschen, denn wenigstens die Schadkeime sollten dann verschwunden sein.

Aber natürlich trifft ein Antibiotikum immer auch andere, gute Keime, die aber erfreulicherweise meist wieder zurückkommen (siehe Kapitel 9). Es ist diese Resilienz des Mikrobioms, die uns einerseits sehr nützlich ist – denn sonst würden Antibiotika, aber auch jede Lebensmittelvergiftung noch mehr und dauerhafteren Schaden anrichten. Es ist aber auch genau diese Resilienz des Mikrobioms, die Therapien mit Mikroben bislang schwierig macht. Denn ein einmal etabliertes unerwünschtes Bakterium durch ein anderes, vielleicht gesundheitsförderliches zu ersetzen, ist deutlich schwerer, als Michael Ballack aus der Fußball-Nationalmannschaft herauszuekeln. Darin, Wege zu finden, wie man einerseits die Widerstandskraft eines gesunden Mikrobioms verstärken und es vielleicht gezielt hie und da um weitere Nützlinge ergänzen kann, wie man aber andererseits ein offensichtlich auf Abwege geratenes oder auch nur von Bösewichten durchsetztes Mikrobiom befrieden kann, wird eine der größten Herausforderungen der Medizin dieses Jahrhunderts bestehen.

Was ist Ihre Mikrobenadresse?

Woran kann man erkennen, ob jemand in einer bestimmten Stadt wohnt? Am Eintrag im Personalausweis? An der Meldebescheinigung? Daran, wie man, siehe oben, sich selbst (Marzahn) oder eine Schallplatte (Bochum) nennt? Das wäre einigen nicht ganz armen, aber den Steuerbehörden ihrer Heimatländer nicht gewogenen Persönlichkeiten sehr recht. Dann könnte, wer in einer Steueroase gemeldet ist, trotzdem all seine Zeit in Leimen oder Kerpen oder Bochum verbringen. Ob die Promis ihrer zumindest teilweisen Anwesenheitspflicht am Meldeort wirklich nachkommen, verrät noch nicht einmal ein Gentest. Ein Bakteriengentest jedoch kann das.

Jeder Aufenthaltsort hinterlässt Spuren im Mikrobiom. Wenn man etwa dem Pionier der Forschungsrichtung, Peer Bork vom Europäischen Molekularbiologischen Labor in Heidelberg, glaubt, ist es nicht nur möglich, anhand einer Analyse der Bakterien-Gene aus dem Darm ziemlich sicher zu sagen, ob jemand den Großteil seiner Zeit in Heidelberg verbringt. Für ein paar Tage könnte man auch bei einem Reporter, der gerade in Borks Labor zu Besuch war, das bakterielle Neckarstädtchen nachweisen.

Das menschliche Mikrobiom ist also stabil und doch veränderlich. Es trägt Signaturen, die ihm lebenslang (manche bei der Geburt erworbenen Spezies), ein paar Wochen lang (Wohnort Heidelberg) oder auch nur für ein paar Tage (Besuch in Heidelberg) eingeschrieben sein können.

Das menschliche Mikrobiom ist individuell, aber gleichzeitig kann man die Zugehörigkeit zu großen und kleineren Gruppen aus ihm ablesen. Die Gruppe »Mensch aus Heidelberg« ist eine davon, die Gruppe »Mensch mit Hund als Haustier« ist eine andere, die Gruppe »Lebt in Frankreich« eine weitere. Bei der Zuordnung zu Ländern waren für Bork und seine Kollegen insbesondere solche Gene hilfreich, die Bakterien resistent machen gegen Antibiotika. Für jedes Land scheint es ein typisches Muster von Resistenzgenen zu geben.

Wo kommen die Bakterien her? Aus dem Essen, von jeder Oberfläche, die man berührt, von jeder Hand, die man schüttelt, von jeden Lippen, die man küsst. Oder aus der Luft. Es klingt nicht sehr appetitlich, und um es vorwegzunehmen, es schadet uns nicht, aber man muss es so sagen: Der gesamte Planet ist im Grunde mit einer dünnen Schicht Fäkalien bedeckt. Menschen, die in Berlin-Friedrichshain wohnen, wissen, wovon die Rede ist. Für alle anderen: Es hängt dort mit den Hunden zusammen. Auch wer einmal über eine kleine griechische Insel gelaufen ist, wird den Geruch von Ziegen-Dung für Wochen nicht mehr los. Und wer glaubt, dass die Gülle, die Bauern auf ihre Felder pumpen, zwar stinkt, aber ansonsten keine Spuren in der Atmosphäre hinterlässt, irrt. Es wimmelt in der Luft, die wir einatmen, nur so von Bakterien und ihren Sporen. Viele von ihnen lassen sich gerne, vorübergehend oder dauerhaft, im Superorganismus Mensch nieder.

Das erste Geburtstagsgeschenk von Mama

Wir haben die Mutter mit ihrem Neugeborenen jetzt lange genug in Ruhe gelassen. Also zurück zur jungen Familie vom Anfang des Kapitels. Der Vater hat die beiden inzwischen im Rollstuhl auf die Wochenstation geschoben. Die Mutter hat das Kind angelegt bekommen, es hat schon etwas getrunken. Zunächst fließt wenig Flüssigkeit heraus aus den Brustwarzen, und die erinnert, wenn man sie sieht, auch nicht so sehr an Milch. Das Erste, was kommt, ist eher klar und enthält unter anderem eine Substanz, die es den während der Geburt erworbenen Bakterien zu erleichtern scheint, im Magen-Darm-Trakt Halt zu finden. Als Nächstes fließt das sogenannte Kolostrum, die Vormilch, die das Baby unter anderem mit Abwehrmolekülen versorgt.

Dann, vielleicht am zweiten oder dritten Tag, schießt die Milch ein. Erst jetzt bekommt das Kind signifikant Kalorien und Flüssigkeit. Dass es während der Expedition durch die Scheide dort vor allem Milchsäurebakterien vorgefunden hat, war sicher kein Zufall. Sie übernehmen, solange das Kind ausschließlich Muttermilch bekommt, die Vorherrschaft; sobald zugefüttert wird, werden sie weniger. Sie dienen dann aber erst einmal noch weiter als Helfer für die Besiedlung mit anderen, jetzt sinnvollen Bakterien. Die ersten Probiotika – Keime, die gute Darmbakterien fördern – bekommt das Kind also von seiner Mutter.

Nach dieser Erstversorgung besorgt sich das Baby seine Bakterien auch eigenständig, indem es die Welt in den nächsten Monaten mit seinem Mund erkundet. Dabei hilft der Körper des Kindes den Bakterien wahrscheinlich sogar, indem er das eigene Immunsystem dämpft. Das haben bislang zumindest Versuche an Mäusen gezeigt.[6] So scheint es für die Mikroben einfacher zu werden, beim neuen Wirt Unterkunft zu bekommen. Die häufigeren Infektionen, die damit einhergehen, scheinen ein angemessener Preis zu sein für die ordentliche Besiedelung des Kindes.

Schon um den zweiten Geburtstag herum hat sich im Darm ein Mikrobenmix eingestellt, der sich von dem bei der Geburt deutlich mehr unterscheidet als von dem, den derselbe Mensch an seinem 82. Geburtstag noch mit sich herumtragen wird.

Anderswo, etwa auf der Haut, im Ohr oder im Mund, haben sich bis dahin ebenfalls die Dauergäste installiert.

Kein Mensch ist eine Insel, so schrieb es der Poet John Donne. Aber jeder Mensch ist ein Planet. Ein Planet mit vielen Ökosystemen von A wie Achselhöhle bis Z wie Zehennagel. Im nächsten Kapitel schicken wir eine Expedition dort hin.

2 EXPEDITIONEN INS WIR-REICH

Jeder Mensch ist ein Planet und bietet zahlreiche und höchst unterschiedliche Lebensräume – Seen wie das Auge, Wüsten wie die Fingernägel, Oasen wie den Bauchnabel, Savannen und Feuchtgebiete. Mikroben nehmen diese Angebote gerne an.

Bei einem der beiden Schreiber dieses Buches hängt ein Bild des jungen Alexander von Humboldt an der Wand. Der alte Druck hat bei einem Trödler an der Berliner Karl-Marx-Allee fünf Euro gekostet. Er hat ein paar Kratzer und andere Spuren der Zeit. Es ist außer Fotos von der Familie das einzige Porträtbild im Haushalt. Warum er? Für Leute, die über die verschiedensten Bereiche von Wissenschaft schreiben, hat Humboldt eine besondere Bedeutung. Er war in so ziemlich allen wissenschaftlichen Disziplinen umfassend gebildet, als Forscher produktiv und als Kommunikator begabt. Er sah Wissenschaft immer auch im Zusammenhang mit Kultur und sozialer und politischer Entwicklung, engagierte sich für Benachteiligte und nahm gegen die Sklaverei Stellung. Er war einer der ersten Globalisierungs-Analysten. Er war auch so ziemlich der Erste, der genauestes Messen, Vergleichen und Wiederholen als Voraussetzung aller guten und verlässlichen Wissenschaft propagierte und selbst akribisch praktizierte.

Humboldt hatte wahrscheinlich nicht die geringste Ahnung von Darm-, Haut- und Mundbakterien. Weshalb er trotzdem in diesem Buch auftaucht? Er hat für die heutige Erforschung der Ökosysteme auf dem und im Menschen in gewisser Weise die Grundlagen gelegt. Er war es, der als Erster die Ökosysteme der Erde, vor allem die Vegetation in verschiedenen Klimazonen, Höhen und geografischen Breiten, untersuchte und deren Gesetzmäßigkeiten beschrieb.

An einem ähnlichen Punkt sind jene Wissenschaftler, die sich nicht wie Humboldt damals der Erforschung der »Biota«[7] Südamerikas, sondern der »Mikrobiota« des *Homo sapiens* widmen, heute. Dort gibt es trockene, nur gelegentlich von Fluten heimgesuchte Wüsten wie etwa die Fingernägel, durchnässte Regenwälder wie Scheide oder Anus, Feuchtsavannen wie die Achselhöhlen, kristallklare Seen wie die Augen, artenreiche Oasen wie den Bauchnabel, windzerzauste Bergwälder wie die Spitzen der Haare, dunkle Höhlen wie Ohr, Nase und Rachenraum und eine von seltsamen, nie das Licht sehenden oder auch nur die Luft atmenden Kreaturen bewohnte Tiefsee wie den Darm.

Jemandem wie Humboldt, der einmal von sich selbst sagte, er müsse immer »ein und denselben Gegenstand (...) verfolgen, bis ich ihn aufgeklärt habe«, dürfte der heutige Kenntnisstand über die menschliche Mikrobengeografie in etwa so krude vorkommen wie die eher anekdotischen und unsystematischen Beschreibungen der Regenwälder und Bergflanken Südamerikas vor seiner eigenen Reise dorthin. Dabei sind, wie damals, manche Gebiete besser erkundet als andere. Und in den einen Regionen wird der Forscher von Arten- und Varianten-(und Gen-)Vielfalt und der schieren Zahl an Einzellebewesen so erschlagen wie am Amazonas. Anderswo scheinen Biodiversität und Individuen-Dichte eher begrenzt. Vielleicht muss man aber auch nur genauer hinschauen.

Nagelprobe

Es brauchte ein Experiment an der Yale University, einer der bekanntesten Forschungsinstitutionen der Welt, um herauszufinden, dass lackierte, kurze Fingernägel die wenigsten Mikroben beherbergen.[8] Die Überraschung über dieses Resultat aus dem Labor von David Katz hielt sich in Grenzen, denn es ist ein Lebensraum vergleichbar mit einem betonierten Riesenparkplatz vor OBI, vielleicht mit ein paar kurz geschnittenen Rasenflächen dazwischen. Nagellack ist voll von giftigem Zeugs, darunter Formaldehyd und Phtalate – ungesund beim Einatmen und auch für Mikroorganismen. Und vorne an und unter einem kurz geschnittenen und gefeilten Nagel sind die Lebensbedingungen zwar besser als oben auf dem Lack, aber nicht so gut wie unter einem langen, wo sich allerhand Feuchtigkeit und als Bakterien- oder Pilzfutter verwertbarer Dreck ansammeln können.

Normalerweise finden sich aber oben auf der unlackierten Keratinschicht – glatt, trocken und Wasser und Wischeinflüssen ausgesetzt, wie sie ist – durchaus einige Mikroben, und unter den Nägeln noch viel mehr. Man bekommt davon so lange nichts mit, wie sie friedlich in einem auch sonst für die Haut typischen sauren Milieu und in einem gewissen Gleichgewicht vor sich hin existieren und Schädlinge fernhalten. Dass dort etwas lebt, merkt man erst, wenn zum Beispiel Pilze wie *Aspergillus* oder *Acremonium* oder eine Hefe wie *Candida* die Oberhand gewinnen. Nagelpilze gehören zu den am weitesten verbreiteten Infektionen überhaupt, und wo sie sich ausbreiten, ist die Nageloberfläche nicht mehr glatt, das Nagelbett leicht entzündet und die Tür offen für weitere Schädlinge. Die meisten Pilze sind allerdings ganz normale, unschädliche, sehr wahrscheinlich oft auch nützliche Mitbewohner. An Zehennägeln gesunder Probanden haben Keisha Findley von den amerikanischen National Institutes of Health und ihre Kollegen je nach Testperson ziemlich unterschiedliche Pilze gefunden, ohne dass jemand Irritationen oder gar eine erkennbare Krankheit gehabt hätte. In ihrem Artikel erklären sie dies mit den Worten, »physiologische Attribute und Topographie (...) beeinflussen diese (...) mikrobiellen Verbände auf unterschiedliche Weise«. Auf Deutsch könnte man sagen: Je nachdem, ob jemand dünne oder dicke Nägel hat, Woll- oder Kunstfasersocken trägt und sich die Füße zweimal täglich oder nur ab und an mal wäscht, können sich dort unterschiedliche, aber allesamt unschädliche Mikroben wohlfühlen.[9]

Auch Bakterien von so bekannten Gattungen wie *Pseudomonas* und *Staphylococcus* oder nie gehörten wie *Acinetobacter* leben auf und vor allem an und unter Nägeln. Sie kooperieren als Biofilm-Verband, was sie auch einigermaßen widerstandsfähig gegen Mikrobizide und Antibiotika macht. Die vielleicht größte Bedeutung dieses Lebensraumes liegt aber wohl darin, dass sich unter Nägeln – einigermaßen geschützt vor Seife und Desinfektionsmitteln – gute wie schlechte Keime hervorragend zwischenlagern lassen, um sich dann beim nächsten Anfassen von irgendetwas oder irgendjemandem weiter zu verbreiten.

Als die größten Keimschleudern ohne bisher bekannte positive Nebeneffekte gelten übrigens künstliche Nägel. Das mag beim ersten Hören ein wenig mehr überraschen als das Lack-Resultat, sind sie doch eigentlich nur eine konsequente Weiterentwicklung des Nagellacks. Doch diese geklebten Anhängsel sind deutlich weniger antibakteriell als jene Überzüge, und an den Klebstellen bilden sich jede Menge neuer, winziger, gut geschützter Minibiotope. Künstliche Nägel bei Krankenschwestern haben nachweislich bereits tödliche Keime auf Kinder übertragen.[10] Es lohnt sich also, der Tante erst einmal auf die Finger zu gucken, bevor man ihr den neugeborenen Neffen in die Hände gibt.

Der Mückenmagnet

Vom Nagel zur Haut ist es nur ein Mikrobensprung. Und die Spezies, die dort leben, sind zum Teil genau dieselben, sie unterscheiden sich aber sowohl zwischen Individuen, Lebensweisen und Lebensalter als auch hinsichtlich jener schon genannten »Topografie«. Jeder einzelne Mensch scheint eine individuelle Hautflora zu haben, ähnlich wie ein Fingerabdruck, nur dass dieser Mikrobenabdruck sich auch verändern kann und dass er an unterschiedlichen Körperstellen unterschiedlich ausfällt. Am Handgelenk wohnt nicht der gleiche Mix wie auf der Nasenspitze oder an der Fußsohle. Handgelenk und Fußsohle riechen ja auch ganz unterschiedlich. Und Gerüche der menschlichen Oberfläche sind größtenteils auf die Aktivität von Mikroben zurückzuführen.

Ölige Hautstellen, etwa im Gesicht, scheinen zum Beispiel vergleichsweise wenig biologische Vielfalt aufzuweisen, in eher trockenen Gegenden wie Armen und Beinen dagegen leben deutlich mehr verschiedene Mikroorganismen.[11] Und: Wer Make-up benutzt, hat, so fanden österreichische Forscher heraus, eine höhere Biodiversität auf der eigenen Haut als Leute, die ungeschminkt auf die Straße gehen.[12]

Wir hatten das Kapitel ja mit einer Anekdote aus dem Leben der Autoren begonnen. Damit können wir hier gleich weitermachen. Einer von uns beiden hätte als Stechmückenmagnet gute Jobchancen. Sitzt er irgendwo in Moskitoland, dann haben alle um ihn herum zuverlässig Ruhe vor den Plagegeistern. Sämtliche Blutsauger stürzen sich auf ihn.

Warum manche Menschen besonders attraktiv für Mücken sind, andere dagegen von ihnen sogar gemieden zu werden scheinen, darüber gibt es von »süßem Blut« über Deostick-Präferenzen bis hin zur auf der Haut gebildeten Buttersäure als Lockmittel allerhand Theorien. Es gibt inzwischen aber auch ein paar Ergebnisse von konkreten Versuchen. Niels Verhulst von der Wageningen Universiteit in den Niederlanden etwa glich zusammen mit Stefan Schulz und Ulrike Groenhagen von der TU Brauschweig die Attraktivität von Einzelpersonen für den Malariaüberträger *Anopheles gambiae* mit der Vielfalt und Zahl von Bakterien auf deren Haut ab.[13] Er bekam ein klares Ergebnis: Leute, die mehr verschiedene Bakterienarten und -varianten auf ihrer Haut haben, sind weniger attraktiv für die gefährlichen sechsbeinigen Minimonster. Weniger Diversität und gleichzeitig eine hohe Dichte von Bakterien wirkt dagegen am anziehendsten. Wir müssen hier nicht ausführen, was sich der mückenmagnetische Co-Autor gedacht hat, als er von diesen Ergebnissen erfuhr. Wobei man einschränken sollte, dass noch nicht klar ist, ob deutsche Biergartenmücken es genauso machen wie ihre tropischen Cousinen. Verhulst sagt, er will versuchen, auch das herauszufinden. Was er aber vor allem »hochinteressant« fände, wären »von Bakterien produzierte Mückenabwehrmittel«. Man könnte sie einfach in Bioreaktoren herstellen lassen und dann in die Sonnencreme oder ins Deo mischen. Der alte Werbespruch »Mein Bac, dein Bac« bekäme da eine ganz neue Bedeutung.

Eine Strategie, sich ein paar mehr verschiedene Hautmikroben und damit ein paar weniger Moskitostiche zu verschaffen, könnte sein, sich als Rollhockeyspieler oder -spielerin zu betätigen. Das zumindest kann man aus den Ergebnissen aus dem Labor von James Meadow von der University of Oregon in Eugene schlussfolgern.[14] Rollhockey ist ein schweißtreibender Sport mit viel Körperkontakt, und Meadows Hautanalysen der Mädchen von den Emerald City Roller Girls, den Silicon Valley Roller Girls und den DC Roller Girls ergaben tatsächlich, dass Roller Girls aus einem Team ihre Mikroben untereinander austauschen. Im selben Team waren die Hautbiotope sehr ähnlich. Zudem wurden bei Turnieren reichlich Bakterien mit anderen Teams ausgetauscht. Ob das zu nachhaltig höherer Diversität und weniger Mückenproblemen führt, müsste aber erst noch geklärt werden. Vielleicht würde sich wirklich ein Forschungsprojekt lohnen, das untersucht, ob Leute, die im Sport oder sonstwie viel Körperkontakt mit vielen anderen Leuten haben, dadurch auch über eine vielfältigere Hautflora verfügen und vielleicht im Durchschnitt gesünder sind als

Einzelgänger und Individualsportler. Auch Leute, die Hunde haben, scheinen von ihnen nicht nur Liebe, sondern auch Keime zu bekommen, was ihre Mikrobenvielfalt von der Haut bis in den Darm steigert und ihnen zumindest nicht zu schaden scheint.[15]

Nabelschau

Rob Dunn könnte man als einen von Humboldts legitimen Nachfolgern bezeichnen. Er schreibt populärwissenschaftliche Bücher, er ist Professor an der North Carolina State University, er hat früher die Ökologie von Regenwäldern erforscht und erforscht heute die Ökologie von Gegenden, die ihn sehr an Regenwälder erinnern, zum Beispiel den Bauchnabel. Dunn zieht diesen Vergleich nicht, weil es im Nabel feuchter ist und vielleicht auch etwas moderiger riecht als in der umgebenden Sixpack- oder Bierbauchsavanne, sondern weil die ökologischen Verhältnisse ähnlich sind. Zum Beispiel ist die Artenvielfalt riesig, und mancher Nabel beherbergt Spezies, die bislang in keinem anderen gefunden wurden, ähnlich wie im Amazonasgebiet, wo eine einzige große Rodung ganze Arten auslöschen kann, weil sie eben nur dort an dieser Stelle vorkommen. Andererseits gibt es aber auch Arten, die weit verbreitet und auch meist zahlreich in einem Gebiet zu finden sind. Bei den Urwaldbäumen nennt man solche Spezies Oligarchen. Dunn kannte den Begriff noch aus seiner Zeit als Urwald-Biologe, als er und seine Studenten im Rahmen des »Belly Button Biodiversity Projects« begannen, die Körpermitte des Menschen zu erkunden. Sie machten Abstriche aus den Nabeln von Freiwilligen und züchteten im Labor heran, was da so wächst. Man kann dieses Projekt im Internet unter www.wildlifeofyourbody.org verfolgen. Die Analyse der Kulturen zeigte, »dass die Bauchnabel auch Oligarchen zu haben schienen«, schrieb Dunn in einem Blog-Eintrag.[16] Ein knappes Dutzend Spezies fand sich fast in jedem Nabel, sie gehören unter anderem zu den Gattungen *Clostridia* und *Micrococcus* und zu den Klassikern unter den Bakterien: *Bacillus*. Nicht zu den Oligarchen gehörten Archaeen, jene Mikroorgansimen, die früher Archebakterien hießen, seit den Analysen des Mikrobiologen Carl Woese aber als eigenständiger Stamm des Lebens gelten und vielleicht unsere Ur-Ur-Ur-Urahnen sind. Dunn fand sie nur bei einem einzigen Mann, der fairerweise die Forscher vorgewarnt hatte, dass sein Nabel seit Jahren ungewaschen war.

Mittlerweile sind Dunn und seine Haut-Ökologen nicht mehr nur »lost among the belly buttons«, wie er es einmal beschrieb, sondern auch in andere Gefilde vorgestoßen, die Achselhöhlen. Vielleicht wird es dort noch diverser, schließlich sind die Variationsmöglichkeiten zumindest etwas größer: mit Seife, Sebamed oder gar nicht gewaschen, rasiert oder unrasiert, undeodoriert (also odoriert ...?) oder wahlweise mit Axe besprüht oder mit Dr. Hauschkas Salbei-Deomilch eingepinselt.

Nagel, Nabel, Achsel und so weiter. Auf der Haut sind noch jede Menge weiterer Teillebensräume zu erkunden. Kopfhaut, Fußsohle, Kniebeuge, bewachsenes oder glattes Kinn oder auch das Ohr. Dort wurden schon bei Stichproben bislang völlig unbekannte Bakterien entdeckt.[17] Das ist nicht nur kurios, sondern auch spannend für alle, die häufig an Gehörgangsinfekten leiden. Vielleicht lässt sich so herausfinden, welches Gehörgangs-Mikroleben am besten vor solchen Eindringlingen schützt.

Und auch in den Augen lebt einiges, wie eine Studie von Qunfeng Dong von der University of North Texas in Denton zeigte.[18] Und die Bakterien schwimmen dort auch nicht wild durcheinander im Schwalle der Tränen, sondern scheinen ganz bestimmte Lebensräume zu besetzen. Denn je nachdem, wie stark das Wattestäbchen bei der Probenentnahme aufgedrückt wurde, fanden sich ganz unterschiedliche Mikrobenzusammensetzungen. *Proteobacteria*-Spezies etwa scheinen eher in etwas tieferen Schichten der Bindehaut zu wohnen, *Firmicutes*-Arten dagegen oberflächlich. Dong fand auch sonst das weitgehend übliche Muster: Ein paar »Kern-Mikrobiota« hatten die Probanden gemeinsam, darunter auch in großer Dichte vertretene Oligarchen. Und einige kamen nur bei Einzelnen vor.

Und nun zum Sex

Wir sparen uns eine Überleitung. Als Nächstes sind schlicht die Geschlechtsorgane dran, genauer gesagt Scheide und Penis. Die Vagina ist, so man nicht per Kaiserschnitt zur Welt kommt, die erste Begegnungsstätte eines jeden Menschen mit Mikroorganismen (siehe Kapitel 1 und 11) überhaupt, und sie hält ein paar Überraschungen parat. Zum Beispiel gilt ganz allgemein eine große biologische Vielfalt von Mikroorganismen als gesund, sie scheint ja zum Beispiel sogar vor Mückenstichen zu schützen. Nicht so hier. Die Untersuchungen des Human Microbiome Project Consortiums haben ergeben, dass die Lebensgemeinschaften der Scheide die am wenigsten diversen überhaupt sind, die es auf und in Menschen gibt.[19] Es scheint fünf »Typen« von vaginalen Lebensgemeinschaften zu geben. Vier davon sind von Laktobazillen (Milchsäurebakterien) dominiert, eine ist deutlich diverser bestückt. Und es ist Letztere, die eher anfällig für bakterielle Erkrankungen zu machen scheint.[20] Die Milchsäurebakterien in der Scheide haben vor allem die Aufgabe, den pH-Wert dort niedrig zu halten, also durch die Produktion von Milchsäure für saure Verhältnisse zu sorgen. Wenn das funktioniert und der pH-Wert um die 4,5 liegt, schützt das gegen andere bakterielle und sonstige Eindringlinge. Das bedeutet logischerweise: Eine gesunde Vagina ist ein Extremlebensraum, viele der sonst auf und im Körper beheimateten Lebensformen müssen draußen bleiben, verhältnismäßig wenige Bakteriengruppen halten es dort aus.

Die männliche Eichel ist verglichen mit der Scheide noch wenig untersucht. Vergleichsweise ist sie auch kleiner und unterscheidet sich in den Lebensverhältnissen, die sie bietet, weniger von der Umgebung.

Für die Eichel gibt es immerhin Hinweise darauf, dass eine Entfernung der Vorhaut einerseits zu weniger Bakteriendiversität, andererseits aber auch zu weniger HIV-Übertragungen auf diese Männer führt. Das muss allerdings nicht unbedingt etwas miteinander zu tun haben, denn die Beschneidung entfernt Gewebe, über das Viren normalerweise gut eindringen können. Auch in der Samenflüssigkeit werden reichlich Bakterien gefunden, und auch dort scheint es gute und weniger gute zu geben. Forscher aus Shanghai etwa fanden Mitglieder der Gattung *Anaerococcus* besonders häufig bei Männern mit Fruchtbarkeitsproblemen.[21]

Obgleich in der Scheide ein ziemlich saures Milieu herrscht, finden sich dort auch solche Keime, die im eher alkalischen Sperma bei pH 7 bis 8 vorkommen. Das liegt wahrscheinlich daran, dass sie hauptsächlich beim Samenerguss aus weniger basischen Eichellebensräumen fort- und in die Scheide hineingespült werden. Trotzdem ist der pH-Gegensatz zwischen männlichen und weiblichen Genitalien, obwohl ein paar Bakterienarten ihn offenbar aushalten können, wahrscheinlich ziemlich bedeutsam und Teil des ewigen Kampfes der Geschlechter. Denn natürlich bringt eine stark alkalische Ladung, wie sie bei einem Samenerguss in der Scheide deponiert wird, das saure Milieu immer ein wenig, oder auch ein wenig mehr, durcheinander. Jedenfalls zeigte eine Studie mit chinesischen Frauen, dass diejenigen, die routinemäßig Kondome benutzen, mehr vorteilhafte Vaginal-Bakterien hatten als solche, die ungeschützt mit Männern schliefen.[22]

Das orale Schlachtfeld

Die Tatsache, dass auch im Mund Bakterien leben, ernährt mit Zahnärzten, Zahntechnikern, Zahnarthelferinnen etc. gleich ein paar Berufsstände, und das meist nicht schlecht. Dabei sind auch dort die allermeisten mikrobiellen Bewohner unschädlich oder hilfreich, und auch die Kariesbakterien selbst sind für Zähne harmlos. Nur die Säure, die sie produzieren, ist es nicht. Doch vergleicht man die Besiedler von Karieslöchern mit Bakterien aus gesunden Mündern, so unterscheiden sich beide deutlich.[23]

Mund-Bakterien gehörten zu den allerersten Mikroorganismen, die überhaupt je ein Mensch durch ein Mikroskop sah (siehe S. 62).[24] Und nicht nur das macht den Mund zu einer Art Ausgangspunkt aller mit Menschen assoziierten Mikrobiologie. Er ist auch der Beginn des Magen-Darm-Traktes einerseits und andererseits der Ort, über den während der Geburt wahrscheinlich die allerersten Bakterien in den Menschen einwandern.

Auch Analysen der gesunden Mund-Mikrobiota haben ergeben, dass es einerseits viel Variation je nach Mund, Wohnort und Lebensstil des Mundbesitzers gibt, andererseits aber ein Paar Oligarchen-Arten bei fast jedem vorkommen. Streptokokken-Spezies etwa, denen allgemein nicht unbedingt ein guter Ruf anhaftet, weil manche von ihnen unter anderem Mandel- und Hirnhautentzündungen auslösen können, zählen im Mund zu den harmlosen oder gar nützlichen Besiedlern und sind dort auch sehr verbreitet. Auch *Gamella*-Bakterien sind, so schreiben Jørn Aas und seine Kollegen aus Oslo in einer Studie, im Allgemeinen besser, als ihr Name vermuten lässt.[25] In der Untersuchung, mit allerdings nur drei Probanden, wurden etwa 500 Spezies insgesamt gezählt; zwei von den dreien hatten 75 Prozent davon gemeinsam. Dabei bietet der Mund sehr unterschiedliche und auch unterschiedlich besiedelte Lebensräume: den freien Ozean des Speichels zum Beispiel, aber auch so unterschiedliche Oberflächen wie Zunge, Zähne, Zahnfleisch und Gaumen. An Letzteren leben die Mikroben vor allem in sogenannten »Biofilmen«, engen, oft symbiotischen Gemeinschaften, in denen sie sowohl gegen Eindringlinge als auch gegen Gifte wie Antibiotika besonders gut geschützt sind.

Küsse, Bisse, Hindernisse

Überhaupt scheint der Mund als Eintrittspforte für alles mögliche Unsterile von Essen und Trinken bis zu Luft und Liebe ein Ort hochkomplexer Interaktionen zu sein, von molekularen Kämpfen auf Leben und Tod bis hin zu vielstufiger Kooperation. Er ist zum Beispiel voll mit Bakteriophagen – auf die Infektion von Bakterien spezialisierten Viren. Auf die antworten die Bakterien wiederum mit: CRISPRs. Diese nach Knusprigem klingende Abkürzung steht für »Genome-encoded clustered regularly interspaced short palindromic repeats« und bezeichnet einen Abwehrmechanismus der Bakterien gegen solche Eindringlinge. Und die CRISPRs etwa von Streptokokken unterscheiden sich von Mensch zu Mensch deutlich.

Damit nicht genug. Auch die Geschlechtshormone des Wirts scheinen sich in den Kampf einzuschalten. Viele Frauen wissen davon ein Lied zu singen, denn in der Zeit des Eisprungs entzündet sich bei ihnen gerne einmal das Zahnfleisch, auch in der Pubertät und Schwangerschaft kommt dies häufiger vor. Grund dafür sind wahrscheinlich weibliche Steroide, die einerseits Entzündungsbotenstoffe aktivieren, andererseits aber auch Bakterien, die Zahnfleischentzündungen auslösen, einen Wachstumsvorteil verschaffen. Anders herum bilden bestimmte so stimulierte Bakterien wiederum Stoffwechselprodukte, die zur Bildung von Geschlechtshormonen gebraucht werden.

In den letzten Jahren gab es mehr und mehr Studien, die zeigten, dass die Mundgesundheit ziemlich viel mit der Gesamtgesundheit zu tun zu haben scheint. Wer chronische Zahnfleischentzündungen oder infizierte Zahnwurzeln hat, scheint auch eher Herz- und Gefäßkrankheiten zu haben, selbst die Krebswahrscheinlichkeit scheint dann höher zu sein. Umgekehrt hat eine im Herbst 2013 publizierte Untersuchung eindeutig gezeigt, dass, wenn die Entzündung im Mundraum bekämpft wird, die krankhafte Verdickung von Blutgefäßwänden gebremst wird.²⁶ Zu erklären ist das vielleicht mit der Last, die chronische Entzündungen dem Körper allgemein aufbürden. In den Ablagerungen in verkalkten Blutgefäßen hat man sogar Bakterien gefunden, die gleichzeitig auch im Mund derselben Personen gehäuft auftraten. Und sogar Demenz und Mundbakterien könnten miteinander in Zusammenhang stehen. Bei Gesunden jedenfalls fanden sich in einer Pilotstudie einerseits weniger Fusobakterien, andererseits aber mehr *Prevotella*-Arten als bei Demenz-Patienten. Allerdings, so schränken die beteiligten Wissenschaftler selber ein, wären größere Studien nötig, um sicherzugehen, dass es sich hier nicht um einen Zufallsbefund handelt.²⁷

Bei solchen Befunden muss man – zumal, wenn man vielleicht selbst die Mundhygiene jahrelang etwas vernachlässigt hat – erst einmal schlucken. Womit man über die ebenfalls reich besiedelte Speiseröhre in den Magen gelangt. Der galt früher, wegen all der Säure dort, als mikrobenfrei. Inzwischen ist klar, dass dort nicht nur oft ein mit einem zweischneidigen Schwert bewehrter Keim namens *Helicobacter pylori* residiert (siehe Kapitel 7), sondern noch zahlreiche andere, säureresistente Bakterien, manche davon schon bekannt aus dem Mund, andere auch heimisch im sich anschließenden Dünndarm. Aber dazu gleich mehr im folgenden Kapitel.

3 DIE DARM-WG

Ein Schlauch, in dem alles wild durcheinander fließt. So stellte man sich lange die acht Meter Darm vor. Tatsächlich aber herrscht dort Ordnung, die Arbeit wird aufgeteilt, und auch die Wohnplätze. Für den Darmbesitzer ist das ziemlich wichtig.

Immigranten haben es oft schwer. Das gilt auch für Bakterien, die in einem Darm siedeln wollen. Zuerst kommen sie in ein Mahlwerk, dann müssen sie durch ein Säurebad tauchen, um anschließend in einen dunklen, luftleeren Tunnel zu gelangen, den sie sich mit so vielen anderen Mikroben teilen müssen, das es schwerfällt, noch einen Platz zu finden. Zwar wird regelmäßig Nahrung durch den Tunnel gespült, doch es ist schwierig, in dem Strom nicht selber mit fortgerissen zu werden.

Das klingt wie die neuen Abenteuer des kleinen Hobbit, es ist aber das, was ein normales Bakterium erlebt, das einmal die Passage durch einen Menschen angetreten hat. Die Reise durch die Mitte des Menschen ist insgesamt etwa acht Meter lang und sehr verschlungen.

Eines muss man sich allerdings klar machen: Obwohl der Darm ein inneres Organ ist, befindet sich doch eigentlich kein Darmbakterium wirklich im Körperinneren. Obwohl es dort dunkel ist, stellt doch der gesamte Verdauungstrakt genauso eine Barriere zur Außenwelt dar wie die Haut auf unseren Fingerkuppen. Es ist kein sehr schönes, aber ein anschauliches Bild: Man kann sich das Ganze wie eine Rohrleitung vorstellen, die durch den Körper verläuft.

Expeditionen in den oberen Teil des Verdauungstraktes haben wir bereits am Ende des vorherigen Kapitels unternommen. Deshalb werfen wir hier einen Blick an Orte, auf die wirklich niemals Licht fällt, es sei denn, der Arzt hat ein sehr langes Endoskop.

DIE DARM-WG

Während der Magen noch verhältnismäßig dünn besiedelt ist, steigt die Bevölkerungszahl am Anfang des Dünndarms deutlich an. Dieser Bereich heißt Zwölffingerdarm, weil er so lang ist wie zwölf Chirurgenfinger breit. Etwa tausend Mikrolebewesen finden sich dort pro Milliliter Darminhalt. Sie haben es nicht leicht, die Strömung und die Verwirbelungen sind oft stark aufgrund des noch sehr flüssigen Nahrungsbreis, der den Magen verlässt. Viele der Mikroben werden mitgerissen. Auch diese Abwärtsmobilität ist Teil des tatsächlich sehr dynamischen Gleichgewichts überall im Darm.

Bakterienhort Blinddarm

Manchmal ist der Abtransport gestört. Geht er bei Durchfall zu schnell, braucht das Ökosystem eine Weile, bis es sich wieder komplett davon erholt. Dauert er zu lange, können sich die Bakterien zu stark vermehren. Auch ein Überangebot an Nährstoffen kann das Mikrobenwachstum stark beschleunigen. Das kann zu Beschwerden führen. Bei Wiederkäuern passiert das manchmal, wenn sie zu viel Kraft- und zu wenig faserhaltiges Futter bekommen. Stärke aus Getreide kann zum Beispiel dazu führen, dass Milchsäurebakterien sich explosionsartig vermehren und mit ihren sauren Ausscheidungen das Milieu im Verdauungstrakt verändern. Eine solche Azidose kann für Rinder tödlich sein. Es gibt Spekulationen darüber, dass zu viel Zucker beim Menschen ebenfalls zu starkes Wachstum auslöst. Das klingt plausibel, auch wenn man bedenken muss, dass der größte Teil des Zuckers wahrscheinlich schneller – und im Dünndarm eher – vom Körper aufgenommen wird, als die großen Bakterien-Massen im Dickdarm in Kontakt mit ihm kommen könnten.

Mit jedem Zentimeter, die es im Dünndarm weitergeht, durch Leer- und Krummdarm hindurch, steigt die Bevölkerungsdichte. Bis zu hundert Millionen leben hier pro Milliliter, und das wie im Paradies. Es ist reichlich Nahrung vorhanden, und die Konkurrenz ist nicht allzu groß. Was die menschlichen Enzyme nicht kleinkriegen, zerlegen die Bakterien und produzieren als Gegenleistung zur Vollpension nützliche Substanzen, Vitamin B12 zum Beispiel, die von den Darmzellen zusammen mit anderen Nährstoffen und Mineralien aufgenommen werden. Selbst wenn hier keine Bakterien leben würden, wäre der Darm in der Lage, viele der wertvollen Stoffe aus dem Nahrungsbrei aufzunehmen: Fette, Proteine, Salz, Vitamine und einfache Kohlenhydrate wie Zucker. Um die Oberfläche für den Stoffaustausch zu vergrößern, hat der Darm Ausstülpungen, sogenannte Zotten. Würde man ihn glatt ausbreiten, würde er fast einen Tennisplatz bedecken und wäre damit etwa einhundert Mal so groß wie unsere Hautoberfläche. Bei der Schwerstarbeit, die hier verrichtet wird, ist es kaum verwunderlich, dass die Zellen des Darms zu denen zählen, die sich am schnellsten erneuern. Die mittlere Lebensdauer beträgt gerade einmal anderthalb Tage.

Am Übergang zum Dickdarm kommen die Bakterien am Blinddarm mit seinem Wurmfortsatz vorbei. Wenn dieser sich entzündet, wird es gefährlich, dann muss er raus. Er gilt gemeinhin als überflüssiges Überbleibsel der Evolution, das nur Probleme macht und risikolos entsorgt werden kann. Es gibt aber auch die Theorie, dass er eine Art Reservoir ist.[28] Demnach bietet er Mikroben einen sicheren Unterschlupf, in dem sie vor dem menschlichen Immunsystem besonders geschützt werden. Von dort könnten sie den Darm nach einer Krankheit wieder besiedeln.

Das zweite Gehirn

Im Dickdarm haben die Fließgeschwindigkeit und Turbulenz weiter abgenommen, und die Bevölkerungsdichte ist noch einmal angestiegen. Dickdärme gelten als die am dichtesten besiedelten Orte auf dem Planeten. Die allermeisten von ihnen können nur unter Abschluss von Sauerstoff existieren. Wie viele verschiedene Bakterienarten hier wuseln, ist von Mensch zu Mensch verschieden, wahrscheinlich sind es im Normalfall mehr als tausend.[29] Allerdings ist die Vielfalt relativ. Aus vergleichsweise wenigen Gattungen und Familien finden sich sehr viele Arten und Stämme, etwa von *Firmicutes*- und *Bacteriodetes*-Bakterien. Diese wenigen Gruppen dominieren mit ihren vielen Varianten insgesamt den Darm. Wobei es auch ein wenig irreführend ist, bei ihnen immer von »Arten« zu sprechen, weil viele Mikroben, die zu einer Art gezählt werden, sich trotzdem gewaltig voneinander unterscheiden. So gibt es zum Beispiel von dem Magenbakterium *Helicobacter pylori* vermutlich einige Tausend Varianten, die meist als Stämme bezeichnet werden.

Der Dickdarm ist so etwas wie die Recyclinghalle im Verdauungstrakt. Dort landet all die Nahrung, die der Körper bisher mit oder ohne Mikrobenhilfe nicht verwerten konnte. Die Bakterien, die hier leben, machen sich über das unverdauliche Zeug her, knabbern so viel sie können davon weg. Dabei produzieren sie Nährstoffe, die für den Körper wichtig sind. Je mehr verschiedene Pflanzenstoffe sie bekommen, desto verschiedenartiger ist der Mikrobenbesatz im Dickdarm. Der verbleibende Rest – unverdauliche Fasern, abgestorbene Darmzellen, Bakterienleichen und Bakterien, die vom Strom mitgerissen wurden – verlässt durch den Mastdarm und den Anus die Verdauungspipeline.

Das Ende des Darms ist tatsächlich auch der einzige Teil, den wir willentlich kontrollieren können. Das ist ja auch sehr sinnvoll, da es sich im Lauf der Evolution bewährt hat, den Darminhalt nicht überall und jederzeit abzugeben, sondern nur dann, wenn die Gelegenheit gerade günstig erscheint.

Doch der größte Teil des Darms operiert weitestgehend autonom. Seine Muskelschichten, die für die notwendige Bewegung sorgen, sind von so vielen Nerven durchzogen, dass man oft auch vom Darmhirn spricht. Es kommuniziert über Nervenbahnen und Botenstoffe zwar mit dem zentralen Denkorgan im Kopf, kann aber viele Entscheidungen auch eigenständig fällen. Das Darmhirn ist Teil des sogenannten autonomen Nervensystems. Und auch das ist ebenso sinnvoll wie die Möglichkeit des bewussten Toilettengangs. Denn sonst müsste sich jeder Mensch ständig den Kopf darüber zerbrechen, ob es gerade an der Zeit ist, Mageninhalt in den Dünndarm abzugeben oder im Dickdarm den dickeren Brei mal wieder ein wenig weiterzutransportieren.

Ordnung ist das halbe Mikrobenleben

Der menschliche Körper ist insgesamt recht aufgeräumt. So wie eigentlich so ziemlich alle Lebewesen, ob das Seepferdchen am Riff, die Basilikumpflanze auf der Fensterbank oder selbst eine kleine Hefezelle. Sie alle sind wohlgeordnet. Sie haben ihr Herz, ihre Chloroplasten, ihre Zellkerne – und alles mögliche andere von Arterienbogen bis Zellwand – am rechten Fleck. Auch in jedem Organ hat jedes Gewebe seinen festen Platz. Das Leben neigt dazu, alles in Kompartimente einzuteilen. Ordnung muss sein.

Nur im Darm scheint Chaos zu herrschen. Alles fließt, strömt, wirbelt, gurgelt, matscht, manchmal blubbert es auch. Die Peristaltik der Darmmuskulatur tut das ihre, um alles in Bewegung zu halten. Ein wildes Durcheinander. Und all die Bakterienzellen, die bei jedem seriösen Toilettenbesuch den Körper verlassen – herausgespült, obgleich sie doch angeblich meist ganz nützlich sein sollen –, erwecken auch nicht den Eindruck eines gut sortierten Bauchladens. Unser Bakterienorgan scheint anders organisiert zu sein als so ziemlich alles andere im Reich des Lebenden. Eine brodelnde Ursuppe.

Vielleicht muss man aber nur etwas genauer hinsehen.

Schauen wir zum Vergleich auf das, was zumindest physikalisch in unserem Körper dem Darm am nächsten kommt – ein anderes lang gezogenes System mit eher flüssigem Inhalt: die Blutgefäße. Alles fließt, strömt, wirbelt, und das sogar noch weit schneller und unter größerem Druck. Wasser, rote Blutkörperchen, weiße Blutkörperchen der verschiedensten Sorten, Nährstoffe, Mineralien, Botenstoffe, Abfälle, all das wird vom Herzen herumgepumpt.

Dass dort im wilden, roten, strudelnden Sturm aber kein wirkliches Chaos herrscht, weiß jeder. Die roten Blutkörperchen nehmen genau dort Sauerstoff oder Kohlendioxid auf und geben beides genau dort ab, wo es sein muss. Nährstoffe erreichen gezielt die Gewebe, wo sie gebraucht werden, und werden dort auch nicht einfach wieder weggespült. Abfall und Gifte werden schnellstmöglich dorthin gebracht und eingeschleust, wo sie am besten entsorgt werden können, meist in Richtung Leber und Niere. Immunzellen finden zielgenau exakt die verletzte Stelle am großen Zeh, um dort per Entzündung und Bakterien-Fressorgie die Infektion zu bekämpfen. Alles dockt an, wo es andocken muss. Verantwortlich dafür sind meist spezielle Strukturen und Moleküle, die signalisieren, wo es hingeht, oder sich das, was an einer bestimmten Stelle gebraucht wird, einfach einfangen.

Es ist schwer vorzustellen, dass unser Bakterienorgan demgegenüber komplett nach dem Prinzip Zufall funktionieren sollte: Nährstoff A trifft auf Bakterium B, Bakterium B baut Nährstoff A zu Signalstoff B um. Oder so ähnlich. Oder, wenn Nährstoff A eben nicht auf Bakterium B trifft, dann eben nicht ... Besonders effizient klingt das kaum. Und weil die Evolution bereits Multimillionen Jahre Zeit hatte, das Ganze etwas effizienter zu machen, würde es sehr verwundern, wenn es wirklich so wäre.

DIE DARM-WG

Optimal wäre das auch aus ganz anderen Gründen nicht. Wenn die richtige Darmmikrobengesellschaft wirklich so wichtig ist, dann sollten sich Mechanismen herausgebildet haben, die dafür sorgen, dass sie nicht gleich bei jedem feuchten Pups verloren geht. Denn die Gefahr besteht ja ständig. Magen-Darm-Infektionen sind dafür bekannt, dass sie die Darmbevölkerung ordentlich durcheinander bringen. Vergiftungen oder natürliche (und seit kurzem eben pharmazeutische) Antibiotika sind tödlich für Darmbakterien. Wenn jeder ordentliche Durchfall, wodurch er auch immer ausgelöst sein mag, gleich einen nachhaltigen Abschied von vielen der guten Darmbakterien bedeuten würde, säßen wir alle mit Bauchschmerzen, Verstopfung, Geschwüren und sonstigen Malaisen herum.

Auch ganz praktische Erfahrungen sprechen dafür, dass Darmbakterien nicht nur mit dem Strom schwimmen und dass sie dem Fluss und den Gefahren, die ab und zu in ihm lauern können, nicht hilflos ausgeliefert sind. Zum Beispiel führen selbst massive Antibiotika-Gaben zwar dazu, dass in der Darmflüssigkeit die Zahl der Bakterien erst einmal massiv zurückgeht. Doch nachdem die Antibiotika abgesetzt werden, kehren die Werte ziemlich schnell dorthin zurück, wo sie vor der Medikamentengabe lagen, sowohl was die Zahlen als auch was die vertretenen Bakterienarten und -varianten angeht.

Genaue Messungen zeigen dann auch, dass der Darm in solchen Fällen nicht von außen neu besiedelt wird, sondern dass ziemlich genau dieselben Bakterienstämme sich wieder vermehren – es sei denn, man trifft sie zu oft und hart mit Antibiotika. Womöglich überdauern sie im Wurmfortsatz des Blinddarms, vielleicht gibt es aber auch noch weitere Nischen im Darm, in denen sich Bakterien schützen können. So ist zum Beispiel die Darmschleimhaut übersät mit Einstülpungen, den sogenannten Lieberkühn-Krypten, benannt nach einem deutschen Arzt und Anatom, der sie 1745 als Erster genau beschrieb.[30] Am Grunde dieser bis zu 0,4 Millimeter tiefen Höhlen findet die rasante Verjüngung des Darmepithels statt. Hier liegen ein paar Stammzellen, die fortlaufend neues Gewebe bilden. Diese Krypten beherbergen aber auch Bakterien, und es sieht so aus, als würde ihre Anwesenheit die Geweberegeneration fördern.

Noch herrscht keine Klarheit darüber, wie sich die Bakterien im Darm organisieren, aber es wird immer deutlicher, dass es eine biologische Geografie quer und längs durch den Darm gibt. Wenig überraschend dürfte die Beobachtung sein, dass die Bakterienmischung am Anfang des Darms eine andere ist als am Ende. Überraschender hingegen war die Feststellung, dass sich die Bevölkerung auch quer durch den Darm verändert. Auf der Oberfläche leben andere Mikroben als in den Höhlen des Epithels. Wieder andere stecken im fließenden Darminhalt, aus dem wir bislang das meiste Wissen über unsere Mitbewohner gezogen haben, einfach, weil man an dessen Inhalt am einfachsten herankommt.

Immer wieder wird deshalb die Frage diskutiert, wie aussagekräftig eigentlich Untersuchungen sind, die auf Stuhlproben beruhen. »Es setzt sich mehr und mehr die Überzeugung durch, dass wir es mit mindestens zwei Kompartimenten zu tun haben, dem Stuhl und der Darmwand«, erklärt Stephan Ott, Leiter der Arbeitsgruppe Bakterielle Metagenomik am Universitäts-Klinikum Schleswig-Holstein. Er hält Gewebeproben für aussagekräftiger als Kot. Denn der könne »von einem Tag zum anderen vollkommen anders aussehen«. Aber manchmal muss eben auch Forschung pragmatisch sein. Stuhlproben sind einfach und billig zu bekommen, Biopsien nicht. Stuhlproben entnehmen ist – Hygiene vorausgesetzt – vollkommen ungefährlich, Biopsien nicht. Man forscht mit dem, was man kriegen kann, und freut sich, wenn es für die eine oder andere Studie doch genügend Freiwillige gibt, die ein Stückchen ihrer Darmwand für die Wissenschaft spenden.

Black Box Darm

Diese Einschränkung macht die Arbeit der Forscher nicht eben leichter. Und ohnedies ist der Darm ein schwieriges Terrain. Eine große Zahl seiner Bewohner hat sich an das Leben unter Sauerstoffabschluss angepasst. Sobald sie mit Luft in Kontakt geraten, sterben sie. Das bedeutet, dass jede Probe, egal woher sie stammt, strikt anaerob gehandhabt werden muss. Mit diesem Problem kämpfen auch die diversen Darmsimulatoren, die es inzwischen zu Forschungszwecken gibt. In ihnen versucht man, die Bakterien des Verdauungstrakts zu züchten, um sie in einem kontrollierbaren System untersuchen zu können – bislang mit recht begrenztem Erfolg. Stephan Ott verwendete zum Beispiel einen der ausgereiftesten Kunstdärme, um zu untersuchen, wie sich Anti- und Probiotika auf die Bakterien im gezüchteten Kot auswirken. Der Reaktor wurde in diesem Experiment mit Stuhlproben verschiedener Spender beladen und dann mit den Arzneistoffen traktiert. Man kann daraus Schlüsse ziehen, »es ist bislang die beste Annäherung«, sagt Ott, aber »kein System bietet bislang die Komplexität des Darms«.

Und, so könnte man anfügen: Kein solches Reaktor-System bietet die Ordnung, die im Darm herrscht und die sich auf das, was bei Untersuchungen herauskommt, wohl auch ganz ordentlich auswirkt.

Denn es ist gut möglich, dass die Organisation des Darmes und seiner mikrobiellen Lebensräume noch deutlich komplexer ist, als man gerade zu ahnen beginnt. Vielleicht existieren noch mehr Nischen und Reservoire für Bakterien, dazu vielleicht Treffpunkte für Mikroben und Körperzellen und wer weiß was noch.

Für Systeme, die etwas Interessantes machen, bei denen man aber nicht recht weiß, wie, und auch nicht, welche Ordnungsprinzipien in ihnen stecken, hat irgendwer einmal den Begriff »Black Box« erfunden. Der Darm ist zwar keine Schachtel, sondern eher ein Schlauch. Aber er ist noch immer solch ein klassisches Mysterium. Dabei war ganz am Anfang alles noch sehr durchsichtig. Doch das ist Thema des nächsten Kapitels.

4 URALTE FEINDE, ALTE FREUNDE

Vier Milliarden Jahre Evolution verbinden Mikroben und Menschen. Aus anfänglichem Kampf wurde Kooperation, aus Konkurrenz wurde Unzertrennlichkeit.

Wir haben von Kindesbeinen an gelernt, dass Bakterien unsere Feinde sind – aus der Werbung, vom Onkel Doktor, aus Medizin- und Verbrauchersendungen im Fernsehen. Dieses Buch versucht mit ein paar Argumenten diese Sicht zu korrigieren.

Um ein wenig besser zu verstehen, dass es eigentlich logisch ist, Bakterien nicht als Feinde zu sehen, hilft vielleicht ein kleines Gedankenexperiment. Man kann versuchen, sich vorzustellen, was in ein paar Milliarden Jahren Evolution mit unseren Vorfahren und den Vorfahren unserer Bakterien so passiert ist.

Was war am Anfang? Waren unsere Vorfahren und die Vorfahren der heutigen Bakterien Feinde? Freunde? Friedliche Nachbarn? Haben sie sich ignoriert? Oder waren die Bakterien Kostgänger, die sich bei Tische bedienten, ohne zu stören, aber auch ohne sich irgendwie nützlich zu machen?

Natürlich ist das eine hypothetische Frage, aber sie ist gut, um mit ihr ein wenig zu denken.

Versuchen wir eine Antwort: Am Anfang waren die Vorfahren – unsere und die unserer Bakterien – einfach da.

Schutz und Nutz

Um Freund oder Feind, Partner oder Konkurrent zu werden, mussten sie sich überhaupt erst einmal begegnen. Und dann mussten auch noch ihre Lebensinteressen sich irgendwo überlappen, denn wer nichts gemeinsam hat, nicht einmal etwas, um das man streiten könnte, bleibt sich gleichgültig. Es ist also durchaus wahrscheinlich, dass der Ausgangspunkt all der Gegenseitigkeit Konkurrenz war. Die kann man auch Feindschaft nennen.

Nehmen wir an, ein früher Vorfahr, der es als einer der Ersten etwas intimer mit Bakterien zu tun bekam, war eines jener aus ein paar hundert Zellen zusammengesetzten durchsichtigen Ur-Tiere, die eigentlich nur aus Darm bestanden.[31] Eine kleine Schluck-und-Spuckmaschine, die zwischen Schlucken und wieder Ausspucken das Geschluckte irgendwie verdaute. Kann sein, dass unser Darm-Urahn sich von einzelligen Algen ernährte. Mit den Algen schluckte er auch immer wieder ein paar Bakterien. Die wurden vielleicht mitverdaut, oder vielleicht auch unversehrt wieder ausgespuckt.

Irgendwann war aber vielleicht eine Bakterien-Variante dabei, die sich dort besonders wohlfühlte. Sie hielt sich irgendwie fest, war dort vor Bakterienfressern gut geschützt und ernährte sich von dem mit, was das Urdarmtier so aß.

Was jetzt begann, war ein typisches evolutionäres Rennen: Über die Generationen setzten sich die Bakterien durch, die den Darminhalt besonders gut nutzen konnten. Schön für die Bakterien, schlecht für Herrn Urdarm. Denn der bekam jetzt selbst weniger von dem ab, was er gefressen hatte. Über die Generationen hatten folglich bei den Urdarmtieren diejenigen die besten Überlebens- und Fortpflanzungschancen, die die Bakterien am besten in Schach halten konnten. Am allerbesten setzen sich aber die durch, die aus den Bakterien sogar einen Nutzen zogen, zum Beispiel dadurch, dass die Bakterien Stoffe verwerteten, die für den Darm allein unverdaulich waren und dadurch etwas produzierten, was das Urdarmtier gebrauchen konnte. Das tun Bakterien bis heute, sie stellen zum Beispiel aus unverdaulichen Pflanzenfasern kurzkettige Fettsäuren her, die schätzungsweise zehn Prozent unseres Energiebedarfs decken.

Liebe deinen Wirt (ein bisschen) wie dich selbst

Das war schon seinerzeit gut für Familie Urdarm und auch gar nicht schlecht für ihre Bakterien. Denn immerhin bekamen diese ihre Nahrung frei Haus geliefert und hatten weiterhin einen Lebensraum und ein Auskommen. Ihre Verwandten, die im Urdarm alles für sich wollten, waren kurzfristig zwar sehr satt, langfristig aber ohne Darmwohnung und Futterlieferant, denn ihr Wirt verhungerte.

Es war ein Geben und Nehmen: Die Bakterien zerlegten Futter, das der Urdarm nicht alleine bewältigen konnte, dafür bekamen sie freie Kost und Logis. Mit der Zeit kamen mehr und mehr Bakterien hinzu und auch Pilze, Viren, vielleicht auch andere Einzeller. Durch die Zusammenarbeit stand reichlich Energie zur Verfügung, die Darmtiere wurden über die Generationen größer und komplexer. Die Verdauungshöhle streckte sich immer weiter in die Länge, bis es keine gute Idee mehr war, verdaute und unverdaute Nahrung durch dieselbe Öffnung zu befördern. Also musste ein zweites Loch her. Wenn wir bei der Entwicklung eines Embryos tatsächlich eine irrsinnig beschleunigte Version der evolutionären Entwicklung zu sehen bekommen, dann wird dieses zweite Loch unserer sehr frühen Vorfahren das gewesen sein, welches wir heute den Mund nennen. Dieser Wechsel zu einem Schlauch mit zwei Öffnungen war der entscheidende Schritt in der Entwicklung unseres Verdauungstraktes. Was danach kam, war nur noch Jahrmillionen dauernde Feinarbeit.

Die von einem Darm durchzogenen Tiere wurden weiter größer und beherbergten immer mehr Einzeller. Vielleicht haben sie in dieser Phase angefangen, ein Immunsystem als Kontrollinstanz zu entwickeln. Es war dazu da, allzu frechen Untermietern den Zugang zu versperren, wenn diese drohten, sich zu breit zu machen. Das Darmrohr entwickelte sich weiter zu Mund mit Zähnen, Schlund, Magen, Gedärm und Anus. Je länger sich dieses System streckte, desto mehr Lebensräume bot es auch für Bakterien. Und diese begannen, sich nicht mehr nur mit ihrem Wirt biochemisch auszutauschen, sondern auch mit ihren mikrobiellen Nachbarn.

Mehr Bakterien, das bedeutete auch mehr Fähigkeiten für die Lebensgemeinschaft, mehr neue Eigenschaften hervorbringende Mutationen, mehr Stoffe, die einem der Partner nutzten, mehr Nahrungskomponenten, die gemeinsam besser als allein nutzbar waren. Und so weiter.

Das Leben wurde zunehmend komplex. Oder auch: kompliziert. Je vielfältiger die Bakterien in der Verdauungsstraße waren, desto ausgefeilter musste das Immunsystem operieren. Es musste immer besser lernen, seine Kräfte einzuteilen und nicht einfach alles Fremde zu bekämpfen. Erstens hätte das zu viel Schaden angerichtet, zweitens würde es zu viel Energie verbrauchen, und drittens hätte es auch die Nützlinge vertrieben.

Kost, Lust und Logis

Wenn man sich diese gemeinsame Vergangenheit von Menschen und Mikroben anschaut, wird klar, warum wir so viel gemeinsam haben. Menschliche Zellen werden zu einem nicht unerheblichen Teil nach wie vor von Genen gesteuert, die es sehr ähnlich auch in Bakterien gibt. Es sind vor allem diejenigen Erbanlagen, die sehr grundlegende Funktionen tragen, die sich auf dem Weg vom Einzeller zum Menschen kaum verändert haben. Sie werden auch Haushaltsgene genannt. Die zahlreichen Ähnlichkeiten machen sie auch interessant für Grundlagenforscher, die fundamentale genetische oder zellbiologische Mechanismen entschlüsseln wollen.

Schaut man sich den gemeinsamen Lebensweg an, wird aber auch klar, dass uns nicht nur Gene und Stoffwechselwege miteinander verbinden. Man könnte es Freundschaft nennen, alte Freundschaft. Man kennt sich seit – hier passt es wirklich, dieses große Wort: Ewigkeiten. Man ist miteinander durch gute und schlechte Zeiten gegangen. Man hat sich auch aneinander gerieben, man hat gestritten. Aber man kann nicht ohne einander, denn man war ja immer zusammen.

»How terribly strange to be seventy«, singen Simon and Garfunkel in ihrem Song über die beiden »Old Friends« auf der Parkbank. Wie unglaublich seltsam, gemeinsam alt geworden zu sein. Das könnten Mensch und Mikroben sich auch sagen, wenn sie mal wieder gemeinsam auf der Parkbank sitzen, nur dass sie schon etwa 700 Millionen Jahre zusammen sind.

Aber wenn wir heute unsere Darmbakterien als »alte Freunde« bezeichnen, dann sollten wir dies tun, ohne zu ihnen gleich ein allzu romantisches Verhältnis aufzubauen. Freundschaft ist etwas, das auf Gegenseitigkeit beruht. Wer jemandem ständig hilft, ohne etwas zurückzubekommen, wird diese Freundschaft bald kündigen.

Unsere Freundschaft mit unseren Darmbakterien ist ein Pakt, ein Geben und Nehmen. Wir können schlecht ohne sie, sie können schlecht ohne uns, aber jeder verfolgt seine eigenen Interessen. Jedes einzelne der Abermilliarden Bakterien will fressen und sich fortpflanzen. Jeder einzelne Mensch will essen, seine Nahrung gut verwerten, und ja: sich fortpflanzen. Falls er sich nicht bewusst dagegen entscheidet.

Der Mensch gewährt seinen Bakterien Schutz, ein konstant warmes Plätzchen und schafft Nahrung heran. Das ist eine ganze Menge. Er kann dafür im Sinne einer gerechten Gegenseitigkeit auch einiges erwarten: Hilfe bei der Verdauung, Lieferung von Stoffen, die er selbst nicht herstellen kann, Assistenz gegen Keime von außen zum Beispiel. Hier geht es nicht um Gerechtigkeit im philosophisch-ethischen Sinne. Sondern im biologischen. Ist die Gegenseitigkeit nicht gewahrt, wird eine von beiden Parteien so geschwächt, dass sie sich letztendlich nicht mehr oder nicht mehr erfolgreich genug fortpflanzen kann. Und wir sind natürlich nach wie vor mittendrin im evolutionären Rennen mit unseren Bakterien. Eine Mutation bei einem Menschen führt vielleicht dazu, dass wir einer ganzen Reihe von Bakterienstämmen ihr Futter streitig machen. Der Mensch bekommt dann mehr Energie, hat also einen Vorteil. Die Bakterienstämme verhungern, stellen aber dann vielleicht auch ein Vitamin, das der Mensch braucht, nicht mehr her. Klarer Nachteil für beide. Wie läuft es dann weiter in der Evolution?

Zum Beispiel nach der Formel: Kein Vitamin, weniger Vitalität, weniger Fortpflanzung. Das Gen, das den Bakterien die Nahrung streitig macht, wird sich im Darwin'schen Kampf also nicht durchsetzen. Vielleicht wird sich aber unter den unglaublich vielen Mikroben jener Stämme das eine oder andere Bakterium mit einer Mutation finden, die ein probates Gegenmittel gegen diese Nahrungskonkurrenz des menschlichen Wirtes ist, etwa dadurch, dass die Nahrung jetzt noch besser genutzt werden kann, also genug für Bakterien und Wirt da ist. Das wäre dann ein Vorteil für beide (oder zumindest kein Nachteil für irgendwen). Und damit wären die komplexen Interaktionen zwischen Mensch und Bakterien noch ein bisschen komplexer geworden.

Zahnpasta als Evolutionsmotor

In solchen Minischritten ist die Co-Evolution von uns und unseren Bakterien ohne Zweifel abgelaufen, nur dass alles noch viel, viel komplexer war, voller Irrungen, Wirrungen, Krieg und Frieden, Katastrophen, Wechselwirkungen, Rückkopplungen. Und natürlich konkurrieren und kooperieren auch die Bakterien miteinander, haben Ver-

hältnisse zu menschbewohnenden Pilzen und anderen Einzellern, und so weiter.
Und es spricht vieles dafür, dass sie weitergeht, diese Co-Evolution. Und das mit, sagen wir mal: überhöhter Geschwindigkeit. Denn all die neuen Nahrungsmittel und andere Mittelchen – vom Medikament bis hin zur Zahnpasta – haben ganz neue Variablen in die Gleichung eingeführt, die jeder Mensch und jeder Bakterienstamm täglich lösen muss.
Die Suche nach dem Equilibrium, dem dynamischen, aber doch einigermaßen stabilen Gleichgewicht, das allen Beteiligten ein Leben ermöglicht, geht jeden Tag weiter.
Jede Symbiose in der Natur ist ein Vertrag auf Gegenseitigkeit, bei dem beide Seiten peinlich genau darauf achten, dass Geben und Nehmen sich ausgleichen. Zwar kommt es auch vor, dass eine Spezies eine andere tatsächlich, zumindest aus menschlichem Blickwinkel, ziemlich versklavt. Aber oft bekommen auch diese Sklaven etwas zurück – Schutz, Futter, Fortpflanzungsmöglichkeiten. Symbiose oder Ausbeutung – es ist oft reine Definitionssache.
Die engsten Symbiosen in der Natur sind jene Lebewesen, deren Zellen einen Zellkern haben, mit Bakterien eingegangen.[32] Aus anfänglich lockerer Gegenseitigkeit wurden hier Allianzen, in denen der eine Partner ohne den anderen nicht mehr lebensfähig ist. Gemeint ist natürlich die etwa 1,5 Milliarden Jahre alte enge Zusammenarbeit dieser Zellkernbesitzer mit Mitochondrien und Chloroplasten. Letztere gibt es nur bei Pflanzen, sonst wären wir alle grün und bräuchten keinen Darm und keine Bücher über Darmbakterien.
Mitochondrien und Chloroplasten sind »Endosymbionten«, Nachfahren von Bakterien, denen man diese Herkunft aber kaum noch ansieht. Es sind Kooperationspartner, die in den Zellen und nur dort existieren und die bei der Fortpflanzung mit weitergegeben werden. Sie haben ihr eigenes, noch stark an das von Bakterien erinnerndes Erbgut. Sie liefern und verarbeiten für die sie umgebenden Zellen Energie. Was zunächst nach der perfekten Versklavung klingt, ist aber nichts anderes als ein seit Urzeiten gelebter Pakt auf Gegenseitigkeit, denn die Endosymbionten bekommen für ihre Dienste – man ahnt es schon – Schutz, Nahrung, Fortpflanzungsgarantie.
Selbst bei all den Lebewesen, die Menschen sich inzwischen unter-

tan gemacht haben, kann man sich beim zweiten Hinsehen fragen, wer eigentlich wen ausnutzt. Vom Apfelbaum über Koi-Karpfen, Mastschwein, Pferd, Rosenstrauch bis hin zur Zucchini: Wer profitiert, im Sinne der Evolutionstheorie, in der es um Fitness und Fortpflanzungsmöglichkeiten geht, von wem? Der Mensch bekommt von jenen gezüchteten Tieren und Pflanzen Nahrung – und damit die Möglichkeit, sich wohlgenährt erfolgreich fortzupflanzen und den Nachwuchs großzuziehen. Was bekommen Tiere und Pflanzen im Gegenzug? Schutz, Futter, Fortpflanzungsmöglichkeiten.[33]

Bedenkt man all das, ist es sicher auch übertrieben, von all den Bakterien und ihren Genen als einem Teil von uns zu sprechen, der genauso zu uns gehört wie unsere eigenen Gene, unsere Herzen und unsere Nieren. Wir mutieren und konkurrieren mit unseren Bakterien noch immer so um die Wette wie Herr und Frau Urdarm.

Es ist alte Freundschaft, oder alte Konkurrenz – auf jeden Fall alte Gegenseitigkeit.

Neu ist aber die Tatsache, dass wir von unseren Mikroben wissen. Neu ist, dass wir wissen, dass sie uns, unser Menschsein, unsere Individualität, unsere Gesundheit beeinflussen. Neu ist, dass wir wissen, dass wir sie beeinflussen können. Neu ist, dass wir beginnen zu verstehen, wie wir sie so beeinflussen können, dass es uns nützt.

Neu ist auch, dass zunehmend klar wird, wie sehr der Bund mit Mikroben so wahrscheinlich höhere Leben geprägt hat, das gesamte Tierreich zum Beispiel. Dazu mehr im folgenden Kapitel.

5 DIE FARMEN DER TIERE

Wie eng der Mensch mit seinen Mikroben zusammenarbeitet, wird erst langsam klar. Bei vielen Tierarten sind lebenswichtige Kooperationen dieser Art längst bekannt. Und es kommen immer erstaunlichere Allianzen ans Licht.

Es wäre eigentlich immer noch möglich, den Treibhauseffekt und damit den Klimawandel in den Griff zu bekommen. Ganz ohne Atomkraftwerke, ganz ohne CO_2 in irgendwelche Gesteinsschichten zu pumpen, ganz ohne aufs Auto zu verzichten, ganz ohne Emissionshandel. Alles, was man neben einem Mehr an erneuerbaren Energien und ein paar durchaus machbaren Sparmaßnahmen bräuchte, wäre ein Emissionswandel. Der wäre denkbar mit neuen Darmbakterien für die Kühe dieser Welt und am besten gleich noch all die anderen Wiederkäuer in Ställen und Savannen dazu. Statt Methan, das ein um ein Vielfaches potenteres Treibhausgas als CO_2 ist, würden all die Tiere dann deutlich weniger klimaschädliche Gase herausrülpsen und -pupsen.

Tatsächlich arbeiten Wissenschaftler an einer solchen Darmreform, doch dass die klimafreundliche Kuh bald beim Bauern – und ihre Milch bald im Supermarkt – steht, ist nicht so wahrscheinlich. Man könnte diesem Thema ein ganzes Kapitel oder ein ganzes Buch widmen. Wir müssen uns hier darauf beschränken, die Klimamacht der Magen- und Darmbewohner von Wiederkäuern als imposantes Beispiel für die Bedeutung der Mikroben nicht nur im Menschen, sondern auch in wahrscheinlich so ziemlich allen Tieren zu nennen.

Sterile Tiere, also solche, die nie von Mikroorganismen besiedelt werden, sind bislang aus der Natur nicht bekannt. »Ich gehe davon aus, dass alles multizelluläre Leben in einer Wirt-Bakterien-Interaktion steht«, sagt etwa Sebastian Fraune vom Biozentrum der Uni Kiel, »nach meinem Wissen gibt es keine Eukaryonten, die keine bakterielle Besiedlung aufweisen.« Von Aal bis Zikade, alles ist besiedelt. Eine Kuh, die ganz ohne Darmbakterien auf der Weide stünde und versuchte, sich von Gras zu ernähren, würde ziemlich bald klapperdürr tot umfallen. Ein Pferd, das vor der Apotheke aus Versehen den Lieferwagen voller Antibiotika leergefressen hätte, würde höchstwahrscheinlich seine Gras- oder Hafermahlzeit alsbald wieder herauskotzen.[34] Und auch eine Termite mit sterilisiertem Darm würde sehr schnell alle Sechse für immer von sich strecken.

Bei anderen Tieren sind die Effekte weniger dramatisch. Bei Labormäusen zum Beispiel, die zum Zwecke der Erforschung der Darmflora einen sterilen Darm haben. Ihnen kann man dann einzelne Bakterienspezies geben und untersuchen, wie sich das auswirkt. Diese Mäuse sind durchaus lebensfähig, aber es geht ihnen nicht so gut wie Artgenossen mit normaler Darmflora. Ihr Immunsystem, ihr Stoffwechsel und noch ein paar weitere physiologische Funktionen sind deutlich in Mitleidenschaft gezogen.

Alles ist besiedelt

Es ist ja auch irgendwie logisch: Die Umwelt ist voller Mikroorganismen. Sie war es auch schon vor zirka 500 Millionen Jahren, als die ersten Tiere mit Darm auftraten. Sie war es auch schon, als die ersten Lebewesen mit Zellkern auf den Plan traten, und als die Evolution die ersten Schritte von der Einzelligkeit zu multizellulären Wesen machte, was alles schon mehr als zwei Milliarden Jahre her sein dürfte. Ein paar der höheres Leben überhaupt erst möglich machenden Zellteile – Mitochondrien und Chloroplasten – sind aus Bakterien, die einst in Symbiose mit frühen Zellen lebten, hervorgegangen (siehe Kapitel 4). Und an der University of California in Berkeley haben Nicole King und ihre Kollegen 2012 sogar Hinweise darauf gefunden, dass die Entstehung von Mehrzelligkeit abhängig von Bakterien war. Jedenfalls regten in ihren Experimenten Bakterien tierische Einzeller an, sich nicht nur zu teilen, sondern sich dabei auch nicht voneinander zu trennen.[35]

Heutige Pflanzen leben, soweit man weiß, praktisch immer im engen Austausch mit Mikroorgansimen wie Bodenbakterien und Bodenpilzen. Am bekanntesten und sicher auch ziemlich wichtig sind wohl die Knollenbakterien der Leguminosen, die Stickstoff aus der Luft holen und ihn für Pflanze und Tier nutzbar machen.

Wie intim es auch zwischen Tieren und Mikroben zugeht und wie universell diese Kooperationen sind, stellt sich gerade erst heraus. Zwar haben höhere Tiere einige Strategien entwickelt, um sich die schädlichen unter ihnen vom Leibe, oder besser: aus dem Leibe zu halten. Barrieren wie Haut oder Darmepithel sind weitgehend undurchlässig für sie, und wer es als Mikrobe doch in die Blutbahn schafft, kann sich auf Fresszellen und Antikörper gefasst machen. Doch Haut, Mund, Ohren, Nase, Darm, Penis, Scheide, Bauchnabel, Fingernagel, Haar – all das kann kein Mensch und kein Tier effektiv steril halten. Die einzige Lösung heißt: Die Mikroben dürfen siedeln, und von ihnen möglichst die, die nicht schädlich sind und die die schädlichen fernhalten. Und eben auch die, die nicht nur nicht schaden, sondern die hilfreich und gut sind. Es ist eine weitgehend friedliche Koexistenz, nicht hervorgerufen durch irgendeinen romantisch-esoterischen Drang zur natürlichen Harmonie, sondern durch Milliarden Jahre Evolution. Deren Ergebnis ist ein dynamisches, bei Störungen aber auch oft anfälliges Gleichgewicht.

Schon so simple Vielzeller wie der Süßwasserpolyp Hydra sind innen voll und außen bedeckt mit einer großen Zahl unterschiedlicher Bakterienarten.[36] Bei neueren Untersuchungen wurden zwischen 150 und 250 Bakterienvarianten[37] gefunden, wobei aber einige wenige, vielleicht fünf bis zehn, in besonders großer Zahl dort siedeln. Diese Hohltiere fangen sich nicht zufällig irgendwelche Keime ein, mit denen sie dann halt leben müssen. Jede bislang untersuchte Art hat vielmehr ihren eigenen, in vielen seiner Mitglieder auch ziemlich konstanten Bakterien-Mix. Hydren suchen sich aus, mit wem sie zusammenleben wollen, und haben dafür auch ihre Auswahlwerkzeuge: Der schon erwähnte Sebastian Fraune und seine Kollegen vom Biozentrum der Uni Kiel haben mittlerweile bei verschiedenen Hydra-Arten ganz spezifische Mini-Proteine gefunden, die auf bestimmte Mikroben giftig wirken, auf andere nicht.[38]

DER MIKRO-MENSCH

Innere Solarkraftwerke und Zuckerfabriken

Schon diese vergleichsweise wenig komplexen, nur aus einem zweischichtigen Gewebesack und ein paar Armen bestehenden Tiere haben also die Fähigkeit, sich genau die Mikroben zu halten, die sie brauchen. Die ebenfalls zu den Hohltieren gehörenden Korallen haben diese Kooperation ausgebaut. Sie nutzen mikroskopisch kleine, Photosynthese betreibende Algen als lebende Solarzellen, die ihre eigenen Zellen zwar nicht mit Strom, aber mit Zucker-Nährstoffen versorgen. Bakterien, möglicherweise mehr als tausend verschiedene Arten, leben in und auf ihnen. Viele davon kommen nur in und an Korallen vor. Sie können beispielsweise Stickstoff für das Nesseltier nutzbar machen, zusätzlich Zucker liefern und natürlich andere, schädliche Bakterien fernhalten.

Ähnliche, alles andere als zufällig zusammengesetzte Mikrobenschichten schützen die Haut von Amphibien, Fischen, Würmern, Waranen, Walen. Manche marine Fadenwürmer lassen schwefelnutzende Bakterien auf sich wachsen, die sie dann auffressen. Andere kultivieren die Schwefelbakterien in ihrem Inneren und haben sich während der Evolution jeglicher Körperöffnungen entledigt, weil diese Symbiose sie verlässlich ernährt und die schwefelhaltigen Moleküle klein genug sind, um durch die Haut aufgenommen zu werden.

Im Tierreich wird aber mit mikrobieller Hilfe nicht nur Lichtenergie genutzt, sondern auch auf umgekehrtem Wege Licht produziert. Der Zwergtintenfisch *Euprymna scolopes* etwa fängt sich als Larve Bakterien der Art *Aliivibrio fischeri* ein. Diese Mikroben können mit Hilfe von Substanzen mit so vielsagenden Namen wie Luciferin und Luciferase Licht erzeugen. Der Tintenfisch füttert sie mit Aminosäuren und Zuckern. Er schaltet diese mikrobiellen Lampen an, wenn der Mond scheint. Dadurch werden die kleinen Kopffüßer – mondheller Tintenfisch vor mondhellem Hintergrund – für von unten nach Beute Ausschau haltende Fressfeinde unsichtbar.

In den Mägen eines Rindes lebt eine Unzahl von Bakterien, Pilzen und Minitierchen. Es sind pro Tropfen Magenflüssigkeit in etwa zehnmal mehr Einzelorganismen, als es einzelne Menschen auf der Erde gibt. Sie zerlegen Pflanzenmaterial, Zellulose, für deren Zerlegung es kein einziges Rinder-Enzym gibt. Im Termitendarm genauso. Im Menschendarm genauso – nur dass der Mensch eben nicht allein von Gras oder Holz lebt.

DIE FARMEN DER TIERE

Es ist wie in all den anderen Bereichen der Darmmikrobenforschung: Man weiß schon ziemlich lange, dass es dort kreucht und fleucht. Die ersten tierischen Einzeller im Kuh-Pansen wurden schon 1843 nachgewiesen – von einem ungarischen Arzt namens David Gruby, der im selben Jahr auch den Candida-Pilz aufspürte, Ursache der häufigsten und manchmal lebensbedrohlichen Pilzerkrankung beim Menschen. Aber was sie dort genau machen, das beginnt man erst jetzt zu verstehen. Es dauerte zum Beispiel bis 1998,[39] bis endlich klar war, was die Mikroben mit all der Zellulose anstellen, nämlich sie in kurzkettige Fettsäuren und damit in hervorragende Energielieferanten zu zerlegen.

Rumen est Omen

Bei vielen der anderen Wiederkäuer-Mitbewohner weiß man allerdings noch längst nicht genau, was sie machen, wie sie es machen und ob sie damit der Verdauung ihres Wirtes auch nutzen oder eher schmarotzen. Bekannt ist allerdings, dass das Methan von Archaeen hergestellt wird, bakterienähnlichen Ur-Mikroorganismen. Sie verwerten dafür den Wasserstoff, der dort von Bakterien und einzelligen Tierchen produziert wird. Um eine klimafreundliche Kuh zu basteln, könnte man die Kuh selbst also völlig in Ruhe lassen. Man müsste aber für Bakterien sorgen, die weniger Wasserstoff herstellen, oder dafür, dass der Wasserstoff in etwas weniger Klimaschädliches umgewandelt wird. Und natürlich könnte man den Wasserstoff auch direkt nutzen, um damit beispielsweise eine Brennstoffzelle anzutreiben. In Labors, etwa an der Ohio State University, haben Biotechnologen so lange darüber ruminiert, bis genau das funktionierte. Dort rumort die Magenflüssigkeit nun in einem Bioreaktor (die Verben ›ruminieren‹ und ›rumoren‹ haben als Wortstamm Rumen, die lateinische Bezeichnung für Schlund, aber auch für Pansen).

Lebende Kühe, die dann zweimal täglich nicht nur gemolken, sondern auch per Wasserstoff abziehender Magensonde dehydrogenisiert werden, möchte man sich aber vielleicht dann doch nicht so gerne vorstellen.

Die anderen großen tierischen Verwerter von Zellulose und anderen stabilen Pflanzenmolekülen wie den Lignanen sind Termiten. In Deutschland gibt es bislang nur ein paar wenige eingeschleppte Völker. In den Tropen und Subtropen dagegen entgeht den rund 2.600 Arten von *Holotermes*, *Macrotermes*, *Zootermopsis* und Co. kaum ein welker Grashalm, kaum ein trockenes Stück Holz. Das gilt oft genug auch für solches Holz, das Menschen gerne noch eine Weile unbeschädigt gesehen hätten: Allein in Südkalifornien werden die jährlichen Termitenschäden auf mehr als eine Milliarde Dollar geschätzt. Auch die Minigedärme dieser Insekten beherbergen mehr Mikroben, als es Termitenhügel auf dieser Welt gibt. Und auch bei ihnen ist längst nicht bis ins Letzte aufgeklärt, wie diese gliederfüßigen Bioreaktoren genau funktionieren. Mehr als hundert Mikrobenarten hat man bei ihnen gezählt, unter ihnen solche, die mit den nützlichen menschlichen Darmbakterien aus der Gruppe der Bacteriodetes verwandt sind, aber auch solche, die dem Syphillis-Erreger stark ähneln. Und solche, die aus Wasserstoff und Kohlendioxid anstatt klimaschädlichen Methans die für Termiten nahrhafte Essigsäure, die wichtigste Kohlenstoffquelle der gesamten Tiergruppe, machen.

Wie die Bremer Stadtmusikanten

Im September 2013 erfuhr die Fachwelt dann auch, was für Bakterien hauptsächlich jene Essigsäure bilden.[40] Und man kann sich nach diesen von Jared Leadbetter und seinen Kollegen vom California Institute of Technology in Passadena gemachten Versuchen fragen, ob man die Termiten überhaupt als die Wirtsorganismen dieser bis dahin unbekannten Variante von sogenannten Deltaproteobakterien bezeichnen kann. Denn sie leben zwar im Termitendarm, aber dort nicht irgendwo, sondern auf der Oberfläche von einzelligen Tierchen. Diese Tierchen sind es, die einen Großteil des Wasserstoffs im Termiteninneren produzieren. Die Deltaproteobakterien sitzen also einerseits direkt an der Quelle. Andererseits zeigen diese Ergebnisse einmal mehr, dass das mikrobielle Darmgeschehen, ob bei Insekten oder Menschen, alles andere als ein chaotisches Gemixe und Geblubber zu sein scheint (siehe auch Kapitel 3). Vielmehr laufen dort komplexe, mehrstufige, geordnete und abgestimmte Programme mit mehreren Teilnehmern ab, mit Wirten und Unterwirten, Mietern und Untermietern, Rohstoffproduzenten, Zulieferern, Transportunternehmen und Endfabrikanten. Es ist ein Nahrungsnetz, oder eine Nahrungspyramide. Die verschiedenen beteiligten Arten sitzen entweder buchstäblich oder zumindest im Sinne ihrer physiologischen Beziehungen aufeinander wie die Bremer Stadtmusikanten. Auch sie schafften es schließlich durch diese Art Kooperation, sich Speis und Trank und eine sichere Behausung zu besorgen – und unliebsame Gäste fernzuhalten.

Und natürlich wird in ein paar Labors längst versucht, nach dem Vorbild des Termitendarms Bioreaktoren herzustellen, die dann auch das Endprodukt Ethanol liefern könnten, mit dem man zum Beispiel Autos fahren lassen kann.

Dass man die mikrobielle Produktion der Dinge, die man braucht, tatsächlich auslagern kann, dafür müssen Menschen den Beweis nicht mehr erbringen. Ein anderes soziales Insekt, obgleich nur sehr entfernt mit den Termiten verwandt, hat das längst bewiesen: Blattschneideameisen ernähren sich, wie Kühe oder Termiten, auch hauptsächlich von Zellulose. Die dafür nötigen Mikrobenhelfer aber leben größtenteils nicht in ihren Därmen. Ein Pilz, gezüchtet in Höhlen von der Größe eines kleinen Hokkaido-Kürbisses, zersetzt die von den Blattschneidern geschnittenen Blätter. Von den Blattschneidern dort ausgebrachte Bakterien versorgen den Pilz mit dem nötigen Stickstoff, andere halten schädliche Mikroorganismen fern, die sonst den Pilzgarten überziehen würden wie die Vogelmiere[41] das ungejätete Gurkenbeet. Reine Ausbeutung der Mikroorganismen durch die Ameisen ist das nicht. Die Bakterien bekommen als Gegenleistung Futter, Sicherheit und Fortpflanzungsmöglichkeiten, die Pilze – obgleich viel von ihnen den Züchtern als Nahrung dient – ebenfalls.

Die Neuentstehung der Arten

Die wissenschaftlich dokumentierten Beispiele von Kooperationen zwischen Tieren und Mikroorganismen werden beinahe wöchentlich mehr. Was auch zunimmt, sind die Hypothesen und Kenntnisse über die Funktionen, die solche Kooperation haben kann. Nahrungsbeschaffung und Keimabwehr sind zwei ziemlich wichtige davon. Eine weitere könnte sogar im noch immer rätselhaftesten Mechanismus der Evolution zu finden sein: der Bildung und nachhaltigen Trennung von Arten. Wie neue Spezies entstehen und wie es kommt, dass ihre Vorgänger-Varianten – egal, ob man sie jetzt Rassen oder Sorten oder Sub-Spezies nennt – sich bei all dem allgegenwärtigen Sextrieb nicht ständig wieder vermischen und damit alle Art-Aufspaltungstendenzen wieder zunichtemachen, fragen sich Evolutionsbiologen seit Darwins Zeiten. Natürlich verschlägt ein Sturm ab und an ein Finkenweibchen mit einem Bauch voller Eier auf eine ferne Insel, wo sich dann unter neuen Umweltbedingungen und ohne jede Möglichkeit von Sex mit Gleichen oder Ähnlichen eine neue Spezies herausbilden kann. Doch viele Arten haben sich wahrscheinlich aufgespalten, ohne dass ihre Mitglieder lange genug komplett geografisch voneinander getrennt gewesen wären, um sich dann so zu unterscheiden, dass sie wirklich nicht mehr zueinander kommen konnten.

Ein unterschiedliches Mikrobiom ist dagegen wahrscheinlich deutlich schneller zu haben als nicht mehr zueinander passende Geschlechtsorgane, Paarungszeiten oder Lockstoffe.

Evolution ist Anpassung an Umweltverhältnisse. Bislang bedeutete das: In den Keimzellen sich sexuell fortpflanzender Lebewesen passieren Mutationen, und ein paar wenige dieser Mutationen wirken sich auf die Überlebenschancen in einer bestimmten Umwelt positiv aus. Wer die Mutation in sich trägt, hat höhere Chancen, sich fortzupflanzen, das entsprechend veränderte Gen und das deshalb veränderte Merkmal breiten sich in der Population aus. Das dauert lang, sehr lang. Wenn aber vielzelliges Leben das Produkt der Kooperation dieser vielzelligen Lebewesen mit Bakterien ist, dann muss man die Bakterien auch als Teil dieses Lebens betrachten. Genau das besagt die sogenannte Holobionten-Hypothese, aufgestellt von dem Biologen Eugene Rosenberg.

Bakterien, ihre Gene und die Funktion und Auswirkungen dieser Gene können sich viel, viel schneller wandeln. Denn einerseits dauert eine Bakteriengeneration, in der die eine oder andere Mutation passieren kann, manchmal weniger als eine Stunde. Andererseits ist es gar nicht nötig, auf neue günstige Mutationen zu warten, man kann sich die Bakterien, die diese anderen Eigenschaften haben, einfach aus dem schier unerschöpflichen Bakterienangebot holen, das es in der Umwelt gibt. Und ein auf diese Weise in vergleichbar kurzer Zeit geändertes Mikrobiom könnte durchaus dazu führen, dass Tiere, die sich in ihren eigenen Genen kaum messbar unterscheiden, dies in ihren Bakteriengenen sehr wohl tun, so sehr, dass sie sich nicht mehr miteinander fortpflanzen können.

Hübsche These, könnte man jetzt sagen. Aber wo ist der Nachweis, dass genau das tatsächlich in der Natur passiert?

Mittlerweile gibt es diesen Nachweis tatsächlich, bei Schlupfwespen namens *Nasonia*.[42] Wenn man Larven verschiedener Arten dieser Gattung steril aufzieht, ihnen also jegliche Darmflora vorenthält, dann können die erwachsenen Wespen der verschiedenen Spezies ohne Probleme gesunden Nachwuchs zusammen haben. Lässt man bei den Tieren sich aber die natürlichen Darm-Mikrobiota entwickeln, ist zwar weiterhin Sex möglich, gesunde Wespenbabys allerdings gibt es dann nicht mehr. Im Fachjargon: Die unterschiedliche bakterielle Besiedlung hat zu reproduktiver Isolation geführt.

Der deutsche Evolutionsbiologe Ernst Mayr ist vor allem deshalb in die Wissenschaftsgeschichte eingegangen, weil er das sogenannte biologische Artkonzept geprägt hat. Demnach gehören Tiere oder Pflanzen zu ein und derselben Art, wenn sie sich tatsächlich in der Natur miteinander fortpflanzen und dabei fortpflanzungsfähige Nachkommen erzeugen können. Darin liegt auch das Problem mit dem Artbegriff bei Bakterien und der Grund, warum sich Mikrobiologen gerne an jene aus Laiensicht nicht so eingängigen OTUs[43] (operational taxonomic unit) und dergleichen halten: Denn zwar tauschen Bakterien gelegentlich mit anderen auch Genmaterial aus, aber zur Fortpflanzung teilen sie sich einfach. Mayr sagte einem der Autoren deshalb in einem Interview einmal schlicht, dass Bakterien eben keine Arten bilden. Mit den Funden bei *Nasonia* ist er auf ziemlich skurrile Weise widerlegt worden: Bakterien bringen offenbar schon neue Arten hervor – wenn es auch keine Bakterienarten sind.

Mayr gehört zu den ganz Großen in der Geschichte der Biologie. Um die Geschichte eines Teilgebietes der Biologie und um ein paar seiner Kollegen geht es im nächsten Kapitel.

6 EINE KURZE GESCHICHTE DER MIKROBIOLOGIE

Nach ihrer Entdeckung galten Bakterien zunächst bloß als kuriose Tierchen. Erst später bekamen sie ihr böses Image verpasst. Heute sollen sie die Welt retten.

Dass die Welt des Kleinen, extrem Kleinen, mikroskopisch Kleinen, eine ziemlich belebte Welt ist, wissen Menschen erst, seit – wen wundert's – es Mikroskope gibt.

In den Siebzigerjahren des 17. Jahrhunderts schaute im niederländischen Delft ein Mann namens Antoni van Leeuwenhoek in jeder freien Minute durch seinen selbstgebauten Vergrößerungsapparat. Es war eines der ersten solchen Geräte überhaupt. Van Leeuwenhoek war städtischer Beamter und wohl auch Tuchhändler. Der wissenschaftliche Autodidakt hatte die Linsenkonstruktion gebastelt, um die Qualität der Ware besser beurteilen zu können.

Er könnte damit in den Geschichtsbüchern als einer der Begründer der Materialwissenschaften verzeichnet sein. Man findet ihn allerdings als Begründer der Mikrobiologie. Denn außer Tweed und Leinen schaute er sich auch noch einiges andere an, Wasser aus dem Teich zum Beispiel, oder seinen Zahnbelag. Die beste Linse, die er schliff, schaffte eine knapp 500-fache Vergrößerung. In Kombination mit seinen offenbar hervorragenden Augen war das genug, um ein Gewimmel von tierischen und pflanzlichen Einzellern, aber auch große Bakterien zu sehen und zu zeichnen.[44]

1676 schickte er der Londoner Royal Society eine Zusammenfassung seiner Beobachtungen, ergänzt durch eine Reihe Zeichnungen. Das löste eine wahre Besuchswelle in Delft aus. Ohne zu sehen, glaubte

EINE KURZE GESCHICHTE DER MIKROBIOLOGIE

ihm niemand, dass der Mikrokosmos jenseits der menschlichen Pupillenkapazität voller Leben sein sollte. Ein paar Blicke durch die Delfter Linsen waren jedoch genug, um auch die größten Zweifler zu überzeugen. Selbst der russische Zar soll dort vorstellig geworden sein und sich an die strenge »Nur gucken, nicht anfassen«-Vorschrift des Tuchhändlers gehalten haben.

Eine neue Welt war entdeckt. Und einer der allerersten mikrobiologischen Befunde überhaupt war mit jenem belebten Zahnbelag eine am und im Menschen lebende Winzlings-Kommune. Dann erkannte ein anderer Mikroskopie-Pionier, der Engländer Robert Hooke, dass Pflanzen aus Zellen aufgebaut waren, und brachte als Erster die damals steile These vom »zellulären Leben« zu Papier.

Dass es im Wasser, auf der Haut, im Hustenhauch oder in tierischen und menschlichen Ausscheidungen irgendetwas zwar für das menschliche Auge Unsichtbares, aber ziemlich Aktives und Machtvolles geben musste, ahnten Menschen allerdings schon Jahrhunderte, Jahrtausende früher.

Toiletten gab es im Indus-Tal in Pakistan schon etwa 2800 Jahre vor Beginn der christlichen Zeitrechnung, auf den Orkney-Inseln im Nordatlantik existieren ähnliche Funde aus derselben Zeit. Gebaut wurden sie ziemlich sicher aus hygienischen Gründen. Dass Leprakranke isoliert wurden und Kontakt mit ihnen als ungesund galt, steht nicht nur in der Bibel. Aber dass es winzige Lebewesen sein könnten, die den Kontakt mit Fäkalien oder manchen Kranken zur Gefahr machten, das wusste niemand. Nicht einmal in der Bibel stand etwas von ihnen.

Van Leeuwenhoek entdeckte also genau das, worum es in diesem Buch geht: Mikroorganismen, die in und auf Menschen leben. Seine Arbeiten brachten allerdings noch niemanden auf die Idee, dass unter jenen »Animalcules« unter den Vergrößerungsgläsern für die Gesundheit wichtige Mitarbeiter sein könnten, oder Krankheitserreger. Dafür waren sie auch wirklich ein bisschen klein.

Manche Krankheiten waren eben ansteckend. Warum, das wusste man nicht.

Mit Pocken gegen Pocken

Die Probleme mit jenen Malaisen, die heute Infektionskrankheiten heißen, wurden mit der Zeit nicht weniger. Sie nahmen zu, und das vor allem dort, wo immer mehr Menschen auf immer engerem Raum zusammenlebten. Kranke zu meiden und zu isolieren war die biblische, grausame und oft nur mäßig erfolgreiche Strategie.

In islamischen Ländern war die Heilkunst seit dem Mittelalter in vielen Bereichen etwas innovativer und fortschrittlicher, sowohl im akademischen als auch im volksmedizinischen Bereich. Im ottomanischen Imperium etwa war es üblich, gegen Pocken etwas zu unternehmen, das westliche Beobachter bald *Variolation* nannten, was auf Deutsch so viel wie »Pickelung« bedeutet. Aus einem Pockengeschwür von jemandem, bei dem die Krankheit einen milden Verlauf nahm, wurde der unappetitliche Inhalt entnommen und auf eine aufgekratzte Hautstelle eines oder einer Gesunden geschmiert. Die Frau des britischen Botschafters in Konstantinopel, Lady Mary Wortley Montagu, beobachtete diese Praxis Anfang des 18. Jahrhunderts. Sie war von den Segnungen der Methode so überzeugt, dass sie ihre eigenen Kinder variolieren ließ und, zurück in London, dafür sorgte, dass auch dort begonnen wurde, auf diese Weise zu impfen.

Die Ursprünge dieser Infektionsprävention sind allerdings noch viel, viel älter, und östlicher. In Indien könnte sie schon seit etwa 1500 vor unserer Zeitrechnung praktiziert worden sein. Von dort stammt, wenn man den Schriften des Arztes John Zephania Holwell aus der zweiten Hälfte des 18. Jahrhunderts glaubt, auch die Überzeugung, dass Mikroorganismen die Erreger von Pocken und anderen Krankheiten sind. Holwell berichtete 1776 – hundert Jahre, nachdem van Leeuwenhoek seinen Brief nach London geschrieben hatte – an das College of Physicians in der Themse-Stadt, dass »Unmengen an nicht wahrnehmbaren Animalculae, die in der Atmosphäre schweben«, dort als Erreger vieler Epidemien, »vor allem aber der Pocken«, galten.

Etwa zur selben Zeit finden sich in Texten aus der Qing-Dynastie in China detaillierte Beschreibungen. Die ersten gesicherten Quellen sind sogar deutlich älter und stammen aus dem Jahr 1549, die Technik wurde in China wahrscheinlich bereits im 10. Jahrhundert angewandt. Und Voltaire schreibt 1733, Völker des Nordkaukasus hätten die Methode, die er »Inokulation« nennt, bereits seit »unerinnerbarer Zeit« praktiziert.

Den indischen, chinesischen, türkischen Prozeduren war eines gemein: das Prinzip, nur Material von leicht verlaufenden Erkrankungen zu benutzen und es in die Haut zu kratzen. Genau das machte den Unterschied zwischen lebensgefährlicher Erkrankung und lebenslangem Schutz vor Pocken aus. Ohne es zu wissen, nutzen sie den weniger gefährlichen von zwei Virenstämmen und infizierten mit jener einen Stelle an der Haut so wenig und lokal begrenztes Gewebe, dass das Immunsystem in den meisten Fällen ohne große Nebenwirkungen eine lebenslange Pockenabwehr aufbauen konnte.

Jener Lady Montagu, die als Mädchen eine große Schönheit gewesen sein soll, dann aber im Alter von 26 Jahren die Pocken zwar überlebte, aber reichlich Narben zurückbehielt, ist jedenfalls der Import der Variolation nach Mitteleuropa zu verdanken. Sie hat unzähligen Menschen das Leben gerettet, und vielen Frauen ihre Schönheit, aber die Prozedur war nicht ungefährlich. Etwa drei Prozent starben, viele erkrankten wochenlang. Das änderte sich erst, als Edward Jenner der *Vakzination* zum Durchbruch verhalf.

Das Melken macht's

Wenn Variolation »Pickelung« heißt, dann kann man Vakzination mit »Rinderung« übersetzen. Tatsächlich war im Grunde alles, was Jenner anders machte, dass er keine Menschenpocken zur Impfung benutzte, sondern die bekanntermaßen Menschen kaum krank machenden Kuhpocken. Heute weiß man, dass diese Viren den Pockenviren ähnlich genug sind, um das Immunsystem des Menschen ausreichend auf eine Infektion vorzubereiten. Jenner wusste nichts von Viren und Antikörpern, er wusste nur, dass Melkerinnen oft Melkerknoten an den Händen bekamen, dafür aber meist immun gegen Pocken waren.[45]

Viren, noch viel kleiner als die winzigen Bakterien, waren also die ersten Mikroorganismen, die die moderne Medizin wirkungsvoll zu bekämpfen lernte. Dies geschah jedoch, ohne zu wissen, womit man es überhaupt zu tun hatte.

Allerdings hatten Menschen bereits seit Jahrhunderten oder Jahrtausenden Mikroorganismen genutzt – mit Bakterien Joghurt und Sauerkraut gemacht, mit einem Mikrobenmix Tee zu Kombucha fermentiert, oder mit Hefezellen Bier und Wein hergestellt –, ohne zu wissen, dass sie dabei Kleinstlebewesen für sich arbeiten ließen.

Dass wir bis heute, wenn von Bakterien oder Viren die Rede ist, erst einmal keine guten Nachrichten vermuten, liegt wahrscheinlich auch daran, dass die Geschichte der Mikrobiologie erst seit ganz kurzer Zeit auch eine Geschichte des intensiven Suchens und Findens von positiven Eigenschaften der Kleinstorganismen ist. Es fing mit den Pocken an, es ging mit der Tuberkulose und Cholera weiter und hört bei Borreliose und all den Grippeviren mit ihren nummerierten Hs und Ns bis heute nicht auf. Bakterien und Viren gleich Krankheit. Das ist nicht falsch, aber wie sich heute mehr und mehr zeigt, eben nur eine Seite der Medaille. Die medizinische Nutzmikrobiologie hat gegenüber der medizinischen Schadmikrobiologie jedenfalls noch immer einiges aufzuholen.

Heftige Krankheiten durch Winzlinge?

Die aus Indien berichtete Sichtweise, dass »Unmengen an nicht wahrnehmbaren Animalculae« Krankheiten auslösen können, begannen irgendwann auch ein paar westliche Wissenschaftler zu vertreten. Es war allerdings kein menschliches Gebrechen, das den italienischen Freizeitforscher Agostino Bassi zu diesem Schluss kommen ließ, sondern das eines Insekts. Eines damals wirtschaftlich sehr wichtigen allerdings: Bassi untersuchte Seidenraupen, die von einer seltsamen Krankheit dahingerafft wurden. Die Tiere waren irgendwann von weißem Puder überzogen und starben, ganze Farmen in Frankreich und Italien hatten deshalb seit Anfang des 19. Jahrhunderts immer öfter Totalausfälle.

25 Jahre nachdem er begonnen hatte, sich dem Thema zu widmen, veröffentlichte Bassi seine Schlussfolgerung, dass der Auslöser der Krankheit ein Lebewesen und dass die Krankheit ansteckend sei.[46] Er riet den Seidenproduzenten deshalb unter anderem zu schlichter Hygiene und auch, ihre Bestände immer genau zu beobachten, Tiere mit Anzeichen der Krankheit zu entfernen, Kontakt zwischen den Raupen zu minimieren. Die Strategie stellte sich als erfolgreich heraus, und Signore Bassi wurde berühmt.

Auch er wusste nicht, dass es ein Pilz war, der die Krankheit auslöste und übertrug, und dass das weiße Pulver aus Abertausenden Sporen bestand. Er war sich aber sicher, hier nicht auf einen seltsamen Ausrutscher der Natur gestoßen zu sein, sondern auf ein universelles Phänomen, das Pflanzen, Tiere und Menschen gleichermaßen betrifft. Er postulierte, dass viele Krankheiten ihre Ursache in auf die eine oder andere Weise übertragenen winzigen Organismen haben.

Wer jetzt darauf wartet, dass Robert Koch und Lois Pasteur nun endlich die Bühne betreten, muss sich nur noch ganz wenig gedulden. Denn auch die beiden hatten ihre Vordenker und Lehrmeister. Kochs etwa hieß Jakob (Jacob) Henle. Der war in Berlin einerseits selbst Schüler eines berühmten Forschers, des Begründers der wissenschaftlichen Zoologie Johannes Müller, und machte eine Menge wichtiger anatomischer Entdeckungen. Andererseits fand er, dass Bassi Recht hatte, und entwickelte aus dessen Ideen das erste wissenschaftlich umfassende Gedankengebäude einer »Keimtheorie« der ansteckenden Krankheiten, das er 1840 in der Schrift *Von den Miasmen und Kontagien* darlegte.

Ein Landarzt namens Dr. Robert Koch

Praktisch zur gleichen Zeit kam in Wien der Arzt Ignaz Semmelweis zu dem ganz praktischen Schluss, dass Ärzte nicht ohne sich die Hände zu waschen und sich umzuziehen von einer Obduktion in den Kreißsaal wechseln sollten, weil sie sonst das Kindbettfieber übertragen konnten. Es funktionierte, die Todesrate auf der Geburtsstation sank um zwei Drittel. Seine Idee war so innovativ, dass er umgehend gefeuert wurde, weil solche Toilettenvorschriften als Halbgötterlästerung empfunden wurden.

Aus der Weltstadt Wien in das kleine Provinzkaff Wollstein. Es liegt bei Posen und damit im heutigen Polen. In den 1870er Jahren praktizierte dort ein gewisser Dr. Robert Koch. Der junge Arzt hatte bei Jakob Henle in Göttingen studiert und war von dessen Theorie, dass Infektionskrankheiten durch Mikroorganismen verursacht werden, überzeugt. Das sahen inzwischen viele so. Was Koch in seiner Freizeit neben der Arbeit in seiner Allgemeinarztpraxis aber gelang, war der Beweis. Er untersuchte minutiös die Milzbrand-Krankheit, isolierte und beschrieb die stäbchenförmigen Bakterien, die bei von der Seuche befallenen Tieren stets im Blut waren, züchtete sie in Nährlösungen heran und löste mit ihnen bei Versuchstieren die Krankheit wieder aus.

Seine Schrift *Die Aetiologie der Milzbrand-Krankheit, begründet auf die Entwicklungsgeschichte des Bacillus anthracis* von 1876 war der entscheidende Wendepunkt in der Geschichte der Mikrobiologie. Sie war nicht nur der erste rigorose wissenschaftliche Nachweis eines mikrobiellen Auslösers einer Tiere und Menschen befallenden Krankheit. Mit ihr einher ging auch eine wahre Revolution in der Methodik – von speziellen Techniken zum Anfärben und Präparieren von Bakterien über Mikrofotografien der Mikroben bis hin zu Isolierung und Zucht der Keime in und auf speziellen Nährmedien. Der Botaniker Ferdinand Cohn begann nun, auch Bakterienarten und -gruppen systematisch zu ordnen. 1875 war er es, der den Gattungsnamen *Bacillus* zum ersten Mal benutzte. Er wurde damit zum »Vater der Bakteriologie«.

Fannys Rezept, Petris Hit

Danach überschlugen sich in der Mikrobiologie die Ereignisse. Robert Koch bekam sein eigenes Institut in Berlin, Lois Pasteur das seine in Paris. Koch entdeckte den Tuberkulose-Bacillus und den Cholera-Erreger, Pasteur entwickelte Impfungen mit Lebenderregern gegen Krankheiten wie Milzbrand und Tollwut. Ein paar Jahre später zeigten zwei Amerikaner namens Salmon und Smith, dass auch abgetötete Keime für Immunisierungen ausreichen. Fanny, die Frau des sächsischen Arztes Walter Hesse, entdeckte, dass sich das Geliermittel Agar prima eignet, um darauf Bakterien wachsen zu lassen, und Kochs Assistent Richard Petri erfand die nach ihm benannten, bis heute in jedem Labor genutzten, anfangs aus Glas, heute aus Kunststoff gefertigten Schalen. Zwischen 1882 und 1884 war es der Ukrainer Ilja Metschnikow, der zuerst in Seesternen, bald aber auch in Wirbeltieren Zellen entdeckte, die Bakterien und andere Fremdkörper auffraßen. Paul Ehrlich beschrieb etwa zur gleichen Zeit die Wirkung von Antikörpern in der Krankheitsabwehr. Beide wurden so gemeinsam zu den Entdeckern der wichtigsten Komponenten des Immunsystems. Sie waren aber auch die Ersten, die überhaupt direkt beobachteten, dass es zwischen Tier- oder Menschen-Körper und Mikroben aktive Interaktionen gibt.

EINE KURZE GESCHICHTE DER MIKROBIOLOGIE

Selbst die tödliche Wirkung, die manche Pilzkulturen auf Bakterien haben, wurde bereits 1874 von dem englischen Arzt Willliam Roberts beschrieben. Es sollte aber noch fast siebzig Jahre dauern, bis mit Penicillin und Streptomycin die ersten aus solchen Pilzen gewonnenen Antibiotika hergestellt wurden. Bald definierte man auch jene Krankheitserreger, die sich nicht mit Mikrofiltern aus Flüssigkeiten herausfiltern ließen, als »Viren«, auch wenn es bis 1925 dauerte, bis das erste Virus unter einem Ultraviolett-Mikroskop sichtbar wurde.

Die Geschichte der Mikrobiologie bis zu Robert Kochs Zeiten ist charakterisiert durch einen starken Schwenk in Bezug darauf, was Mikroorganismen für eine Rolle für den Menschen spielen: Galten sie zu van Leeuwenhoeks Zeiten schlicht als faszinierende, aber wegen ihrer Winzigkeit für das tägliche Leben völlig bedeutungslose Lebewesen, waren sie bis zum Ende des 19. Jahrhunderts zu etwas ganz anderem geworden: Feinden, Übeltätern, Krankmachern, Verderbern, die es zu bekämpfen galt. Diesem Kampf wurde auch die Hauptaufmerksamkeit der Forscher zuteil, unter ihnen Paul Ehrlich, der 1912 in Berlin mit Salvarsan das erste spezifisch gegen eine Infektionskrankheit – Syphilis – wirkende Medikament entdeckte. Außer den Einzellern, die in jener Zeit als Produzenten von Bier, Wein und Sauerkraut identifiziert wurden, fällt einem kaum eine Ausnahme ein. Und dass verkeimt als ungesund, steril dagegen als wenn schon nicht schön, dann doch zumindest sicher gilt, an dieser Auffassung hat sich eigentlich bis heute nicht viel geändert. »Antibakteriell« ist immer noch eines der wichtigsten Verkaufsargumente für Seifen und Reiniger aller Art.

Gute Keime?

Dass Bakterien und andere Mikroorganismen auch ganz nützlich sein können, erkannten Wissenschaftler dann allerdings sehr bald. Sergej Vinogradskij klärte um 1890 den Stickstoffkreislauf in der Natur auf und damit auch endgültig die Rolle, die Bodenbakterien für die natürliche Stickstoffdüngung spielen. Bei seinen Untersuchungen fand er auch Bakterien, die aus Eisensalzen, Schwefelwasserstoff oder Ammoniak Energie gewinnen konnten. Und 1907 postulierte Metschnikow, der ein Jahr später einen Nobelpreis für seine Entdeckungen in der Immunforschung bekommen sollte, dass Bakterien, die über die Nahrung dem Menschendarm zugeführt werden können, gesund und lebensverlängernd sein sollten (mehr dazu siehe Kapitel 18).

Die allergrößte Nützlichkeit von Mikroorganismen lag für Forscher allerdings bald ganz anderswo – in ihrer Eignung als Forschungsgegenstand und Forschungswerkzeug. Sie waren schlicht kleine, billige, leicht zugängliche und manipulierbare, schnell wachsende Versuchsobjekte. An ihnen konnte man allerhand Probleme der Biologie bearbeiten – etwa Fragen der Sexualität, des Stoffwechsels, der Ökologie, der Mutation und Variabilität, der Genetik.

Schon um 1900 hatte Martinus Beijerinck vermutet, dass Bakterien und Pilze viel besser geeignet sein dürften, die Gesetzmäßigkeiten der Vererbung zu untersuchen, als Pflanzen oder Tiere. Er begründete in Delft – van Leeuwenhoeks Heimatstadt – die niederländische Schule der Mikrobiologie. Dort begann man mit biochemischen Methoden die Lebensprozesse, Enzymwirkungen und Vererbungsgesetzmäßigkeiten von Mikroorganismen zu untersuchen. In Kalifornien brachten 1936 Kreuzungsversuche mit der Pilzgattung *Neurospora* die ersten Chromosomenkarten überhaupt hervor. Bakterien infizierende Viren, sogenannten Phagen, lieferten ein paar Jahre später praktisch alle Ergebnisse der molekularen Genetik. Der Höhepunkt war die epochale Entschlüsselung der Struktur der DNA durch James Watson, Francis Crick und Rosalind Franklin 1953. Danach wurden Bakterien und deren Erbsubstanz zum wichtigsten Objekt von Genetikern wie Jacques Monod, Francois Jacob und vielen anderen, die an ihnen nach und nach erforschten, wie Gene organisiert sind und reguliert werden.

Irgendwann aber kamen Mikroben in der Forschung mehr und mehr aus der Mode. 1979 wurden die Pocken offiziell für ausgerottet erklärt. Schon gut zehn Jahre zuvor hatte William H. Steward, »Surgeon General« der USA und damit des Landes oberster Mediziner, verlautbart, man könne das Thema Infektionskrankheiten jetzt abhaken (»It's time to close the book on infectious disease ...«). Was seit Beijerinck fast hundert Jahre gegolten hatte, nämlich dass Mikroben gleichzeitig wichtige Krankheitserreger und gute Versuchsorganismen waren, reichte jetzt nicht mehr. Statt Bakterien galt es jetzt, Eukaryonten – also Organismen, deren Zellen Zellkerne hatten – zu erforschen. Statt Einzellern galt es jetzt, Vielzeller, am besten menschliche Zellen, zu untersuchen. Auch die prominentesten Forscher, die Mikroorganismen ihren Ruhm zu verdanken hatten, etwa der DNA-Erforscher James Watson, wandten sich ihnen zu, beispielsweise mit dem Ziel, Krebs erfolgreich bekämpfen zu können. In den 90er Jahren betonte so ziemlich jeder Mikrobiologie- und Genetik-Lehrstuhlinhaber in Deutschland, dass man immer weniger mit Bakterien und zunehmend mit Kulturen »höherer« Zellen arbeite. Zur Jahrtausendwende wurde die Entschlüsselung des menschlichen Genoms verkündet, unter anderem durch einen Mann namens Craig Venter.

Das zweite Genom

Doch das entschlüsselte Genom hat bislang wenige große Würfe nach sich gezogen, wenige konkrete Therapien zum Beispiel.

Mehr oder weniger im Schatten des Eukaryonten- und Vielzeller-Booms hatten ein paar Mikrobiologen sich aber nicht von ihren Bakterien abbringen lassen und Methoden entwickelt, die ganz neue Möglichkeiten mit sich brachten. Carl Woese revolutionierte zusammen mit Kollegen um 1980 die Erforschung der zellkernlosen Mikroorganismen. Diese Wissenschaftler fanden, dass ein Teil des Erbmaterials eines Teils der Zellmaschinerie ausreicht, um Verwandtschaftsbeziehungen zwischen Mikroorganismen aufzuklären. Dieser Teil-Teil nennt sich 16S-rRNA. Er fungiert in Zellen als Katalysator bei der Herstellung von Proteinen und eignet sich weit besser als zum Beispiel jede mikroskopische Anschauung, um Arten, Gattungen und so weiter auseinanderzuhalten. Dazu kam in den 80er Jahren die von Kary Mullis entwickelte Methode der Polymerase-Kettenreaktion, mit der man auch winzigste Mengen Erbmaterials vervielfältigen und damit für eine Analyse zugänglich machen konnte. So war es erstmals möglich, auch jener Bakterien, die sich nicht in Petrischalen züchten ließen – genauer gesagt: ihres Erbmaterials –, habhaft zu werden. Das waren die allermeisten. Mikrobiologen waren also bis dahin darauf beschränkt gewesen, jene Keime, die in ihren Schalen auch keimten, zu untersuchen. All die anderen, die andere, unbekannte Ansprüche stellten, um sich zu teilen und zu wachsen, waren bis dahin für jegliche Erforschung fast komplett unsichtbar geblieben. Zu Letzteren gehörte auch ein Großteil der Mund-, Magen- und Darmbakterien, und mittlerweile zeigt sich, dass viele sich schlichtweg deshalb nicht einzeln kultivieren lassen, weil sie andere Bakterien zum Leben brauchen.

Diese »kulturunabhängien Techniken«, zu denen bald noch andere dazukamen, die auf Namen wie In-situ-Hybridisierung, T-RFLP oder Pyrosequencing hören, eröffneten der Mikrobiologie, aber auch der Eukaryonten-Erforschung, ganz neue Wege.

Woese kam mit diesen Methoden nach jahrelanger aufwändiger Arbeit etwa zu dem Schluss, dass das, was bis dahin als Reich der Bakterien bezeichnet wurde, eigentlich aus zwei großen Gruppen, den Bakterien und den Archaeen,[47] besteht, weil sich deren 16S-rRNA sogar stärker voneinander unterscheidet, als es zwischen Bakterien und Zellkerne besitzenden Vielzellern der Fall ist. Es ist eine der großen Ironien der Wissenschaftsgeschichte, dass der 2012 84-jährig verstorbene Woese, ein akribischer Arbeiter, der die gesamte biologische Systematik revolutioniert hat, nie einen Nobelpreis bekam, Mullis dagegen schon. Dem war seine Methode zur Vervielfältigung von Erbmaterial wahrscheinlich unter Drogeneinfluss zugefallen. Die Umsetzung seiner Idee in die Praxis musste er zudem anderen überlassen, und auch ansonsten hat er keine großen wissenschaftlichen Leistungen vorzuweisen.

Die neuen Methoden einerseits und die Enttäuschung über die konkreten, etwa für Therapien einsetzbaren Ergebnisse der Genomforschung bei Mensch, Maus & Co. andererseits haben dazu geführt, dass heute der Weg wieder zurück zu den Bakterien geht. Craig Venter etwa hatte 1995 seine Genomiker-Karriere mit der Gen-Sequenzierung des Bakteriums *Haemophilus influenzae* begonnen. Es war die erste Sequenzierung eines vollständigen Genoms überhaupt. Genau dieser Venter sucht mittlerweile wieder fast ausschließlich nach Bakterien, nach deren Genen und den Wirkungen dieser Gene. Nicht im menschlichen Genom stecken für ihn die Lösungen der Probleme der Menschheit, sondern in den unendlich vielen Genomen der Bakterien zu Lande, zu Wasser und in der Luft, von Krankheitsbekämpfung bis hin zur Nahrungs- und Energie-Versorgung und Müll-Entsorgung.

Die Gegenwart ist eigentlich erst der Anfang des Mikroben-Forschungszeitalters, weil erst jetzt so langsam klar wird, dass sie die alles beherrschenden Organismen sind. Und zu Land, Wasser und Luft gesellt sich zunehmend noch ein anderer erforschenswerter Mikroben-

Lebensraum: der Mensch selbst – seine Haut, seine Körperöffnungen und vor allem sein Verdauungstrakt. Sein zweites Genom.

Fast 350 Jahre nachdem Antoni van Leeuwenhoek erstmals »Animalculae«, unter ihnen auch Bakterien, durch seine Superlinsen sah, beginnen wir endlich, deren wahre Bedeutung – in ihrem komplexen Wechselspiel mit uns und der Umwelt – zu verstehen.

Der ihnen und der menschlichen Sicht auf sie innewohnende Dualismus von Gesund- und Krankmachend, Hilfreich und Gefährlich ist auch ein zentrales Thema ihrer Erforschung. Es ist eine Achse des Guten und Bösen. Und manchmal vereint ein einziges Bakterium das alles in sich. Darum geht es im nächsten Kapitel.

7 AUF DER SUCHE NACH DEM VERLORENEN KEIM

Die Erfolge im Kampf gegen Krankheitserreger sind beeindruckend. Doch vielleicht haben wir deren gute Dienste bisher übersehen – und werden ihre Ausrottung noch bereuen.

Manchmal muss man sehr weit reisen, um alte Freunde wiederzutreffen. Deshalb machte sich Maria Gloria Dominguez-Bello, Professorin an der New York University, vor ein paar Jahren auf den Weg nach Venezuela. Aber Bekannte und Verwandte der gebürtigen Venezolanerin mussten dieses Mal warten, Dominguez-Bello zog es in ein Stück Wald am Ufer des Orinoco im Südwesten des Landes. Sie hoffte auf ein Wiedersehen mit ein paar der ältesten Freunde der Menschheit.

Weitab von Städten, Supermärkten, Ärzten, fließendem Wasser und elektrischem Strom suchte die Biologin nach einer möglichst unverfälschten Darm-Mikrobengemeinschaft. Bis in die 1970er Jahre hinein haben die Guahibo in dieser Region noch als Jäger und Sammler gelebt, bevor sie in Häuser zogen, die von der Regierung gebaut worden waren. Sie ernähren sich auch heute noch hauptsächlich von Mais, der Maniokwurzel, Fisch und gelegentlich etwas Wild. Aber Zucker, Speck und Joghurt und dergleichen sind ihnen inzwischen, obwohl sie noch immer in ziemlicher Abgeschiedenheit leben, auch nicht mehr fremd. Vollkommen unberührt von den Einflüssen der Lebensmittelindustrie, die Dominguez-Bello so gerne ausgeschlossen hätte, lebten also nicht einmal die Guahibo, als die Professorin zum ersten Mal zu ihnen kam. Aber sie waren einem nicht durch diese Produkte beeinflussten Leben deutlich näher als jeder Bewohner von Caracas oder New York. Bevor die Biologin aber die Bakterien der Einheimischen einsammeln konnte, musste sie, die bereits Mikrobiota auf der ganzen Welt studiert hat, den Spendern erklären, was sie eigentlich sucht. Denn die fanden es verständlicherweise zunächst reichlich merkwürdig, dass eine Städterin kam und Proben ihrer Notdurft mitnehmen wollte. Auch hierin lag ein pragmatischer Grund, nicht noch tiefer in den Dschungel vorzustoßen, denn noch ursprünglicher lebenden Völkern wäre solches Stuhlprobensammeln wohl noch deutlich schwerer zu vermitteln gewesen.

Dominguez-Bello und ihre Kollegen suchten – und so viel kann man hier vielleicht schon vorwegnehmen: suchen noch immer – nach dem noch nicht durch den westlichen Lebensstil verdorbenen Ur-Mikrobiom des Menschen. Sie wollen wissen, was wir verloren haben, seitdem wir uns in unseren modernen Leben mit sterilem Fertigessen, keimfreiem Wasser, Antibiotika und Kaiserschnittgeburten eingerichtet haben. Ihr Team sammelte deswegen nicht nur im Amazonasbecken, sondern auch noch in einem Dorf im südostafrikanischen Malawi. »Diese Proben sind Gold wert«, sagt die Forscherin. Auch wenn sie weiß, dass sie nicht alle ihre Fragen beantworten werden.

Etwa seit der industriellen Revolution ist unser Verhältnis zu unseren Bakterien massiv gestört. Die Städte wurden sauberer, man lebte nicht mehr so eng mit dem Vieh zusammen wie in den Jahrtausenden zuvor, Wasser wurde mit Chlor versetzt, um es von Keimen zu befreien, die Nahrung mehr und mehr gewaschen, Reinigungs- und Desinfektionsmittel kamen auf, nachdem der ungarische Arzt Ignaz Semmelweis nachgewiesen hatte, wie effektiv Hygiene zur Vermeidung tödlicher Infektionen sein kann.

Und seit Mitte des 20. Jahrhunderts strapazieren auch noch Antibiotika die Beziehung zwischen Mensch und Mikrobe. Das hatte und hat Folgen. Die Bakterien verlassen den Menschen, und das wirft Fragen auf: Wenn sie so lange bei uns waren, was wird eigentlich aus uns, wenn sie verschwinden? Wer waren jene Keime überhaupt, die uns ursprünglich bevölkerten? Was taten sie? Und sollten wir sie dort, wo es sie vielleicht noch gibt, möglichst einsammeln und in einer Art Mikrobenzoo halten, um sie, wenn es sich als sinnvoll herausstellt, dereinst wieder allesamt oder einzeln auswildern zu können?

DER MIKRO-MENSCH

Zivilisatorische Bakterienarmut

Forscher und Forscherinnen wie Dominguez-Bello reisen jedenfalls um die halbe Welt, um die alten Bündnispartner wiederzufinden. In den Amazonasdschungel, in die Savannen Afrikas, in einen Slum in Bangladesch. Und bisher fanden sie überall eine größere Mikrobenvielfalt als in den Stuhlproben von Amerikanern. Auch die den Bewohnern der Industrieländer gebliebenen Bakterien unterschieden sich, so das Ergebnis der bisherigen Analysen, in ihren Fähigkeiten von den Populationen aus jenen anderen Gegenden. Sie waren darauf spezialisiert, Fleisch und Zucker zu verarbeiten als wären sie Fastfood-Fans, während die Bakterien aus Malawi, Bangladesch und Venezuela besser darin waren, komplexe Kohlenhydrate aus Feldfrüchten in Moleküle zu zerlegen, mit denen der menschliche Stoffwechsel etwas anfangen kann. Die Forscher entdeckten sogar bis dahin vollkommen unbekannte Bakterien – die offensichtlich bei Bewohnern von Industrieländern inzwischen komplett verschwunden sind. Unter dem Einfluss eines westlichen Lebensstils schrumpft die Zahl der Arten um fast ein Viertel, in einigen Fällen sogar um 50 Prozent. Dominguez-Bello und mit ihr eine wachsende Zahl von Wissenschaftlern glaubt, dass Vielfalt im Darm die Wirte vor typischen Zivilisationskrankheiten wie Allergien, Asthma und Diabetes schützt. Wenn man den Menschen als Ökosystem betrachtet, klingt das plausibel, dann ist der Artenschwund ein sehr alarmierendes Signal. Irdische Ökosysteme sind normalerweise stabiler, wenn sie viele Arten beherbergen. Dort haben es auch Krankheiten – Baumschädlinge in einem Wald etwa – deutlich schwerer, größere Schäden anzurichten. Herrscht dagegen Artenarmut, kann so ein System sogar komplett umkippen.

Bei einem ganz bestimmten Bakterium wird das Artensterben besonders augenfällig. Wegen seines spiralförmigen Zellkörpers wird es *Helicobacter* genannt, mit Nachnamen *pylori*, weil es zuerst in dem Teil des Magens gefunden wurde, der in den Darm mündet, dem Pylorus. Etwa jeder zweite Mensch beherbergt es normalerweise in seinem Magen. Nur in den reichen Ländern lebt die Mikrobe nur noch in etwa jedem vierten Bürger, bei einigen Studien an Kindern wurde sie sogar nur noch bei sechs Prozent gefunden. Nun könnte man sagen: gut so! Denn *Helicobacter pylori* ist für ernsthafte Magenerkrankungen verantwortlich. So gehen zum Beispiel drei von vier Magengeschwüren auf sein Konto und nahezu alle Geschwüre im an den Magen anschließenden Zwölffingerdarm. Er gilt als Ursache von etwa 60 Prozent aller Magentumoren, weshalb ihn die Weltgesundheitsorganisation WHO seit 1994 als Karzinogen der Klasse 1 einstuft, zu der auch Asbest, Formaldehyd oder das radioaktive Element Strontium gehören. Einem solchen Fiesling sollte man eigentlich keine Träne nachweinen.

Leider ist es nicht ganz so einfach.

Es waren ein französischer[48] und ein deutscher Anatom, die um 1875 *H. pylori* im Magensaft entdeckten und ihn auch mit der »Genese des perforierten Magengeschwürs«[49] in Verbindung brachten. Schnell geriet die Mikrobe jedoch wieder in Vergessenheit, weil sie sich im Labor nicht kultivieren ließ. Die nächsten etwa hundert Jahre über galten Übersäuerung des Magens und psychische Faktoren wie Stress als Auslöser von Magengeschwüren, bis die beiden australischen Forscher Barry Marshall und John Robin Warren postulierten, dass *Helicobacter pylori* dafür verantwortlich sei.

In der Fachwelt liefen sie mit ihrer Hypothese allerdings gegen Wände, da zu dieser Zeit noch galt, dass im Säurebad des Magens gar kein Bakterium überleben könnte. Erst der Selbstversuch Marshalls 1985, bei dem er ein Gläschen voller Pyloris kippte, zeigte, wie richtig sie mit ihrer These gelegen hatten.

Normalerweise dauert es sehr lange, bis sich Geschwüre bilden. Bequem können dreißig oder auch fünfzig Jahre vergehen zwischen Infektion über verunreinigtes Essen oder Trinkwasser und Ausbruch der Krankheit. Marshalls Magen entzündete sich innerhalb einer Woche, und er begann Antibiotika als Gegenmittel zu nehmen. Vielleicht hatte die hohe Dosis diese schnelle Reaktion verursacht, genau geklärt ist das bis heute nicht. 2005 wurden die beiden mit dem Medizinnobelpreis geehrt.

Seit dem Experiment hat *H. pylori* ein Imageproblem. Nur wenige Wissenschaftler halten das Bakterium für eine bedrohte Art, die es zu retten gilt.

Martin Blaser ist einer von ihnen. Er ist Arzt und Mikrobiologe, Kollege und Ehemann von Dominguez-Bello. Er glaubt, dass wir die Ausrottung bereuen würden. Die Bakterien, so ist Blaser überzeugt, regulieren wichtige Stoffwechsel- und Immunfunktionen des Körpers, und ihr Verschwinden würde ein über Millionen Jahre hinweg eingestelltes System durcheinanderbringen.

Blaser, der wie seine Frau an der New York University forscht, beschäftigt sich seit Mitte der 1980er Jahre mit der Korkenzieher-Mikrobe und ist heute ihr größter Fan. In seinem engen Büro steht ein Nummernschild aus Tennessee im Regal, das die Initialen seines Schützlings trägt. Daneben ein Bildband über Renaissance-Malerei und eine Puppe mit eingezeichneten Akupunkturpunkten, an der Wand hängt eine genetische Landkarte des Erregers. 1996 hatte er noch in einem Artikel für das populärwissenschaftliche Magazin *Scientific American* geschrieben, dass *H. pylori* wahrscheinlich nur eines von vielen Bakterien in unserem Körper sei, die uns langsam krank machen, und dass es bekämpft werden sollte.

Karriere mit Irrtum

Kurz nachdem der Artikel in *Scientific American* – und auf Deutsch in *Spektrum der Wissenschaft* – erschienen war, begann Blaser zu dämmern, dass es falsch ist, *H. pylori* zu verteufeln.[50] Er kann heute gar nicht erklären, wie er auf die Idee kam, kann sich an keinen konkreten Heureka-Moment erinnern. »Ich war zu der Zeit viel auf Kongressen unterwegs, und unter den Gastroenterologen wurde die Parole rumgereicht, dass nur ein toter Pylori ein guter Pylori sei, die wollten alle töten«, erinnert er sich, »meine Intuition aber hat mir etwas anderes gesagt.«

1998 kam dann ein Fachartikel heraus, der Blasers Zweifel nährte.[51] Epidemiologen berichteten darin, dass Menschen mit Magengeschwüren oder -krebs nur sehr selten an Sodbrennen – von Medizinern Reflux genannt – leiden, das in schweren Fällen zu Speiseröhrenkrebs führen kann. Und umgekehrt, so stand es im selben Artikel, bekämen Menschen, die an Sodbrennen leiden, seltener Magengeschwüre. Zuvor hatte sich bereits abgezeichnet, dass Menschen in reichen Ländern seit etwa einem halben Jahrhundert – oder seit der weiten Verbreitung von Antibiotika – zu mehr Reflux und weniger Magengeschwüren tendierten. *H.-pylori*-Infektionen und die durch sie ausgelösten Krankheiten waren nun vor allem ein Problem in ärmeren Ländern, wohingegen Leiden aufgrund von aufsteigender Magensäure in den reicheren häufiger waren. Für Blaser sah es ganz danach aus, als hätte der verkannte Keim auch seine guten Seiten. Er schien diejenigen vor Sodbrennen und Speiseröhrenkrebs zu bewahren, die weniger Kontakt mit Antibiotika haben – diejenigen also, die ihn am Leben lassen. *H. pylori* ist ein Musterbeispiel dafür, wie der Pakt zwischen Mensch und Mikrobe in vielen Fällen funktioniert und warum »Freundschaft« eigentlich ein zu freundliches Wort für das Verhältnis ist.

Der Magenkeim hat seine eigenen Interessen, er ist ein Egoist. Er senkt die Säuremenge im Magen nicht aus Philanthropie, nicht um uns, wenn wir aufstoßen, vor deren ätzenden Wirkungen in der Kehle zu schützen, sondern aus reinem Eigennutz.

Er nistet sich in die Magenschleimhaut ein und produziert dort, um sich zusätzlich vor Säure zu schützen, auch Entzündungsstoffe und Zellgifte. Das wichtigste heißt ganz unpoetisch cagA. Es schädigt die Schleimhaut – und macht sie für Schädigungen durch die eigene Säure anfällig, es löst charakteristische Veränderungen in den Schleimhautzellen aus. Folge können Geschwüre oder auch Krebsgeschwulste sein. Natürlich tut *H. pylori* auch das nicht, weil er etwa Schaden anrichten wollte. Er tut es nicht, weil er Menschen ätzend findet, sondern weil es für sein eigenes Überleben in der Umwelt namens Menschenmagen die beste, die bewährte Strategie ist.

Bakterientherapie für Fortgeschrittene

Martin Blaser glaubt, dass all diese Befunde aber etwas ganz anderes bedeuten. Er ist sich ziemlich sicher, dass *H. pylori* ein Komplize ist, der seinem Gefährten in jungen Jahren hilft, ihn aber im Alter auch um die Ecke bringen kann, und dass das alles einen größeren evolutionären Sinn hat. »Wir Menschen haben wie alle Lebewesen ein fundamentales Problem: Wann soll man sterben? Arten, die sich so fortpflanzen wie wir, müssen sicherstellen, dass die Alten gehen, damit Platz ist für die Neuen. Ich habe vor ein paar Jahren postuliert, dass unsere Mikrobiota Teil der biologischen Lebensuhr sind, die in uns abläuft. Wenn ich Gott wäre und einer Art wie dem Menschen helfen wollte, würde ich Bakterien machen, die ihm in jungen Jahren helfen sich fortzupflanzen und ihn dann töten.«

Aber wie tun sie das? Sowohl Speiseröhren- als auch Magenkrebs treten eher im höheren Alter auf, und vor dem einen scheint das Bakterium zu schützen, den anderen aber zu fördern. In jungen Jahren jedenfalls, der Zeit, in der es um Fortpflanzungserfolg im Darwin'schen Sinne geht, spielen beide kaum eine Rolle. Worin besteht also die Komplizenschaft in der Jugend? Blaser glaubt, dass *H. pylori* noch andere Regulierungsaufgaben hat. Er hat beobachtet, dass es einen Zusammenhang zwischen seinem Verschwinden und der Entwicklung von Asthma während der Kindheit gibt. Der Keim scheint ein wichtiger Trainingspartner zu sein für das Immunsystem, ähnlich wie wahrscheinlich alle möglichen anderen Mikroorganismen (siehe Kapitel 12). Das würde tatsächlich in der Jugend helfen, gesund, fit, widerstandskräftig zu sein.

Wenn die Mikrobe nicht da ist, wird das Immunsystem laut Blaser dagegen rebellisch. Asthma, Heuschnupfen, Autoimmunkrankheiten können entstehen. Und die können einen Menschen nun wirklich schon in jungen Jahren extrem beeinträchtigen. Vor allem konnten sie es, solange es noch keine Therapien dagegen gab, also die längste Zeit der menschlichen Evolution.

Bei all der Hilfe, die uns das Bakterium also vielleicht zuteilwerden lässt, hat Blaser nicht aus dem Blick verloren, dass es ein Krankheitserreger ist, der streng kontrolliert werden sollte. Das würde insgesamt logischerweise bedeuten, dass man versuchen muss, die Segnungen des Keimes zu nutzen und seinen Fluch abzuwenden. Blasers Gedankenexperiment dazu geht so: Man müsste das Bakterium im Magen junger Menschen gezielt ansiedeln, um von seinen nützlichen Seiten zu profitieren. Später, wenn es seinen Dienst geleistet hat, würde es mit einer genau abgestimmten, möglichst gezielten und andere gute Keime schonenden Antibiotikakur wieder ausgeschaltet.

Es gibt Hunderte, wenn nicht Tausende verschiedener *H.-pylori*-Stämme. Sie interagieren jeweils ein bisschen anders mit ihrem Wirt, es gibt auch Unterschiede in ihrem Potenzial als Krebserreger. Sie greifen wahrscheinlich auch auf andere schon bekannte[52] oder auch noch nicht bekannte Weise unterschiedlich stark in den Stoffwechsel der menschlichen Zellen ein, je nach ihrer genetischen Ausstattung und je nachdem, ob sie sich gerade in einem asiatischen, europäischen oder südamerikanischen Magen befinden.

Wenn *H. pylori* tatsächlich eine besondere Rolle spielt und nicht nur einer von vielen durch Antibiotika und moderne Lebensweise beeinflussten Keime ist, dann könnte seine Zukunft in der Bakterientherapie vielleicht so aussehen, dass Mediziner die Gene des Patienten auslesen und ihm dann einen passenden *H. pylori* einpflanzen. So könnte der Nutzen der Mikroben maximiert und das Risiko reduziert werden.

Könnte.

Solche Möglichkeiten der Symbioselenkung beginnen sich erst allmählich zu eröffnen, mit jedem kleinen Schritt, mit dem Leute wie Blaser die Natur und den Menschen besser verstehen. Wir müssen einsehen, dass uns die Bakterien da voraus sind, dass wir von ihnen längst sehr erfolgreich manipuliert werden für ihre Zwecke. *Helicobacter pylori* ist ja nur ein Beispiel von vielen. Noch ist nicht einmal klar, ob diese eine Bakterienart wirklich eine so herausragende Rolle in unserem Körper spielt. Vielleicht schreiben Leute wie Martin Blaser ihr Eigenschaften zu, die eigentlich zu anderen Bakterien gehören, die wir aber noch nicht kennen, die vielleicht zur gleichen Zeit mit dem bekannten Magenkeim von den Antibiotika und schlechter Ernährung aus dem Ökosystem Mensch vertrieben wurden. Sogar Blaser selbst hält das für möglich. *H. pylori* lässt sich leicht aufspüren, ebenso lässt sich sein Fehlen feststellen – weil wir ihn kennen. An anderen Körperstellen kennen wir uns noch nicht so gut aus, wir wissen nur, dass es in der Vagina, im Mund, im Darm und auf der Haut von Mikroorganismen wimmelt. Was, wenn dort ein Keim oder eine ganze Gruppe mit einer wichtigen Funktion verschwindet? Wir würden es gar nicht mitbekommen – aber vielleicht aus genau diesem Grunde krank werden.

Auch deshalb sind die Expeditionen von Maria Gloria Dominguez-Bello und ihren Kollegen so wichtig. Wenn wir wissen, welche Bakterien wir verlieren, hilft das zu verstehen, welche Funktionen sie in unserem Körper übernommen haben. So wird auch die Funktion von Genen erforscht. Man vergleicht Menschen oder Mäuse, die das intakte Gen tragen, mit solchen, die eine defekte Kopie von ihren Eltern vererbt bekommen oder im Fall von Labortieren von Genetikern eingepflanzt bekommen haben. Der Unterschied zwischen beiden soll die Funktion erklären. So ähnlich könnte es auch mit den Mikroben funktionieren. Man untersucht, wie sich die Menschen, die ein Bakterium nicht mehr haben, obwohl es einmal zur Grundausstattung des Menschen gezählt hat, von solchen unterscheiden, die es noch beherbergen.

DER MIKRO-MENSCH

Nur wie kann irgendjemand sicher sein, die ur-menschliche Bakterienmischung im venezolanischen Wald oder in der afrikanischen Savanne zu finden? Es wurden sogar bereits 8.000 Jahre alte Kot-Fossilien aus Höhlen nach Bakterien durchsucht, aber mehr als die Bestätigung einer Vermutung ist dabei nicht herausgesprungen. Die gefundene Mikrobenmischung ähnelt eher der von südamerikanischen oder afrikanischen Ur-Einwohnern als der von US-Bürgern. Selbst die Tiroler Gletschermumie Ötzi musste sich schon eine Stuhlprobe entnehmen lassen. Im Eismann sah es allerdings fast so aus wie in an Fertigkost gewöhnten Amerikanern, also eher artenarm. Das muss aber nicht gleich die ganze Theorie über den Haufen werfen. All diese Proben hätten schlicht, weil sie so alt sind, sehr viel von ihrer Artenvielfalt und Aussagekraft eingebüßt und seien zudem verunreinigt gewesen, erklärt Dominguez-Bello. »Ich halte es für interessanter, isolierte Menschengruppen von verschiedenen Kontinenten miteinander zu vergleichen.«

Wenn es nur um die veränderten Ernährungsgewohnheiten gehen würde, wären vielleicht auch Schimpansen eine gute Referenz, deren Nahrung wahrscheinlich sehr stark der ähnelt, die unsere Vorfahren vor mehr als 60.000 Jahren zu sich genommen haben. Aber das Essen ist eben auch nur ein Einflussfaktor, gibt die Forscherin zu bedenken. »Dadurch lässt sich nicht erklären, dass manche US-Bürger 50 Prozent weniger Bakterienarten beherbergen als Menschen in Malawi oder indigene Völker Amerikas.«

Noch ist weitgehend unklar, welche der zahlreichen Zivilisationskrankheiten sich mit dem Verschwinden der Mikroben in Verbindung bringen lassen. Wenn man Blaser fragt, ist es allerdings eher die Frage, welches Volksleiden nicht damit in Zusammenhang steht. Die Reisen zu den alten Freunden könnten, so sind er, seine Frau und viele ihrer Kollegen überzeugt, Möglichkeiten eröffnen, diesen Leiden vorzubeugen und sie zu behandeln. Folgt man ihnen, dann lohnt es sich, die alten Freunde zu suchen und zu besuchen. Gastgeschenke kann man ihnen zwar nicht mitbringen. Aber vielleicht ein bisschen Respekt.

Diejenigen, die den alten Freunden noch eine Herberge bieten, kann man, wenn man sie trifft und es kulturell ok ist, auch einmal innig umarmen. Aus Dank für ihre Hilfe, aber vielleicht auch, weil man im direkten Körperkontakt ein paar nützliche Mikroben von ihnen abbekommt. Mehr zu diesem Thema im nächsten Kapitel.

8 MIKROBEN-LIEBE

Warum finden wir Körperregionen, die besonders dicht mit Bakterien besiedelt sind, so anziehend? Warum küssen und umschlingen wir einander, trotz all der Bakterien? Kurz gesagt: Warum ist es am Keim so schön?

»Lass uns schmutzig Liebe machen« war der Titel eines der etwas erfolgreicheren Songs einer Punkpop-Band namens »Die Schröders«. Die Jungs kamen aus Bad Gandersheim, und wer noch nie von ihnen gehört hat, muss sich nicht grämen. Auch dieser Song ist ein Beleg dafür, dass Pop und Schlager immer mal wieder tiefere Wahrheiten in sich bergen. Jedenfalls werden dort selten desinfizierte Dekolletés, frisch nach Rasierwasser duftende Männerwangen oder Ganzkörperkondom-Stelldicheins im Meister-Proper-Hotel besungen. Eher geht es um Schweißperlen (Klaus Lage), nach Stall riechende Cowboys (Maggie Mae) und Betten im Kornfeld (wie hieß er gleich?). Es gibt auch Bands, die sich »Keimzeit« nennen. Alles nicht so ganz keimfrei.

So weit die Musik. Jetzt fragen wir uns einmal, was wir an anderen Körpern so besonders attraktiv finden. So attraktiv, dass wir uns gerne mit Nase, Lippen, Zunge und Händen diesen Stellen nähern?
- Mund.
- Ohrläppchen und Ohrmuscheln.
- Haaransatz im Nacken.
- Nabel.
- Zehen.
- Po.
- Brustwarzen.
- Penis. Scheide.
- Mancher auch: Anus.

Was wir attraktiv finden, woran wir gerne knabbern, fummeln, lecken, wo wir gerne eindringen, es sind durchweg die besten Mikroben-Brutstätten des Körpers. Man kann sich durchaus fragen, warum das so ist. Weil all diese Stellen objektiv ästhetisch, olfaktorisch, geschmacklich einfach gut sind? Vielleicht eher nicht. Schon allein, weil Schönheit bekanntermaßen immer im Auge des Betrachters liegt.

Küssen kann man nicht alleine

Eine andere mögliche Erklärung: Wir finden all diese Stellen lecker und attraktiv, weil wir ein paar Abermillionen Jahre Evolution nicht von uns schütteln oder wegdesinfizieren können. Weil die Vorteile des Erwerbs neuer Mikroben die Nachteile überwiegen. Vielleicht ist unser Sextrieb, der ja durchaus auch außerhalb der fruchtbaren Tage kribbelt, evolutionär nicht nur in unserer eigenen Fortpflanzung begründet, sondern auch im Erwerb von Bakterien und anderem Mikro-Leben. Vielleicht sind auch Oral- und Analsex, die ja auch nicht so recht der Fortpflanzung dienen, in diesem Zusammenhang evolutionsbiologisch erklärbare Verhaltensweisen. Vielleicht schrieb Napoleon von seiner ägyptischen Expedition an Josephine: »Wasch Dich nicht mehr, ich komme bald zurück«, weil er es unbewusst auf maximale bakterielle Versorgung daheim abgesehen hatte.

Tauschen wir die Bakterienlieferanten der Kindheit – Sandkasten, Fußboden, Familienhund, alles mögliche in den Mund Genommene – als Jugendliche und Erwachsene auf diese Art und Weise schlicht gegen andere Bakterienlieferanten aus? Sind darin vielleicht gar unsere polygamen Tendenzen mitbegründet?

All diese Gedanken sind nicht so absurd, wie sie vielleicht auf den ersten Blick oder bei erstem Hören erscheinen mögen. Schließlich holen wir uns die Mikroben, wenn wir sie uns auf diese Weise holen, ja auch nicht irgendwoher. Wir holen sie von jemandem, den wir attraktiv finden, mit dem wir uns, ob bewusst oder unbewusst, vorstellen könnten, uns fortzupflanzen. Im evolutionsbiologischen Sinne: von jemandem, dem wir eine hohe »Fitness« beimessen.

Die Ergebnisse einer Studie der beiden niederländischen Psychologen Charmaine Borg und Peter de Jong, bei der herauskam, dass bei Frauen die Ekelschwelle sinkt, wenn sie sexuell erregt werden, könnte man durchaus in diese Richtung interpretieren.[53] Schließlich wird die sexuelle Erregung normalerweise durch einen potenziellen Sexualpartner hervorgerufen. Ein Mensch – in dieser Studie die Frau – muss diesen anderen Menschen attraktiv finden, denn sonst geht nichts. Man könnte diese Reaktion also als biologisch sinnvolle Modulation der Ekelschwelle ansehen: Wer als unattraktiv, also unfit, krank, als Partner und Co-Elternteil für möglichen Nachwuchs nicht passend angesehen wird, gegen den ist die Ekelschwelle hoch. Kontakt und Mikrobenaustausch werden dadurch vermieden. Wer dagegen als attraktiv, also auch gesund und fit im evolutionsbiologischen Sinne wahrgenommen wird, gegenüber dem steigt auch die Bereitschaft oder gar der Drang, sich ihm zu nähern und sich auch seine Mikroben einzufangen.

Lieben und brauchen wir andere Menschen und deren Nähe also auch deshalb, weil wir auch deren Keime lieben und brauchen?

»Über ein paar dieser Fragen denke ich seit Jahren nach«, sagt Jonathan Eisen von der University of California in Davis. Er ist einer der meistbeachteten Mikrobiomforscher weltweit. Experimente gemacht oder seine Gedanken publiziert hat er allerdings bislang nicht. Auch der Konstanzer Evolutionsbiologe Axel Meyer würde jenen Fragen gerne einmal nachgehen. Ihm fallen dabei auch die Befunde ein, dass Leute, die »sich gut riechen können«, auch genetisch und hinsichtlich potenziellen Nachwuchses gut zueinander passen. Es sei durchaus möglich, dass das auch etwas mit zueinander passenden Mikrobiomen, einem »microbe matching« zu tun hat.

Doch es dürfte schwer sein, all diese Fragen in Studien zu beantworten. Denn wenn eine Untersuchung zum Beispiel ergäbe, dass Leute, die in ihrem Leben viele Sexkontakte hatten, gesünder sind als kontaktscheue Dauersingles, könnte das natürlich auch am vielleicht etwas freudvolleren Alltag der einen Gruppe liegen. Oder auch daran, dass, wer schon an Aids gestorben ist, für eine solche Studie keinen Fragebogen mehr ausfüllen und keinen Gesundheitscheck mehr machen lassen kann.

Gib mir deinen Saft

Entsprechend gibt es »bisher nicht besonders viel Forschung bezüglich Mikrobiom-Austausch durch sexuellen Kontakt«, sagt Rafael Wlodarski, der in Oxford speziell die Evolution des Küssens erforscht.

DER MIKRO-MENSCH

Er untertreibt damit sogar, denn tatsächlich findet man fast gar keine wissenschaftlichen Studien, einmal abgesehen von wenig überraschenden Befunden über oft gleiche Mikroben in und an den Geschlechtsorganen von Partnern (siehe Kapitel 2). 2010 stellten zwei Psychologen von der University of Leads zumindest die konkrete Hypothese auf, dass Küssen inklusive Speichelaustausch den weiblichen Part mit der speziellen Variante des Zytomegalie-Virus des Mannes »impft«. Das wäre sinnvoll. Die Frau würde damit ihren Nachwuchs, den sie vielleicht später mit demselben Partner haben wird, schützen. Denn wenn die Infektion später geschehen würde, etwa während des zur Empfängnis führenden Koitus, dann wäre der Embryo stark gefährdet.[54]

Aber konkrete Studien zu diesen Fragen sind rar bis unauffindbar. Oder sie sind – so wie die niederländische zu Ekelschwelle und sexueller Erregung von Frauen – in ganz anderen Kontexten und zur Beantwortung anderer Fragen entstanden.[55]

Es muss ja auch nicht immer Sex und Zweisamkeit sein: In fast allen Kulturen ist sozialer Körperkontakt die Norm. Es werden Hände geschüttelt, es wird umarmt, es wird geherzt und geküsst, es werden Nasen gerieben, es wird gemeinsam oder nacheinander gebadet oder sauniert. Hie und da wird auch Essen vorgekaut oder werden Getränke mit Hilfe von Spucke fermentiert, wird bei Kälte in Gruppen eng an eng geschlafen, per Hand aus demselben Topf gegessen und per Mund aus demselben Kruge getrunken, werden die Läuse vom Kopf des anderen in den Mund gesteckt.

Der Mensch ist ein soziales Tier. Regelmäßiger seifenfreier Körperkontakt mit mehreren anderen war bis zur Dämmerung des Hygienezeitalters die Regel. Erst als wir vor wenigen Generationen lernten, dass über Körperkontakt auch Krankheiten übertragen werden können und dass Mikroben dafür verantwortlich sind, hat sich das geändert. Und so erfolgreich und gerechtfertigt Hygiene auch in der Vermeidung mancher Epidemie nach wie vor ist – in genau demselben Zeitraum sind Krankheiten auf den Plan getreten, die zuvor kaum bekannt waren: Allergien, Autoimmunleiden, chronische Darmentzündungen, Autismus, um nur einige zu nennen.

Haut an Haut

Sind Kontaktarmut und Vereinsamung vielleicht nicht nur psychisch ungesund, sondern auch physisch, weil der Nachschub an Mikroben zum Erliegen kommt? Kommen Leute, die schweißtreibenden Mannschaftssport betreiben, in Gesundheitsstudien nicht nur wegen all der Bewegung und des gemeinsamen Spaßes fast immer besonders gut weg, sondern auch, weil ihre Bakterien sich mitbewegen und ausgetauscht werden? Ist Massage vielleicht auch deshalb gut, weil weder der Rücken des vorher Massierten noch die Hände des Masseurs steril sind? Ist Rohkost vielleicht nicht nur wegen all der Vitamine und Polyphenole gesund, sondern auch wegen der mikroskopisch kleinen Mitgift, die das Beet, der Gärtner und der Koch an ihr hinterlassen?

Wie schon angedeutet: Antworten auf diese Fragen gibt es bislang kaum. Tatsächlich zeigen Leute, die auf dem Lande aufgewachsen sind, in Studien eher eine größere Vielfalt in ihren Darmbakterien, was als erstrebenswert gilt.[56] Und vielleicht profitieren auch andere Menschen, die mit solchen Leuten direkt oder indirekt Kontakt haben, davon. Tatsächlich tauschen Leute, die einen kontaktintensiven Mannschaftssport betreiben, messbar und effektiv Mikroben aus. Aber natürlich holt man sich in der Gemeinschaftsdusche auch eher einen Fußpilz. Im Beet, das Nachbars Katze regelmäßig durchstreift, lauert neben viel vorteilhafter Mikrobiologie vielleicht auch eine Toxoplasmose. Und ungeschützter Sex kann einem auch einen Tripper oder eben eine HIV-Infektion verschaffen.

Ob es nun besser ist, die schmutzige Liebe nur zu besingen oder sie auch zu machen, ist deshalb im Zeitalter der globalisierten Infektionskrankheiten sicher auch ein bisschen mehr Glückssache als früher.

TEIL II
WIR GEGEN UNS

9 ANTIBIOTIKA – EINE ÖKOLOGISCHE KATASTROPHE

Sie sollen Bakterien töten und tun dies meist ziemlich effektiv – Antibiotika. Den Darm können sie dadurch aber nachhaltig durcheinanderbringen – Übergewicht könnte nur eine von vielen Folgen sein.

Jedes Jahr werden weltweit geschätzt etwa zehntausend Tonnen Antibiotika an Schweine, Kühe und Hühner verfüttert. Nicht etwa, weil sie krank sind, sondern weil sie dadurch schneller Gewicht zulegen. Niemand weiß genau, warum. Auch Menschen schlucken Antibiotika, etwa 1300 Tonnen pro Jahr.[57] Die Zahl der Übergewichtigen wächst rasant. Und vielleicht liegt auch das nicht nur an zu viel und zu kalorienreichem Essen und zu wenig Bewegung, sondern auch an den Mikroben vertilgenden Medikamenten.

1948. Amerika erholte sich noch von jenem Krieg, in dem erstmals verwundeten Soldaten mit Antibiotika das Leben gerettet werden konnte, und Thomas Jukes machte eine merkwürdige Beobachtung. Der Biologe war auf der Suche nach einer Substanz, die Hühner schneller wachsen lassen sollte. Die Geflügelzucht erlebte einen Boom in den Nachkriegsjahren, und bald wurde das Futter knapp. Die Züchter experimentierten mit Sojaschrot, um das teuer gewordene Fischmehl zu ersetzen, nur mussten sie feststellen, dass dieser pflanzlichen Kost offenbar irgendein Inhaltsstoff fehlte, den die Tiere zum Wachsen brauchten. Die wachstumsbeschleunigende Komponente wurde bald als Vitamin B12 identifiziert, und Jukes' Arbeitgeber, das Pharmaunternehmen Lederle Laboratories, witterte ein Millionengeschäft mit einem neuen Futterzusatz.

Jukes wusste, dass Bakterien Vitamin B12 herstellen können, und suchte nach Mikroben, die sich für die Massenproduktion eignen würden. Am 24. Dezember 1948 stand Jukes selbst im Labor und wog Hühner, denen ein sterilisierter Extrakt aus Bodenbakterien ins Futter gemischt worden war. Während seine Mitarbeiter mit ihren Familien feierten, machte er eine Entdeckung, die die Welt verändern sollte.

Pharmazeutische Fettmacher

Die mit dem Extrakt gefütterten Tiere waren um 20 Prozent schneller gewachsen als jene Vögel, die zum Vergleich Leberextrakt im Futter hatten – die beste damals bekannte Vitamin-B12-Quelle. Zunächst glaubte er, dass der Mikroben-Extrakt besonders viel Vitamin B12 enthielt. Doch er fand schnell heraus, dass er einen neuen Wachstumsturbo entdeckt hatte, der Hühner in Rekordzeit in flatternde Fleischberge verwandelt.

Die von Jukes getesteten Bakterien produzierten zusätzlich zum B-Vitamin auch noch das Antibiotikum Chlortetracyclin, das Lederle zu jener Zeit aus ganz anderen Beweggründen möglichst schnell im Großmaßstab herstellen wollte – als Arzneimittel für Menschen mit bakteriellen Infektionen. Jukes schickte Proben an Kollegen, um den neuen Wachstumsbeschleuniger testen zu lassen, verriet ihnen jedoch nicht, dass diese Proben außer dem B-Vitamin auch noch Spuren eines Antibiotikums enthielten.

Es zeigten sich spektakuläre Effekte, vor allem bei Schweinen. Einer von Jukes' Kollegen berichtete ihm von einer Verdreifachung der Wachstumsrate in seinen Ställen. Erst 1950 lüftete Jukes das Antibiotika-Geheimnis, und nachdem sich die Erfolge seiner Mixtur landesweit herumgesprochen hatten, hatte er auch keine Schwierigkeiten, eine Zulassung von der zuständigen Behörde zu bekommen.[58] Wie genau das Antibiotikum den Gewichtszuwachs bei den Tieren bewirkt, ist allerdings bis heute ein Rätsel.

Der Wachstumsturbo und sein Entdecker schafften es im selben Jahr sogar auf die Titelseite der *New York Times*. Bald galt es als Wettbewerbsnachteil, sein Vieh ohne Jukes' Wundermittel mästen zu müssen. Und so wurde es binnen kurzer Zeit auf der ganzen Welt eingesetzt. Und nicht nur Chlortetracyclin fand seinen Weg in die Futtertröge, sondern auch viele weitere Antibiotika, die in den folgenden Jahren entdeckt wurden.

ANTIBIOTIKA – EINE ÖKOLOGISCHE KATASTROPHE

Es dauerte nicht lange, bis das Vieh weltweit mehr Antibiotika bekam – wohlgemerkt ohne ersichtlich krank zu sein – als Menschen, die von Infektionen geplagt wurden. Auch in Europa war das Zufüttern von geringen Mengen Antibiotika als Masthilfe bis zum Verbot durch die Europäische Union im Jahr 2006 gängige Praxis. Nicht Tierschutz war Argument für die neue Regelung, sondern die zunehmenden Resistenzen gegen die Wirkstoffe. Denn die fanden sich nicht nur bei Tieren, sondern auch bei Menschen, die tierische Produkte konsumierten. Sie machten und machen es Ärzten immer schwieriger, den richtigen Wirkstoff für die Behandlung schwerkranker Patienten zu finden. Obwohl allein in den USA zwei Millionen Menschen jedes Jahr an resistenten Keimen erkranken und etwa 23.000 an einer solchen Infektion sterben, sind Antibiotika in der Tiermast dort noch immer legal, allerdings gibt es seit Dezember 2013 ernsthafte Versuche, das endlich zu unterbinden.[59] Zur Behandlung von Krankheiten sind Antibiotika natürlich auch in europäischen Ställen noch immer erlaubt, was einige Bauern ausnutzen, um unter dem Vorwand, Infektionen zu bekämpfen, die Wirkstoffe ins Futter zu mischen.

Während der anfänglichen Mast-Euphorie dachte niemand daran, dass Antibiotikaresistenzen mit Ursprung im Schweinestall einmal zum Problem werden könnten. Sie sind aber nicht einmal das einzige Problem, das durch die bakterientötenden Medikamente entstand.

In den reichen Ländern bekommt ein Mensch bis zu seinem achtzehnten Geburtstag zwischen zehn und zwanzig Mal Antibiotika verabreicht. »Die Mittel sind beliebt, weil Ärzte und Patienten glauben, sie hätten nur akute Nebenwirkungen und keine Langzeitfolgen«, sagt der New Yorker Professor für Innere Medizin Martin Blaser. Das allerdings sei »ein fataler Irrtum«.

Keimbekämpfung mit Nebenwirkungen

Blaser untersuchte in den 1980er Jahren die Ausbrüche von Tierseuchen auf Farmen. Er wunderte sich zunächst über die großen Mengen Antibiotika, die an Schweine, Rinder und Hühner verfüttert wurden, bis ihm ein Bauer erklärte, dass er dadurch die Mastzeit verkürzen könne. Dann dauerte es aber auch bei Blaser noch ein paar Jahre, bis er endlich auf die Frage kam, die ihn seither nicht mehr loslässt. Für ihn ist die Antibiotikamast ein Tierversuch im großen Stil, bei dem man sich fragen muss, ob die Ergebnisse nicht auch auf den Menschen übertragbar sind: »Wenn ein Bauer seinen Schweinen diese Wirkstoffe gibt, um sie dick zu machen, was bedeutet es eigentlich für unsere Kinder, wenn wir ihnen Antibiotika geben?« Weil sich der wachstumsfördernde Effekt der bakterienhemmenden Stoffe besonders bei Jungtieren bemerkbar macht, hält er Kinder für besonders gefährdet.

Heute leitet Blaser ein Labor im zur medizinischen Abteilung seiner Universität gehörenden Veteranen-Krankenhaus im Osten Manhattans. Dort kümmert man sich vor allem um Kriegsverletzte. Im Erdgeschoss sieht man ehemalige Soldaten auf ihren Termin bei einem der Doktoren oder auch nur auf etwas Gesellschaft warten. Leere Hosenbeine baumeln von Rollstühlen herunter. »Hier sieht man den Preis der Freiheit«, steht an einer der Wände im Foyer. Manche der Veteranen sind aber auch nicht wegen ihrer Verletzungen hier, sondern wegen Herzkreislaufleiden und allen möglichen anderen Krankheiten, die auch nicht im Krieg gewesene Amerikaner plagen könnten. Einige der Wartenden sind sehr korpulent.

Im Aufzug erinnert ein Aufkleber das Pflegepersonal daran, sich in öffentlichen Räumen nicht über Patienten zu unterhalten. Oben im sechsten Stock angekommen, findet man sich in einer Art weitläufigem Loft, in den sich Patienten selten verirren, Blasers Arbeitsplatz.

Hier sind die einzigen Übergewichtigen die Mäuse, die seine Mitarbeiter mit Antibiotika füttern. Als wäre der Effekt nicht bereits millionenfach in der Viehzucht demonstriert worden, lässt der Professor nun die Wirkung der Arzneistoffe auf diese Versuchstiere untersuchen. Seine Mitarbeiter benutzen dabei nicht bloß eine Waage, wie es der Bauer macht, der eine Sau verkauft, sondern Röntgengeräte, Magnetresonanz-Tomographen und Chromatographen. In den wachsenden Mäusemuskeln unter den Fettschichten erkennt man die Langzeitfolgen der Antibiotikagabe. Etwa 25 Prozent mehr Fett haben jene Mäuse, die Keimkiller dauerhaft in vergleichbaren Dosen wie Farmtiere in den USA bekommen. Ihr Gesamtgewicht ist hingegen im Vergleich zu Antibiotika-freien Tieren nur wenig erhöht. Aber wie die Hühner und Schweine auf den Farmen wachsen auch die Mäuse unter Medikamenteneinfluss deutlich schneller als ohne, ohne jedoch mehr zu fressen.

Im Darm der Tiere allerdings konnten die Forscher mit wieder an-

ANTIBIOTIKA – EINE ÖKOLOGISCHE KATASTROPHE

deren Methoden noch etwas anderes beobachten. Es war eher kein Zuwachs, sondern ein Abnehmen. Es war ein Völkersterben. Allerdings wurden nicht insgesamt die Bakterien vertilgt, wie man es bei Antibiotika vielleicht erwarten würde, sondern nur einige. Und es verschoben sich die Mengen der einzelnen Bakterienarten. Damit veränderte sich auch der Stoffwechsel dieses Ökosystems so, dass mehr Nährstoffe aus einer Mahlzeit in den Körper gelangten. Blaser und seine Mitarbeiter fanden heraus, dass unter dem Einfluss von Antibiotika verstärkt Gene eingeschaltet werden, deren Produkte Zucker in Fett verwandeln. Auch der Hormonhaushalt der Tiere verändert sich. Und die Bakterien senden Signale aus, die dafür sorgen, dass der Mäusekörper nicht nur mehr Fett produziert, sondern auch mehr Fett einlagert. Durch diese Veränderungen werden die Mäuse zu besseren Futterverwertern.[60]

Von Mäusen und Menschen

Blaser ist der Auffassung, dass Antibiotika-Gaben gerade in einem frühen Lebensstadium ein paar Weichen für die Entwicklung des Körpers in Richtung Übergewicht stellen können. Darauf deutet für ihn auch die Tatsache hin, dass mit dem Verbrauch von Antibiotika auch die Zahl der Übergewichtigen auf der Welt Jahr für Jahr steigt. Und noch eine weitere Beobachtung scheint Blasers Theorie zu untermauern: Kinder, die in den ersten sechs Monaten ihres Lebens Antibiotika bekommen, haben ein um etwa 20 Prozent erhöhtes Risiko, im Alter von drei Jahren schwer übergewichtig zu sein.[61] Und noch ein Indiz: Bereits vor einigen Jahren wurde nachgewiesen, dass sich die Bakterienzusammensetzung im Darm von Übergewichtigen charakteristisch vom Durchschnitts-Mikrobiom Normalgewichtiger unterscheidet. Allerdings könnte diese Veränderung auch nur eine Folge des Übergewichts sein und nicht dessen Ursache. Andere Befunde zeigen aber auch, dass sich die Bakterienpopulation normalgewichtiger Menschen unter Einfluss von Antibiotika in Richtung der Mischung verschiebt, die bei fettleibigen Menschen vorherrscht. Aber auch das ist noch kein Beweis dafür, dass Antibiotika auch Menschen dick machen.

Um seine Theorie weiter zu überprüfen, startete Blaser ein weiteres Experiment. Zwei seiner Mitarbeiterinnen gaben Mäusen ab und zu Antibiotika, und dies nach einem Muster, das die Verhältnisse bei einem durchschnittlichen amerikanischen Kind nachstellen sollte: kurze Schübe mit hohen Dosen wie bei einer akuten Infektion, dazwischen Pausen ohne Medikamente. Ergebnis des Versuchs: Auch so behandelte Tiere legen schneller Gewicht zu, insbesondere wenn sie gleichzeitig fettreiche Kost zu sich nehmen.

In einer dritten Versuchsreihe will Blaser extrem kleine Mengen Antibiotikum, wie sie etwa im Trinkwasser zu finden sind – aber auch in Fleisch und Milch von Tieren, die solche Arzneistoffe bekommen haben –, dauerhaft an Versuchstiere verfüttern und gelegentlich eine hohe Dosis dazugeben. »Das wäre die realistischste Konfrontation mit den Arzneistoffen, die wir simulieren können«, sagt der Mediziner. »Wir wissen nicht, ob auch diese ganz geringen Mengen Bakterien im Darm der Mäuse töten, aber ich bin mir sicher, dass sie etwas verändern.« In mehreren Experimenten wurde bereits nachgewiesen, dass selbst geringste Antibiotika-Mengen das Wachstum von Bakterien hemmen können. »Das könnte genügen, um das Gleichgewicht der Mikroben zu stören.«

Doch so sehr im Labor auch versucht wird, die Verhältnisse »realistisch« zu »simulieren«, wie es Blaser nennt, die Ergebnisse von solchen Mausversuchen lassen sich doch immer nur eingeschränkt auf den Menschen übertragen. Die Labortiere wachsen unter kontrollierten Bedingungen auf, sind genetisch einander ähnlicher als Geschwisterkinder aus dem europäischen Hochadel des 19. Jahrhunderts, und auch ihre Bakterienausstattung ist nahezu identisch. Schaut man sich dagegen die Darmgesellschaften von einhundert Menschen an, wird man einhundert verschiedene Mischungen finden, individuell wie ein Fingerabdruck. »Wenn zwei Menschen dasselbe essen, werden sie die Nährstoffe darin unterschiedlich verwerten«, erklärt der kalifornische Infektionsforscher David Relman von der Stanford University.

Aus demselben Grund ist auch die Wirkung von Antibiotika auf die Darmflora immer verschieden. Das konnte Relman 2010 zeigen, als er Versuchspersonen das Breitband-Antibiotikum Ciprofloxacin gab und danach Bakterien in Stuhlproben zählte.[62] Die verschiedenen Arten reagieren sehr unterschiedlich auf die chemische Keule: Manche kümmert es gar nicht, andere verschwinden für ein paar Wochen von der Bildfläche und kehren dann wieder zurück. Vor allem wenn die Cipro-Kur wiederholt wird, steigt die Gefahr, dass einzelne Arten ganz verschwinden. »Antibiotika scheinen den Grundzustand der Bakterienpopulation in einem Köper zu verändern«, sagt Relman. »Wir wissen aber noch nicht, welche Folgen das hat.«

Handgranate im Darm

Es scheint, als lösten Antibiotika im Darm etwas Ähnliches aus wie der Klimawandel auf dem Planeten – manche Arten profitieren davon, andere gehen zugrunde. Der renommierte amerikanische Wissenschaftsjournalist Carl Zimmer benutzt einen drastischeren, dafür etwas schiefen Vergleich, wenn er über die Wirkung von Antibiotika in unserem Darm schreibt: »Es ist, als ob wir eine Handgranate verschlucken würden. Es mag unseren Gegner töten, aber es sterben auch eine Menge Unschuldiger.«[63]

Wissenschaftler beginnen gerade erst zu verstehen, wie weitreichend die Veränderungen der Darmflora unter Einfluss der Bakteriengifte sein können. Das liegt auch daran, dass ihnen erst seit wenigen Jahren überhaupt die notwendigen Werkzeuge zur Verfügung stehen. Erst im Dezember 2012 veröffentlichte ein spanisch-deutsches Forscherteam eine Studie, die zum ersten Mal über eine einfache Volkszählung im Darm hinausging. Die Wissenschaftler hatten Stuhlproben eines 68-jährigen Mannes untersucht, der eine heftige Antibiotikakur durchmachen musste, weil sich Bakterien auf seinem Herzschrittmacher festgesetzt hatten. Aus den Proben lasen sie nicht nur heraus, welche Mikroben durch die Bakterienkiller vernichtet werden, sondern auch, wie die Lebensgemeinschaft im Darm insgesamt mit der chemischen Attacke umgeht.[64] Überraschenderweise wird sie kurzzeitig hyperaktiv. Die Forscher vermuten, dass die Mikroben so versuchen, ihren Mehrbedarf an Energie in dieser Ausnahmesituation zu decken. Gleichzeitig wurden in den Bakterien Mechanismen aktiviert, die sie vor dem Antibiotikum schützen können. Molekulare Pumpen etwa schaffen dann den Wirkstoff wieder aus den Zellen, bevor er dort Unheil anrichten kann.[65] Nach dem sechsten Tag mit Antibiotika sinkt die Aktivität der Mikrobengemeinschaft dann deutlich – auch das ist wahrscheinlich ein Schutzmechanismus. Solchen Bakterien, die in den Pausen-Modus wechseln, die also Nahrungsaufnahme und Stoffwechsel herunterfahren und sich auch nicht mehr teilen, können die Hemmstoffe kaum schaden. Das hat allerdings auch zur Folge, dass der Wirtsorganismus, hier also der Mann mit dem infizierten Herzschrittmacher, mit weniger Vitaminen und anderen Nährstoffen versorgt wird, die normalerweise vom Mikrobenkollektiv für ihn produziert werden. Es ist ein weiterer unerwünschter Nebeneffekt der Behandlung, bei dem noch nicht sicher ist, ob auch er vielleicht nachhaltig Schäden verursacht.

Noch eine Beobachtung überraschte die Forscher: Die Bakterien scheinen ihre eigenen Abwehrkräfte zu dämpfen, mit denen sie sich normalerweise gegen Viren schützen. Dahinter könnte eine ziemlich krasse Überlebensstrategie stecken: In vielen Fällen werden die schutzlosen Bakterien durch die Viren vernichtet. Aber einige werden durch die Viren auch neue nützliche Gene zugespielt bekommen, die sie vielleicht resistent machen gegenüber dem Wirkstoff. Das beschleunigt ihre Anpassung, ihre Evolution – viele von ihnen bezahlen das mit dem Leben, doch manche ihrer unmittelbaren Verwandten überleben das Ganze deutlich gestärkt, zum Beispiel durch ein Resistenzgen.

Ob sich die gleichen Veränderungen auch in den Innereien von Schweinen, Rindern und Hühnern abspielen, wenn sie statt therapeutischer Dosen nur geringe Mengen Antibiotika zur Mastbeschleunigung in ihrem Futter haben, das ist bislang noch nicht bekannt. Aber es gibt verschiedene Theorien über potenzielle Wirkmechanismen. Eine lautet, dass die kontinuierliche Medikamentengabe aufkeimende Infektionen in Großställen buchstäblich im Keim erstickt, noch bevor die Tiere Symptome zeigen. Auch solche unterschwelligen Infektionen könnten das Wachstum beeinträchtigen, weshalb die Tiere Masse zulegen, sobald die Erreger ausgeschaltet werden. Dafür spricht, dass die verhältnismäßig besten Ergebnisse mit Fütterungsantibiotika bei intensiver Massentierhaltung unter sehr schlechten hygienischen Bedingungen erzielt wurden. In solchen Ställen wuchsen Ferkel um bis zu 20 Prozent schneller, wenn sie dauerhaft mit Antibiotika versorgt wurden. Das hatte schon Thomas Jukes beobachten können. Durchfallerkrankungen und Infektionen gingen zurück. »Unter vernünftigen Lebensbedingungen stieg die Leistung gerade mal um vier Prozent«, sagt Chlodwig Franz von der Veterinärmedizinischen Universität Wien.

Vier Prozent, das klingt nach wenig, dürfte aber immerhin die Mehrkosten des Bauern für die Antibiotika-Zufütterung durch gespartes Futter und um ein paar Tage verkürzte Mastdauer mehr als

ANTIBIOTIKA – EINE ÖKOLOGISCHE KATASTROPHE

wieder einspielen. Und auf weniger sauberen Höfen ist gesparte Hygiene gespartes Geld.

Bei einem Menschen hätte eine um vier Prozent verbesserte Kalorienausbeute womöglich dramatische Effekte, wenn sich nicht gleichzeitig entweder sein Energieverbrauch steigern oder er weniger Nahrung zu sich nehmen würde. Wie groß der Einfluss der Mikrobenhemmer auf unser Gewicht ist, kann allerdings momentan noch niemand sagen. Nicht einmal Martin Blaser glaubt, dass Antibiotika allein verantwortlich dafür sind, dass so viele Menschen übergewichtig sind. Neben der Ernährung haben auch die eigenen Gene entscheidenden Einfluss auf die Körperfülle, sagt der Mediziner. Zwar haben die sich in ein paar Jahrzehnten sicher nicht so verändert, dass sie jetzt fast die halbe Menschheit zu Übergewichtigen machen. Doch sie könnten, gerade weil früher Nahrung eher knapp und Fettansetzen deswegen vorteilhaft war und sich deshalb entsprechende Erbanlagen durchsetzten, im Zusammenhang mit den gegenwärtigen Lebensstilen, Ernährungsweisen, Hygienegewohnheiten, Antibiotika- und sonstigen Arzneimittelverbräuchen, im Zusammenhang mit eher wenig Bewegung und viel Stress und was man sich sonst als Einflussfaktoren vorstellen kann, eine Rolle spielen.

Aber Übergewicht wäre auch nur eines von vielen Symptomen eines durch Antibiotika aus dem Gleichgewicht gebrachten Ökosystems im Darm. Epidemiologische Daten zeigen eindeutig, dass Kinder, die Antibiotika bekommen, ein höheres Risiko haben, später im Leben eine chronisch-entzündliche Darmerkrankung zu bekommen.[66] Es gibt Hinweise darauf, dass häufige Antibiotika-Einnahmen während der Kindheit das Asthmarisiko erhöhen und das Immunsystem durcheinanderbringen, möglicherweise weil sie Bakterien töten, die wichtig für die Regulation der Immunabwehr sind.[67] Die Bakterienhemmer könnten zur Entstehung der Weizeneiweißunverträglichkeit Zöliakie beitragen, die zu schweren Darmentzündungen führen kann.[68] Darauf deuten zumindest Daten aus Schweden hin.

Seit die Neurowissenschaftlerin Rochellys Diaz-Heijtz vom Stockholmer Karolinska-Institut 2011 zum ersten Mal gezeigt hat, dass die Darmbakterien auch eine wichtige Rolle bei der Entwicklung des Gehirns zumindest von Mäusen spielen, gibt es weiteren Anlass zur Sorge. Wenn Mikroben nicht nur bei Mäusen, sondern auch bei Kindern für die richtige Ausbildung des Nevensystems und des Gehirns wichtig sind, dann fürchtet sie, dass diese Entwicklung durch die häufig schon bei Säuglingen eingesetzten Antibiotika gestört werden könnte (siehe Kapitel 14).

Noch einen Effekt der Bakteriengifte auf das Gehirn hat der Grazer Professor für Experimentelle Neurogastroenterologie Peter Holzer in Lernexperimenten an Mäusen entdeckt. »Die ersten Ergebnisse zeigen, dass ihre kognitive Leistung nachlässt.« Noch kann er nicht sagen, ob die Verschlechterung von Dauer ist oder sich wieder einpegelt, sobald sich auch die Darmgesellschaft nach der Behandlung wieder normalisiert.

Zu rein, um gesund zu sein

Das alles sind beunruhigende Zeichen, aber noch keine Beweise. Vor allem aber liefern diese Befunde keine Begründung, bei schweren bakteriellen Infektionen auf Antibiotika zu verzichten. Gründe, mit den Keimkillern sehr bedacht und sparsam umzugehen, gibt es ohnehin genügend.

Ähnlich sieht es auch bei all den anderen antibakteriellen Substanzen aus, die in Haushalten, in der Gastronomie, in der Lebensmittelverarbeitung, im Krankenhaus, im Wasserwerk oder Schwimmbad und sonst wo zum Einsatz kommen. Bringt Chlorid im Trinkwasser, dort eingesetzt als Bakterienkiller, auch das Bakteriengleichgewicht im Darm durcheinander? Unbekannt. Was macht tägliches heißes Duschen, vielleicht mit antibakteriellem Duschgel, mit den Hautbakterien? Keiner weiß etwas Genaues, aber zumindest wird jungen Eltern inzwischen nicht mehr geraten, ihren Säugling täglich zu baden und abzuseifen. Manche Keimkiller aus Desinfektionsmitteln stehen im Verdacht, Allergien auszulösen. Ob das mit einem Einfluss auf Darm- oder Hautbakterien zu tun haben könnte? Niemand hat dazu verlässliche wissenschaftliche Daten. Aber bei einem Stoff wie Triclosan, der in Desinfektionsmitteln, Zahncremes, Kosmetika und sogar in Funktionstextilien vorkommt, ist bei Versuchstieren nachgewiesen, dass er in geringen Dosen bereits die Darmbakterienzusammensetzung beeinflusst.[69]

Das vor allem zum Schutz von Mais eingesetzte Insektizid Chlorpyrifos reduziert in Mengen, wie sie auch in der menschlichen Nahrung auftreten, im Darm von Ratten einige Mikroben-Arten, während

andere gefördert werden. Die beteiligten Wissenschaftler sprechen von einer vom Pflanzenschutzmittel ausgelösten »Dysbiose«, können aber noch nicht sagen, ob und welche Folgen das für die Tiere hat.[70]
Ähnlich ist die Lage beim Pflanzenschutzmittel Glyphosat, das zu den am häufigsten versprühten auf der ganzen Welt zählt. Es gibt Spekulationen darüber, dass Glyphosat im Futtermittel das Wachstum von Schadbakterien bei Rindern dadurch fördert, dass es andere Mikroben dezimiert. Auch bei Hühnern gibt es Hinweise auf solche ungewollten Effekte, die vielleicht zu mehr Krankheitsausbrüchen auf Geflügelfarmen führen. Spuren des Pestizids gelangen mit der Nahrung auch in den menschlichen Körper, man kann es im menschlichen Urin nachweisen. Was das jetzt für unsere Gesundheit bedeutet, darüber kann man nur spekulieren – oder versuchen, endlich entsprechende Studien zu machen.

Die kanadische Darmmikrobenforscherin Emma Allen-Vercoe ergänzt die Liste von potenziell bakterienschädlichen Stoffen noch um ein paar weitere Bekannte, die alle bislang noch nicht untersucht worden sind: Konservierungsmittel, Antidepressiva, Medikamente, die die Magensäureproduktion beeinflussen, einige künstliche Süßstoffe wie zum Beispiel Aspartam, manche Schmerzmittel und die Anti-Baby-Pille.

Es ist auch nicht so, dass das, was wir zu uns nehmen, ob gewollt oder ungewollt, nur etwas mit den Bakterien macht. Die Mikroben werden auch selbst aktiv und wandeln was da kommt in neue Substanzen um. Melamin zum Beispiel, Ausgangsstoff für Kunstharze und Klebstoffe, führt zu schweren Nierenschäden, wenn es mit der Nahrung oder dem Futter aufgenommen wird. 2008 gelangte dieses Material zu trauriger Berühmtheit, als bekannt wurde, dass ein chinesischer Hersteller von Babynahrung Milchpulver mit Melamin versetzt hatte, um in chemischen Analysen einen höheren Eiweißgehalt vorzutäuschen. Inzwischen hat sich gezeigt, dass *Klebsiella*-Bakterien Melamin in Cyanursäure umwandeln, die für die Nierenschäden verantwortlich ist.[71]

Die individuelle Bakterienzusammensetzung im Bauch der Kinder, die damals von der gepantschten Nahrung bekamen, beeinflusste also massiv die schädliche Wirkung. Unter anderem um solche ungewollten Umwandlungen wird es auch im folgenden Kapitel gehen.

10 WENN PARACETAMOL ZUM GIFT WIRD

Manche Bakterien im Verdauungstrakt können Arzneimittelwirkstoffe in gefährliche Substanzen verwandeln. Oder unwirksam machen. Da wäre es gut zu wissen, ob man gerade diese Mikroben hat oder nicht.

Wer so richtig berühmt ist, braucht seinen Vornamen nicht auszuschreiben. Steht irgendwo etwas über J. Lennon, dann ist klar, dass nicht vom Sohn des Beatle, Julian, die Rede ist, sondern von John selbst. In der Biologie ist es nicht anders. Jeder Botaniker weiß zum Beispiel, dass, wenn von A. *thaliana* die Rede ist, *Arabidopsis thaliana* gemeint ist, die Ackerschmalwand. Jeder Zoologe kennt *P. leo*, der eigentlich *Panthera leo* heißt, zu Deutsch Löwe. Und kein Lebensmittelexperte muss bei A. *oryzae* erst einmal nachschlagen, dass es um *Aspergillus oryzae* geht, einen seiner Giftigkeit beraubten und deshalb in der Fermentierung fernöstlicher Speisen wie Miso und Koji einsetzbaren Schimmelpilz.

Auch die Superstars der biologischen Forschung tragen ihre Vornamen zum Initial verkürzt. Zu ihnen gehören *E. coli* und *C. elegans* – jenes universell von der genetischen Forschung bis zur Biotech-Produktion von Medikamenten eingesetzte Kolibakterium mit Vornamen *Escherichia* und der aus der Entwicklungsbiologie und Alternsforschung nicht mehr wegzudenkende Fadenwurm, dessen »C.« für *Caenorhabditis* steht. Es ist ja auch nachvollziehbar, dass man das als gehetzter Forscher nicht jedes Mal aussprechen oder ausschreiben will.

Mit diesen beiden Organismen hantierte vor wenigen Jahren ein junger Mann namens David Weinkove in seinem Labor am Londoner University College. Mit den Würmern, weil man mit ihnen gut erforschen kann, was zumindest bei Würmern und vielleicht auch bei Menschen das Leben verlängert oder verkürzt. Mit den Bakterien, weil sie einfach ein gutes, erprobtes Werkzeug für die Forschung sind. Die Würmer verspeisen die Bakterien. Man kann auf diese Weise kleine Erbgutabschnitte in die Würmer einschleusen, die dort gezielt Gene abschalten und auf diese Weise wirkungslos machen.

Lang lebte der Wurm

Ein spezieller Stamm Kolibakterien, der erwartungsgemäß das Leben der Würmer hätte deutlich verkürzen sollen, tat aber genau das Gegenteil. »Die Würmer lebten stattdessen dramatisch länger«, erinnert sich Weinkove.[72] Ein paar Experimente und ein paar Millionen Würmer und Kolibakterien später war klar, dass nicht das Wurm-Gen, das Weinkove eigentlich untersuchen wollte, sondern ein verändertes Coli-Gen die Ursache sein musste. Es waren die Bakterien – diese speziellen Bakterien mit irgendeiner Mutation –, die das Leben des Wurms »dramatisch« verlängerten. Weinkove weiß inzwischen, dass ein Gen für diesen Effekt sorgt, das für die bakterielle Herstellung von Folsäure und mit Folsäure eng verwandten Molekülen zuständig ist.

Weinkoves Fund zeigt, dass Bakterien und deren aktive Gene »dramatische« Effekte auf jene haben können, die diese Bakterien in sich tragen. Bakterien können den Stoffwechsel beeinflussen, die Menge gesunder und ungesunder Stoffe, die Gesundheit, ja die Lebenserwartung, das Leben selbst.

Wer dieses Buch liest, in der Bahn zum Beispiel, wird vielleicht ab und an mal gefragt werden, worum es denn darin nun genau geht. Wem das bis hierher vielleicht schon einmal passiert ist und wer dann nicht so richtig wusste, wie man das schnell zusammenfasst, kann sich jetzt den vorletzten Satz anstreichen. Wir wiederholen ihn noch einmal sinngemäß: Bakterien, ihre eigenen und von ihnen beeinflusste Stoffwechselvorgänge haben dramatische Auswirkungen auf das Leben von Pflanzen, Tieren, Menschen.

Im besten Fall äußert sich dieser dramatische Einfluss ganz undramatisch, indem wir vergnügt, gesund und leistungsfähig unser Leben leben. Um zu verstehen, warum das so ist, ist aber der Anfang jenes anzustreichenden Satzes entscheidend: Sie beeinflussen den Stoffwechsel und damit die Menge gesunder und ungesunder Stoffe im Darm, in unserer Blutbahn, in unseren Organen. Wenn wir Glück haben, stellen ein paar von ihnen zum Beispiel, ohne dass wir Vitamin-C-Pillen und zweifelhafte Glutathion-Präparate in uns hineinwerfen, hocheffektive zellschützende Antioxidantien her. Wenn wir Pech haben, dann produzieren ein paar andere Bakterien Signalstoffe, die unser Infarktrisiko erhöhen oder Tumoren zum Wachsen anregen.

Und wenn wir noch mehr Pech haben, dann machen wieder andere sich über Medikamente oder Nahrungsergänzungsstoffe her und drehen deren erwünschte Wirkung ins Gegenteil um oder schalten sie aus.

Solches Pech ist nicht so selten.

Digitale Herzprobleme

Der Fingerhut ist eine der bekanntesten Arzneipflanzen. Auf Lateinisch heißt er *Digitalis* (von *digitus* für Finger). Seit mehr als 200 Jahren werden Fingerhutblätter als Mittel gegen Herzinsuffizienz verordnet. 1930 isolierte der Pharmakologe Sydney Smith zum ersten Mal den wichtigsten Wirkstoff aus Pflanzen dieser Gattung von Wegerichgewächsen und benannte ihn nach seiner Herkunft: Digoxin. Es ist ein ziemlich potenter Wirkstoff für Leute mit schwachem Herzen und Rhythmusstörungen. Oder besser: für manche Leute mit schwachem Herzen und Rhythmusstörungen. Denn schon vor Jahrzehnten fiel Medizinern und Pharmakologen auf, dass er einigen Menschen nicht so recht helfen wollte, obwohl sie treu ihre Pillen nahmen, die in Deutschland unter Handelsnamen wie Digacin oder Lanicor in der Apotheke zu haben sind.

Ärzten ist das grundsätzliche Problem schon lange bekannt: Medikamente sind körperfremde Stoffe, die vom Körper oft auch als Gifte wahrgenommen und behandelt werden. So falsch liegt der Körper damit ja auch gar nicht, dafür muss man sich nur die oft recht lange Liste von Nebenwirkungen auf dem Beipackzettel anschauen.

Das Beste, was der Körper bei der Anwesenheit von Giften machen kann, ist Entgiftung. Das passiert normalerweise hauptsächlich in der Leber, auch in den Nieren und anderswo ein bisschen. Die Leber schmeißt die Produktion von Enzymen an, die solche Fremdstoffe neutralisieren und transportfertig – also wasserlöslich – machen für die Ausscheidung über den Urin. Wenn Pharmakologen die Dosis eines Medikamentes festlegen, müssen sie also auch mit einberechnen, wie schell die Leber es abbaut. Bei Leuten mit eingeschränkter Leberfunktion kann es leicht Probleme geben. Und natürlich baut auch nicht einmal jede gesunde Leber jedes Medikament immer gleich schnell ab. In den letzten beiden Jahrzehnten hat man sich deshalb zunehmend darum gekümmert, wie die jeweilige Veranlagung hier eine Rolle spielt. Das Ziel ist, Medikamente möglichst individuell auf die Gene des Patienten abgestimmt dosieren zu können. Ein ganzes Forschungsgebiet namens Pharmakogenomik ist aus diesem Ansatz entstanden.

Bei nicht wenigen Medikamenten allerdings wunderten sich die Pharmakologen wieder und wieder. Obwohl die Leber eigentlich nicht oder nur in geringem Maße in der Lage hätte sein sollen, das Zeug abzubauen, wirkten sie nicht, und im Blut der Patienten waren sie auch gar nicht oder in viel geringeren Konzentrationen als erwartet nachzuweisen.

1982 identifizierte der amerikanische Mediziner John Lindenbaum gewöhnliche Darmbakterien einer Art, die damals noch *Eubacterium lentum* genannt wurde, als Ursache dieser Unterschiede bei der Digoxin-Therapie.[73] Es folgten weitere Studien, die zum Beispiel zeigten, dass Amerikaner diese Bakterien häufiger als Inder in sich tragen.

Lauter Mikro-Lebern – Giftabbau im Darm

Darmbakterien übernehmen also auch Aufgaben, von denen man lange dachte, sie seien der Leber vorbehalten. Sie bauen Gifte ab, und manchmal eben auch Arzneimittel.

Auch hier entwickelt sich gerade eine neue Spezialforschungsdisziplin. Nach Meinung eines ihrer Pioniere, Ramy Aziz von der Universität Kairo, soll sie Pharmakomikrobiomik heißen.[74, 75] Aziz selber, eigentlich ein klassischer Bakterien-Biologe ohne jeglichen Medizinbezug, erzählt, dass er auf das Thema während eines Besuches bei seinem ziemlich kompetenten Hausarzt gestoßen ist. Der riet ihm, als Aziz' Leberwerte einmal deutlich erhöht waren, nicht nur von Alkohol ab, sondern auch dazu, unbedingt ein häufig angewandtes Schmerzmittel wegzulassen. Aziz wunderte sich, googelte ein wenig und fand, dass gerade dessen Wirkstoff von einigen Darmbakterien zum Gift gemacht werden kann.

Mittlerweile weiß man von etwa 65 Wirkstoffen, dass sie von Darmbakterien ab- oder umgebaut werden können. Zusammengestellt und ab und an aktualisiert wird diese Liste von Aziz, den seit jenem Besuch beim Arzt die Darm-Pharm-Connection nicht mehr loslässt, und seinen Mitarbeitern auf pharmacomicrobiomics.com. Bei vielen Naturwirkstoffen sind reichlich solche Interaktionen mit Darmmikroben bekannt, angefangen bei den heterozyklischen Aminen, die womöglich zur Entstehung von Krebs beitragen (dazu mehr in Kapitel 15), über Pflanzenfarbstoffe wie Anthocyane bis hin zu östrogenähnlichen Stoffen aus Soja.

Ob und in welchem Maße Bakterien Einfluss auf die Wirkung von Medikamenten oder Nahrungsinhaltsstoffen nehmen, hängt davon ab, ob der Patient tatsächlich diese Darmbakterien beherbergt, und wie viele davon, und ob und wie stark die entscheidenden Gene bei ihnen aktiv sind. Das macht die Dosierung dieser Medikamente ungleich schwieriger, als wenn nur die Leber ihre Finger im Spiel hat. Es wäre also wünschenswert, nicht nur zu wissen, welche Bakterien welche Medikamente angreifen, sondern auch, wie sie das tun – um sie vielleicht davon abhalten zu können, ohne gleich mit der Antibiotikabombe kommen zu müssen.

Zum ersten Mal fanden Wissenschaftler in Peter Turnbaughs Labor in Harvard einen solchen Mechanismus bei jenen Bakterien, die Digoxin neutralisieren. Die Art heißt seit 1999 *Eggerthella lenta*, benannt nach Arnold Eggerth, einem amerikanischen Bakteriologen, der sie 1935 erstmals beschrieben hatte. Sie und andere *Eggerthella*-Spezies gelten als Standard-Darmbewohner, allerdings auch als Auslöser entzündlicher Darmkrankheiten. Doch auch sie gehören zu den alten Freunden des Menschen. Denn diese Mikroben werden unsere Vorfahren wahrscheinlich zumindest ein bisschen vor den Wirkungen von Giftpflanzen wie dem Fingerhut geschützt haben. Sie greifen sich den Wirkstoff und bauen ihn ein bisschen um. So von *Eggerthella* verändert, kann er nicht mehr mit den Molekülen im Herzmuskel reagieren, die letztlich seine stärkende Wirkung vermitteln. Außerdem kann er in der veränderten Form auf schnellstem Wege per Urin aus dem Körper befördert werden. Das ist alles schön zu wissen, sagt aber noch nichts darüber, was die Bakterien im Detail mit dem Digoxin anstellen und welche molekularen Werkzeuge sie dabei benutzen.

Was für ein Laborversuch eignet sich, um das herauszufinden? Man

WENN PARACETAMOL ZUM GIFT WIRD

kann zum Beispiel – und genau das tat das Team in Harvard – *Eggerthella lenta* in zwei Versuchsansätzen auf Petrischalen wachsen lassen. Dem einen wird Digoxin zugegeben, dem anderen nicht. Das ist noch ziemlich einfach. Dann muss man allerdings nachschauen, was Unterschiedliches in den beiden Petrischalen passiert. Ein noch so genauer Blick mit Lupe oder auch Mikroskop hilft hier nicht, man muss vielmehr analysieren, welche Gene die Bakterien in ihrer jeweiligen Umgebung einschalten. Turnbaughs Mitarbeiter fanden heraus, dass in dem Versuchsansatz, der Digoxin enthielt, zwei Gene besonders aktiv waren, 100-mal aktiver als in der giftfreien Kulturschale.[76]

Beide Gene sind dafür verantwortlich, dass Cytochrome produziert werden. Das sind Enzyme, die viele verschiedene Funktionen haben können, zum Beispiel können sie das Digoxin aus dem Verkehr ziehen.[77]

Man müsste bei Patienten also eigentlich nur eine Stuhlprobe nehmen und die vorhandenen *Lenta*-Zellen zählen, um festlegen zu können, welche Dosis Digoxin die richtige ist. Eigentlich. Uneigentlich gibt es allerdings von *Eggerthella lenta* mehrere Stämme, und nur einer davon hat seine Finger im Fingerhutgeschäft, bei den anderen bleiben die Cytochrom-Gene weitestgehend stumm.

Die giftigen Nachfahren der Blockbuster-Pillen

Eine Möglichkeit fanden Turnbaugh und seine Kollegen allerdings, wie man vielleicht dem Digoxin-Abbau entgegenwirken könnte. Zumindest bei Mäusen führt eine proteinreiche Ernährung dazu, dass die Bakterien in ihren Därmen die Cytochrom-Produktion herunterfahren. Doch nicht nur, weil die Ergebnisse nur von Mäusen stammen, würde kein Arzt der Welt Patienten eine extrem eiweißreiche Diät empfehlen, sondern auch, weil Herzpatienten oft auch Nierenprobleme haben und viel Protein die Nieren zusätzlich belasten kann. Auch wenn die proteinreiche Kost keine Lösung darstellt, hat das Experiment zumindest gezeigt, dass es Wege gibt, jenen Abbau zu verhindern. Jetzt müsste man nur noch einen praktikablen und ungefährlichen Weg finden.

Es gibt eine ganze Reihe anderer Medikamente, auf die Darmbakterien auf verschiedene Weise zugreifen können, bevor die Pharmaka ihr Ziel im Körper überhaupt erreichen. Generell gibt es wahrscheinlich vier verschiedene Grund-Mechanismen dafür:

- Die Bakterien produzieren Enzyme, die die chemische Struktur des Medikaments verändern. So wie *Eggerthella* es mit Digoxin macht.
- Sie sondern Moleküle ab, die die Verstoffwechselung des Medikaments verändern. Das biologische Entwurmungsmittel Genistein wird zum Beispiel von Produkten von *Eubacterium ramulus* abgebaut.
- Die Bakterien erzeugen Stoffe, die Leber- oder Darmenzyme beeinflussen. So wird etwa das Chemotherapeutikum 5-Fluorouracil nicht richtig umgesetzt und bekommt deshalb eine verstärkte Giftwirkung, wenn das Enzym DPD fehlt, das von Produkten von *Bacteriodes*-Bakterien neutralisiert werden kann.
- Mikrobielle Mitbewohner übernehmen die biochemische Kontrolle über menschliche Stoffwechselgene. Solche Mechanismen gelten als wahrscheinlich, sind aber bislang nicht zweifelsfrei nachgewiesen.

Dass Digoxin seine Wirkung verliert, ist ein noch vergleichsweise harmloser Eingriff der Mikroben. Es kann aber, wie schon zwei der gerade genannten Mechanismen zeigen, durchaus passieren, dass die eigentlich als Heilmittel verabreichten Moleküle durch Darmbakterien noch giftiger werden, als sie oft ohnehin schon sind.

Wir wollen uns auf nur ein paar wenige weitere Beispiele beschränken, und natürlich beginnt es mit einem Antibiotikum:

Chloramphenicol wird bei Patienten, die speziellen Koli-Stämmen eine Heimat bieten, zu einer Substanz namens P-aminophenyl-2-amin-1,2-Propanediol umgewandelt. Das klingt wie etwas, was man nicht unbedingt im Körper haben will, und dieser Eindruck trügt nicht. Es ist giftig und greift das blutbildende Knochenmark an.

Zonisamid heißt in deutschen Apotheken Zonegran und wird gegen epileptische Krampfanfälle verordnet. Fehlen bestimmte Darmbakterien, dann wird es nicht in seine aktive Form umgewandelt. Es ist im Grunde der umgekehrte Mechanismus wie bei Digoxin, mit der gleichen Konsequenz: Das Medikament wirkt nicht.

Acetaminophen kann in seiner Wirkung deutlich verstärkt und damit zum gefährlichen Gift werden, wenn gewisse Darmbakterien verhindern, dass ihm ein aus Sauerstoff und Schwefel bestehendes Minimolekül angehängt wird. Wer jetzt sagt: Interessiert mich nicht,

WENN PARACETAMOL ZUM GIFT WIRD

Acetaminophen kenn' ich nicht und nehm' ich nicht, dem nennen wir noch den Handelsnamen der Substanz. Sie heißt Paracetamol.

Und Paracetamol ist auch das Medikament, von dem der gute Hausarzt dem guten Ramy Aziz seinerzeit abriet.

Das Beispiel von *Eggerthella* und Digoxin bleibt aber ein besonders eindrückliches. Denn hier passiert vieles von dem, was die Wechselwirkungen zwischen Medikamenten und Darmbakterien insgesamt so interessant macht, und teilweise eben auch medizinisch kompliziert. Jeder Mensch hat andere Bakterien, von einer Grundausstattung einmal abgesehen. Unterschiedliche Patienten können unterschiedlich viele Bakterien haben, oder die Bakterien können in ihrem Zugriff auf ein Medikament unterschiedlich effizient und aktiv sein. Manchmal sind es nur einzelne Stämme einer Art, die ein Medikament abbauen. Die Ernährung und natürlich auch die Einnahme anderer Medikamente beeinflussen Zahl, Vielfalt und Aktivität der Bakterien.

Wäre es dann nicht eine gute Idee zu versuchen, gezielt Bakterien im Darm anzusiedeln oder durch Präbiotika zu fördern, um die Verarbeitung von Arzneimittelwirkstoffen im Körper in die gewünschte Richtung zu steuern? Im Prinzip schon, nur müsste man auch hier wieder genau wissen, was man tut. *Eggerthella*-Bakterien etwa vermehren sich besonders gut bei reichem Proteinangebot. Sie bauen dann aber weniger Digoxin ab. Es ist nicht auszuschließen, dass eine als besonders gesundheitsförderlich geltende Bakterienart, wenn sie erst einmal recht zahlreich ist, ihre gesundheitsfördernden Aktivitäten zurückfährt. Oder andere Bakterien übernehmen das problematische Werk jener Mikroben, die man für die Dauer einer Therapie vielleicht sogar erfolgreich ausgeschaltet hat, sodass letztlich nichts gewonnen ist.

Wer also hofft, mit simplen Gleichungen wie »mehr gute Bakterien, mehr gute Wirkungen« oder »runter mit den Medizinfresser-Bakterien, und schon wirkt das Medikament zuverlässig« immer erfolgreich zu sein, wird wohl oft enttäuscht werden. Auch das kann man – als Mediziner auf der Suche nach einer verlässlichen Therapie etwa – frustrierend finden. Es ist aber letztlich ein wichtiger Aspekt des Gesamtsystems Mensch plus Mitbewohner und seiner in den allermeisten Fällen sehr willkommenen Widerstandskraft gegen äußere Einflüsse. Denn wenn jede kleine Veränderung in der Zahl oder Aktivität einer einzigen Darmbakterienart gleich ganze Stoffwechselwege blockieren würde, wäre das wahrscheinlich nicht gut für den Darmbesitzer. Dann würden zum Beispiel ein paar mehr Proteine an einem langen Grillwochenende nicht nur den Digoxinhunger von *Eggerthella* senken, sondern es würde gleich ein ganzes mikrobielles Unwetter im Darm losbrechen. Keine schöne Vorstellung.

Analysieren oder weglassen

Schöner ist vielleicht die, vor einem Grillnachmittag, an dem abzusehen ist, dass man viel zu viel Fleisch, und manches davon auch recht verkohlt, gemischt mit Bier, Schnaps und Zigarettenqualm zu sich nehmen wird, einfach prophylaktisch eine Bakterienmischung zu schlucken. Der eine darin enthaltene Stamm würde jene Darmbakterien, die krebserregende Nitrosamine produzieren, vorübergehend ausschalten. Der nächste würde dafür sorgen, dass all das Protein nur langsam abgebaut und ins Blut abgegeben wird. Der nächste würde die zellschützende körpereigene Antioxidantien-Produktion anstoßen. Und so weiter. Wenn der Grillnachmittag in Form eines Technofestivals daherkommt, mit weniger Steaks, aber mehr Drugs und Rock'n'Roll, ist dann vielleicht auch noch eine Spezies sinnvoll, die der Leber beim Drogenabbau hilft.[78]

Natürlich gibt es solche Lifestyle-Probiotika bislang nicht. Und es wird bis dahin wohl auch noch lange dauern – auch wenn der Probiotika-Dealer im Internet vielleicht schon bald das Gegenteil behauptet.

Was es gibt, sind die Bakterien und die ständigen Reaktionen im Darm. Was es gibt, ist die Möglichkeit, dass, wenn man ein Medikament einnimmt, dort etwas passiert, was nicht im Sinne des Erfinders des Medikamentes ist. Ob das Medikament wirkt oder nicht, kann man zusammen mit dem behandelnden Arzt ja ziemlich leicht herausfinden und es gegebenenfalls mit einem anderen Mittel probieren. Ob es zum Supergift umgebaut wird, das würde man allerdings schon gerne vorab wissen.

Bei Paracetamol zum Beipiel könnte es sinnvoll sein, es nur noch nach Mikrobiom-Check einzusetzen. Das wäre ein erster Schritt auf dem Weg zu einer Medizin, in der Darmmikroben die Beachtung bekommen, die sie verdienen.

Um ganz andere erste Schritte, die in ein neues Leben, geht es auf den folgenden Seiten.

11 DIE ZWEI GEBURTEN DES MENSCHEN UND DIE SACHE MIT DEM KAISERSCHNITT

Ganz am Anfang des menschlichen Lebens steht auch die Besiedlung mit Bakterien. Dabei kann einiges schiefgehen. Kaiserschnitt-Kinder etwa bekommen häufiger Gesundheitsprobleme. Wie lässt sich das vermeiden?

»Ich empfehle es als Wissenschaftlerin bislang anderen noch nicht, dafür haben wir noch nicht genug Daten, aber ich sag's mal so: Wenn ich das, was ich heute weiß, damals, als meine Tochter per Kaiserschnitt zur Welt kam, gewusst hätte, hätte ich es selber mit ihr gemacht.« Das ist eine ziemlich starke Ansage für eine Forscherin, die gerade einmal dabei ist, eine allererste Studie zu dem, was sie hier selber mit ihrer Tochter gemacht hätte, zu begleiten. Doch Venezolanerinnen haben eben wohl ein etwas anderes Temperament und vertreten ihre Überzeugungen etwas energischer als, sagen wir, ein kühler Schwede.

Maria Gloria Dominguez-Bello, in Venezuela geboren und schon bekannt aus einem der vorangegangenen Kapitel, ist heute eine der bedeutendsten und innovativsten Erforscherinnen des menschlichen Mikrobioms. Sie hat einen Job als Professorin an der New York University. Die Möglichkeiten, die das mit sich bringt, nutzt sie nicht nur, um an den noch möglichst unberührten Enden dieser Welt nach möglichst unberührten Darmbakterien-Gemeinschaften zu suchen, sondern auch danach, welche Auswirkungen Kaiserschnittgeburten auf Kinder und deren zukünftige Gesundheit haben können. Und, wie man solche negativen Auswirkungen vielleicht verhindern könnte.

Zum Beispiel, indem man einer Frau, die gerade einen Kaiserschnitt bekommt, eine sterile Kompresse in die Scheide einführt und mit dieser danach gar nicht mehr sterilen Kompresse, das Neugeborene einreibt. Genau das ist es, was die Frau Professor mit dem doppelten Vor- und Zunamen mit ihrem eigenen Kind gemacht hätte, wenn sie nur gewusst hätte, was sie heute weiß.

Sauber, keimfrei, aber nicht problemfrei

Es klingt beim ersten Hinhören schon ziemlich seltsam. Ein Stück Zellstoff in die Vagina schieben (eine Damenbinde geht auch), dasselbe sich ordentlich vollsaugen lassen und dann das gerade aus dem Bauch operierte, abgenabelte und saubergemachte Kind mit dem feucht-schleimigen Zeugs überziehen. »Klar hat man uns dafür kritisiert, man hat es auch mit den Stuhl-Transplantaten, die manche Ärzte bei Erwachsenen anwenden, verglichen. Aber beides ist eigentlich gar nicht vergleichbar, denn im normalen menschlichen Zusammensein wird ja eigentlich kein Stuhl ausgetauscht, das ist also nichts Natürliches. Dass ein Kind bei einer Geburt reichlich mit dem Scheiden-Sekret in Kontakt kommt, ist aber sehr natürlich«, sagt Dominguez-Bello.

Tatsächlich ist ein Kaiserschnitt im Operationssaal eine saubere, ziemlich keimfreie Prozedur. Und das ist auch gut so, vor allem für die Mutter, die ja den Bauch aufgeschnitten bekommt, nicht anders als bei einer Blinddarm- oder Gallen-OP. Aber dass dieser keimfreie Weg ins Licht der Welt auch für den Fötus, der gerade zum Baby wird, ideal ist, weil so sauber und hygienisch, das ist eher unwahrscheinlich. »Was wir in unserer Studie tun, ist nur, das zu imitieren, was natürlich passiert, wenn ein Kind normal vaginal entbunden wird«, sagt Dominguez-Bello.

Wer einmal bei einer natürlichen Geburt dabei war, aktiv oder als Partner oder als Hebamme oder Praktikantin oder wie auch immer, weiß, was gemeint ist: Das Kind bahnt sich seinen Weg nicht nur durch den Geburtskanal, was unglaublich und verblüffend genug ist, sondern auch durch Schleim und Blut, und auch der eine oder andere Spritzer aus dem auch unter großem Druck stehenden Enddarm der Mutter bleibt nicht aus. Das ist normal und natürlich. Die moderne medizinische Geburtshilfe hat es trotz steriler Unterlagen, Latexhandschuhe und grüner Mundschutztücher noch nicht geschafft, eine vaginale Geburt zu einem keimfreien Ereignis zu machen. Und das ist auch gut so.

Der Weg ins und durch viel Leben

Wann genau die Besiedlung des menschlichen Körpers und Darms mit bakteriellen Mitbewohnern beginnt, ist unter Medizinern umstritten. Vielleicht erhält der Fötus sogar schon vor der Geburt die ersten Mikroorganismen zugeteilt. Sicher ist aber eines: Bei einer natürlichen Geburt bekommt ein neuer Mensch nicht nur Licht, Geräusche und Berührungen zum ersten Mal ungedämpft und ungefiltert ab. Er muss nicht nur sofort anfangen zu atmen und sehr bald anfangen zu trinken. Er wird auch einem wahren mikrobiellen Orkan ausgesetzt. In einer gesunden Vagina trifft er, noch bevor das Köpfchen (oder bei Steißgeburten die andere Seite) so richtig sichtbar wird, auf jede Menge verschiedener Mikrobenarten. Es sind bei den meisten Müttern vor allem Milchsäurebakterien, aber auch die Gattung *Firmicutes* ist vertreten. Dazu kommen noch einige andere, von denen Forscher bereits wissen, und wahrscheinlich eine ganze Menge weiterer, von denen sie noch nichts wissen. Individuell und je nachdem, wo eine Frau aufgewachsen ist, scheint es große Unterschiede in der Zusammensetzung dieser Lebensgemeinschaften zu geben.[79]

Aber sicher ist, dass der natürliche Weg ins Leben ein Weg durch jede Menge mikrobielles Leben hindurch ist. Das Kind bekommt die gesamte Haut damit überzogen, es schluckt Keime aus dem Scheiden-Sekret und ganz sicher auch solche aus der unmittelbaren Nachbarschaft in dieser Körperregion. Keime setzen sich am Babypo, wie glatt er auch sein mag, fest und verstecken sich dort und in den Poren der Haut vor dem ersten Handtuch des Lebens. Andere entgehen der Hygiene in den Ohrmuscheln oder Nasenlöchern.

Nichts von alldem passiert bei einem Kaiserschnitt. Nicht nur, dass die Operation steril abläuft und das Kind nichts von den Bakterien im Geburtskanal abbekommt – die werdende Mutter bekommt zu ihrem eigenen Schutz und dem des Kindes vor dem Schnitt meist auch ein hochwirksames Antibiotikum gespritzt und muss dann noch sicherheitshalber fünf weitere Tage diese Bakterienkiller einnehmen.

Die Ergebnisse all der Medizin und Hygiene sind messbar: Hierzulande und anderswo in den Industrienationen ist die Rate von Wundinfektionen nach Kaiserschnitten sehr niedrig, sie liegt um die drei Prozent, in Entwicklungsländern dagegen deutlich höher (16 bis knapp 30 Prozent, je nach Studie, früher sollen es bis zu 75 Prozent gewesen sein).[80]

Die ersten tausend Tage – entscheidend für die Gesundheit

Was allerdings auch messbar ist, sind eher längerfristige Folgen, und die sind weniger schön. Kinder, die per Kaiserschnitt geboren wurden, bekommen zum Beispiel häufiger Allergien und Asthma als vaginal entbundene. Andere Probleme, von Autismus über Autoimmunleiden wie Typ-1-Diabetes bis zu Übergewicht, entwickeln sich bei ihnen ebenfalls häufiger. Und auch messbar ist, dass bei ihnen die Besiedlung mit Darmbakterien anders und verzögert abläuft. Und dass beides – die fehlende Kolonisierung mit Mikroorganismen und die Häufigkeit bestimmter Erkrankungen – miteinander zusammenhängt, gilt inzwischen als ziemlich sicher. Wichtig scheint dabei nicht unbedingt zu sein, dass irgendwann die »richtigen« Bakterien im Darm auftauchen. Denn das tun sie meist, irgendwann, auch bei Kaiserschnitt-Babys. Wichtig scheint zu sein, dass in einem frühen Stadium, in der Zeit, in der das Immunsystem gewissermaßen zur Grundschule geht, im Darm das »Richtige« passiert. Rob Knight von der University of Colorado in Boulder, einer der prominentesten Darmbakterienforscher überhaupt, antwortet, als wir ihn fragen, ob vaginal entbundene Menschen generell gesünder sind, mit einem schlichten »Ja«.

Die »ersten tausend Tage« sind inzwischen schon zu einer Art geflügeltem Wort geworden. Gemeint ist die Zeit von der Empfängnis bis etwa zum zweiten Geburtstag, in ihr werden demnach die Weichen für das Leben gestellt, wird entschieden, ob man anfällig für bestimmte Krankheiten ist oder nicht. Als entscheidende Faktoren gelten Ernährung (im Mutterleib und danach), Liebe, Fürsorge und, ja: die Darmmikroben. In einer BBC-Radiodokumentation von 2012 zu diesem Thema sprach der Reporter Mark Porter bezeichnenderweise schon ganz am Anfang des ersten Teils die schicksalhaften Worte vom »Würfel, der dann schon gefallen ist« aus.

Auch für diejenigen unter uns, die ihren eigenen zweiten Geburtstag oder den ihres jüngsten Kindes schon hinter sich haben, verbietet sich natürlich solcher Fatalismus. Denn es gibt immer Möglichkeiten, der eigenen Gesundheit und der der Liebsten und Nächsten etwas Gutes zu tun, und diese Möglichkeiten werden wahrscheinlich auch in Zukunft stetig mehr, auch mit Hilfe von Bakterien. Doch wahrscheinlich ist es tatsächlich ungleich einfacher, effektiver und nachhaltiger, in den ersten tausend Tagen so viel wie möglich richtig zu machen.

Was genau das ist, das beginnt man gerade erst zu verstehen. Aber ein paar Dinge sind klar: Rauchen, Alkohol und Diät halten während der Schwangerschaft sind schlecht, natürliche Geburt ist besser als Kaiserschnitt, ein Geburtsgewicht von mehr als 2500 Gramm schafft günstigere Lebensaussichten, Stillen ist besser als Flaschenernährung, und zu viel Hygiene ist langfristig eher ungesund.

Zu viel Hygiene

Zu viel Hygiene = zu wenige Bakterien und andere Mikroben, zu wenig Lernstoff für die Schule des Immunsystems. Das ist die Kurzfassung der derzeit durchaus ziemlich allgemein anerkannten Theorie. Sie sollte eigentlich auch in den Kreißsälen und auf den Neugeborenen-Stationen bereits angekommen sein. Aber wer denkt, dass sich dort irgendetwas geändert hätte, täuscht sich. Papa und Mama sind nach wie vor angehalten, sich vor dem Wickeln die Hände zu desinfizieren, der Wickeltisch wird nach getaner Arbeit mit Alkohol abgewischt, Kaiserschnittmütter bekommen nach wie vor prophylaktisch und über mehrere Tage Antibiotika. Die Erklärung dafür ist einfach: Niemand will, dass sich eine Mutter oder ein Baby eine Infektion einfängt. Die jungen Familien sollen sauber und symptomfrei nach drei oder sechs Tagen durch die Automatiktür nach draußen schreiten. Ob ein Kind in ein paar Jahren irgendeine Krankheit bekommt, fällt nicht in die Zuständigkeit der Wochenstationen.

Es ist ein Widerspruch, der sich schwer auflösen lässt. Natürlich geht es in Geburtshäusern etwas »natürlicher« zu, doch wenn es Komplikationen bei der Geburt gibt, ist man froh, wenn Kinderintensivstation und geschultes Personal gleich im nächsten Stockwerk sind. Krankenhäusern zu empfehlen, es mit der Hygiene etwas lockerer zu sehen, ist auch nicht besonders aussichtsreich. Denn eine einzige dadurch ausgelöste gefährliche Infektion ist schon eine zu viel, ganz zu schweigen von der Klage, die sie wahrscheinlich nach sich ziehen würde. Auch Eltern selbst fällt es schwer, zuzusehen, wenn ihr Säugling anfängt, sich alles Mögliche in den Mund zu stecken. Wenn sie es zulassen, steckt oft eher Resignation dahinter als das Bewusstsein, dass dadurch das Immunsystem des Kindes geschult wird.

Von führenden Forschern (noch nicht) empfohlen

Womit aber die Frage, was man denn nun tun soll, wenn der Kaiserschnitt eben nicht zu vermeiden ist, noch immer unbeantwortet bleibt. Wenn der Papa die Operateure ersucht, der Mama doch bitte während der OP ein Stück Mull in die Scheide zu stecken und es ihm danach auszuhändigen, wird er gegenwärtig bestenfalls ein Kopfschütteln, schlimmstenfalls Hausverbot bekommen, selbst wenn er ihnen die aktuellen wissenschaftlichen Publikationen aus dem Hause Dominguez-Bello unter den Mundschutz hält. Kann sein, dass sich das in Zukunft ändert.

In der Gegenwart ist aber auch das ein oder andere möglich.

Man kann zum Beispiel versuchen, die Nachteile des Kaiserschnittes durch konsequentes Stillen etwas auszugleichen. Denn langes Stillen steht in den allermeisten Studien klar in Zusammenhang mit später gesünderen Kindern und Heranwachsenden und fördert wahrscheinlich auch die Besiedlung des Darmes mit günstigen Bakterien. Allerdings sollte man auch das vielleicht nicht übertreiben, sondern die Muttermilch schon nach ein paar Monaten durch Zufüttern ergänzen. Denn alleiniges Stillen über lange Zeiträume steht in manchen Studien ebenfalls im Zusammenhang mit der Entwicklung von Allergien später im Leben. Zufüttern dagegen erhöht nachweislich die Bakterienvielfalt im Darm und scheint dem Immunsystem auch die richtigen Trainingspartner zu bieten.[81]

Man kann sich auch fragen, wie Babys in liebenden Elternhäusern früher, in Zeiten von weniger Allergien und Zivilisationskrankheiten, zu Kindern und Jugendlichen wurden. Die Antwort wird lauten: behütet, gut ernährt, sauber, aber eher nicht klinisch rein. Desinfektionsmittel gab es nicht, dafür aber meist eine Menge Menschen in der Nähe und auf dem Lande auch Tiere drum herum. All das führte langsam, aber sicher dazu, dass Kleinkinder immer mehr Kontakt mit Mikroorganismen und anderem Körperfremdem bekamen. Ihr Immunsystem lernte stetig, natürlich auch gelegentlich begleitet von Infekten und Fieber.

Nur um Missverständnissen vorzubeugen: Es geht hier nicht darum, eine gute alte Zeit zu romantisieren, denn in der starben auch öfter als heute Säuglinge und Kleinkinder an Infektionen. Es geht hier auch nicht darum, Eltern eine mit Sicherheit auch risikobehaftete Schmuddelkind-Strategie zu empfehlen. Aber jeden Keim vom Kind fernzuhalten ist, wenn man all die Studien ernst nimmt, sicher auch nicht sinnvoll. Die oben schon erwähnten Befunde, dass ausschließlich gestillte Kinder auch eine Tendenz zu mehr Allergien zu haben scheinen, interpretieren manche Mediziner schlicht damit, dass diese vielleicht gerade von extrem gesundheitsbewussten und besonders auf Sauberkeit achtenden Müttern aufgezogen werden.

Probiotika zum Säuglingsfrühstück

Überhaupt scheint mancher gut gemeinte Mediziner-Ratschlag, der zum Teil noch heute erteilt wird, falsch zu sein. »Eltern wurde ja lange empfohlen, potenzielle Allergene von ihren Kindern fernzuhalten, inzwischen sieht es aber so aus, als ob das Gegenteil richtig ist«, sagt Maria Jenmalm von der Universität Linköping in Schweden. Studien dazu laufen vielerorts. Wer zum Beispiel im Herbst 2013 in einem Berliner Krankenhaus ein Baby zur Welt brachte, fand zwischen all den Stillfibeln und Papierstapeln voller guten Rates auch einen Flyer, auf dem nach Teilnehmern für eine klinische Studie an der Charité gesucht wurde. Getestet werden soll dort, ob die frühe Gabe von Hühnereiweiß spätere Hühnereiweißallergien vermeiden kann.

Man kann sich auch zusätzlich einen Kinderarzt suchen, von dem man weiß, dass er nicht allzu liberal, sondern nur, wenn es wirklich notwendig ist, Antibiotika einsetzt. Denn auch für diese Medikamente wird vermutet, dass sie nicht nur die gesunde Darmbesiedlung behindern, sondern auch die gesunde Entwicklung des Immunsystems, ja sogar des Gehirns.

Manche Wissenschaftler haben bereits genau das selbst gemacht, was Frau Professor Dominguez-Bello zwar nicht offiziell empfiehlt, aber heute selber machen würde, würde sie noch einmal per Kaiserschnitt Mutter werden: Rob Knight etwa gab im Gespräch mit dem *New-York-Times*-Autor Michael Pollan zu, seine eigene per Kaiserschnitt geborene Tochter tatsächlich mit der Dominguez-Methode, also den Vaginalsekreten seiner Frau, inokuliert zu haben.

Andere, die als Forscher und Mediziner genau an diesem Thema arbeiten, gehen zwar nicht so weit wie Dominguez-Bello und Knight, aber sie bleiben auch nicht untätig, wenn sich in der eigenen Familie ein Kaiserschnitt nicht abwenden lässt. Anders Andersson etwa, Professor am Königlichen Technologieinstitut in Stockholm, sagt, er sei, nachdem sein eigenes Kind per Not-Kaiserschnitt zur Welt gekommen war, zur Apotheke gelaufen, habe Probiotika gekauft und habe sie ihm an Tag zwei des jungen Lebens verabreicht. Die schon erwähnte Maria Jenmalm aus Linköping wird sogar konkret und sagt, bewährt habe sich dafür eine ölige Emulsion mit *Lactobacillus reuteri* – die gibt es auch in deutschen Apotheken. Ihr Kollege Lars Engstrand dagegen gibt die in solchen Fällen typische und durchaus seriöse Forscher-Antwort: »Wir haben bislang nicht genügend Daten, um irgendeine Intervention zu empfehlen.« Es ist der im ersten Absatz dieses Kapitels bereits angekündigte eher kühle, zurückhaltende, schwedische Ansatz.

Ex utero

Wer dieses Buch im Jahr 2014 oder später in Händen hält, kann aber das Internet befragen, ob die Datenlage dann womöglich schon ein wenig anders aussieht. Empfohlener Suchbegriff: Dominguez-Bello. Die ersten Ergebnisse ihrer Studie mit per Vaginalsekret inokulierten Kaiserschnitt-Säuglingen könnten dann schon vorliegen. Was sie zu der Zeit, als dieses Buch entsteht, schon berichten kann, ist, dass die Prozedur keinem Baby akut geschadet hat. »Alle sind gesund«, sagt sie.

Wer jetzt darüber nachdenkt, dasselbe im Falle eines Kaiserschnitts beim eigenen Baby zu versuchen, sollte sich allerdings klar darüber sein, dass in solchen Studien nicht einfach nur Babys mit Bakterien beschmiert werden. Ihre Mütter und sie selbst werden ausgiebig untersucht und überwacht. Und es gibt ein paar Grundvoraussetzungen: Die Mutter muss eine von *Lactobacillus*-Arten dominierte, im pH-Test deutlich saure Vagina haben, ein Streptokokkentest muss kurz vor der Geburt gemacht werden und »negativ« zurückkommen, die Frau darf nicht HIV-positiv sein.

DIE ZWEI GEBURTEN DES MENSCHEN

Eine Schwangerschaft dauert normalerweise neun Monate. Man kann sich also in aller Ruhe Gedanken machen, was man in dem Fall, dass ein Kaiserschnitt nötig ist, vielleicht unternehmen möchte. Man kann *Lactobacillus-reuteri*-Emulsion kaufen. Man kann planen, lange zu stillen, und sich vornehmen, den Hygiene-Overkill zu vermeiden. Man kann Ärzte konsultieren, Hebammen, und sich diejenigen heraussuchen, die vielleicht aufgeschlossen für neue Wege sind. Man muss sich aber auch klar sein, dass es, selbst wenn man alle Vorsichtsmaßnahmen einhält, auch gefährlich sein kann, sein Neugeborenes mit Bakterien zu überziehen. Vor allem aber: Millionen Kinder sind schon per Kaiserschnitt zur Welt gekommen. Die meisten sind zu gesunden oder einigermaßen gesunden Erwachsenen geworden, oder sie sind gerade dabei. Abermillionen Menschen leben mit Allergien und Autoimmunkrankheiten, die meisten kommen damit einigermaßen bis ganz gut zurecht. Man kann also einigermaßen gelassen bleiben und die ersten tausend Tage trotzdem so gestalten, dass das Kind einen den Umständen entsprechend optimalen Start ins Leben hinlegt.

TEIL III
DESINFEKTIONS-
KRANKHEITEN

12 DIE SCHULE DES IMMUNSYSTEMS

Bakterien sind wichtige Trainingspartner für die Krankheitsabwehr. Wenn sie fehlen, schlägt das Immunsystem wild um sich und attackiert harmlose Stoffe oder den eigenen Körper.

Es mag zynisch klingen, aber für die Allergieforschung war die Teilung Deutschlands in Ost und West ein Glücksfall. Bis zum Fall der Mauer hatte sich das Dogma verfestigt, dass die steigende Zahl von Allergien und Asthmapatienten mit der zunehmenden Luftverschmutzung zusammenhängen musste. Mit dem Ende des Kalten Krieges gelang Erika von Mutius ein Durchbruch wissenschaftlicher Art. Sie widerlegte das alte Lehrbuchwissen bei dem Versuch, es zu zementieren.

Noch während ihrer Facharztausbildung zur Kinderärztin in München setzte sie sich mit Kollegen in Leipzig und Halle in Verbindung und startete ihre Studie, die bald darauf dafür sorgte, dass die Lehrbücher umgeschrieben werden mussten. Die Region um die beiden ostdeutschen Städte war ein Hort der chemischen und der Schwerindustrie, wo für die Planerfüllung und den baldigen Sieg der Arbeiterklasse über den Imperialismus einige Opfer gebracht wurden. Luft und Wasser waren verdreckt wie in Manchester zu Friedrich Engels' Zeiten, Arbeiter und Arbeiterkinder, und auch alle anderen, mittendrin.

Es war ein Ort wie geschaffen, um die alte Hypothese vom allergieauslösenden Industriedreck zu belegen. Nur, dass von Mutius und ihre Kollegen genau das Gegenteil fanden. In der belasteten Region litten weniger Kinder an Allergien und Asthma als in der Vergleichsregion München. Nicht nur, dass die Beobachtung nicht zu der herrschenden Lehrmeinung passen wollte, in den Folgejahren wurde alles noch seltsamer: Untersuchungen zeigten wiederholt, dass die Luft im Osten

Deutschlands immer besser wurde, nachdem Fabriken abgeschaltet oder modernisiert worden waren. Die Zahl der Kinder mit Allergien aber stieg und hatte bereits nach 15 Jahren westdeutsches Niveau erreicht.

Mehr Krippenplätze!

Davon wusste von Mutius noch nichts, als sie sich 1992 während eines Gastaufenthalts am Respiratory Sciences Center der University of Arizona in Tucson zusammen mit ihrem dortigen Mentor Fernando Martinez über ihren Datensatz beugte und versuchte, irgendeine logische Schlussfolgerung daraus zu ziehen. Martinez forderte sie schlicht auf, kreativ zu denken, statt nur Messpunkte anzustarren. Blaue und rote Pionierhalstücher, FDJ-Hemden, Bummihefte und ein klarer Klassenstandpunkt fielen auf der kreativen Suche nach Erklärungen allerdings durch, und auch im Zweitakterdreck der Trabis war eher kein Allergieschutzmolekül zu erwarten.

Es war schließlich ein damals drei Jahre alter Artikel, der sie auf eine Spur brachte, der sie bis heute folgt.

Im selben Monat, in dem die Berliner Mauer fiel, hatte der britische Epidemiologe David Strachan einen kurzen Artikel im *British Medical Journal* veröffentlicht, der zunächst wenig Beachtung fand. Doch die Befunde, die er da auf einer Seite des Fachjournals unter der Überschrift »Heuschnupfen, Hygiene und Haushaltsgröße« ausbreitete, sollten bald die Sicht auf Bakterien radikal ändern.[82] Strachan hatte Gesundheitsdaten von 17.414 Briten ausgewertet, die alle in derselben Woche im März 1958 auf die Welt gekommen waren. Er suchte nach Gemeinsamkeiten unter denjenigen, die im Laufe ihres Lebens Heuschnupfen entwickelt hatten. Die stärkste Korrelation, die er mit dem Auftreten einer Allergie fand, war die Anzahl der älteren Geschwister im Haushalt. Er konnte sogar eine Dosis-Wirkungs-Beziehung erkennen, wenn man bei der Zahl der Kinder im Haushalt von einer Dosis sprechen mag. Unter den Erstgeborenen reagierten 20 Prozent allergisch auf Pollen, unter den Kindern mit zwei älteren Geschwistern lag die Rate bei zwölf Prozent, bei vier oder mehr sank sie auf acht Prozent.

Strachan entwickelte daraus die Theorie, dass Nachwuchs aus kinderreichen Familien häufiger mit Krankheitskeimen zu tun habe, das

DIE SCHULE DES IMMUNSYSTEMS

Immunsystem also besser trainiert wird, harmlose Allergene von infektiösen Pathogenen zu unterscheiden. Durch die schrumpfenden Familien und die gestiegene Sauberkeit in den Haushalten sei die Zahl der natürlichen Infektionsmöglichkeiten gesunken, wodurch der rasante Anstieg von Allergien zu erklären wäre, so schloss er seinen Aufsatz. Er legte damit das Fundament jenes Gedankengebäudes, das heute Hygiene-Hypothese heißt.

Mit Strachans Beobachtungen im Hinterkopf ging von Mutius nochmals durch ihre Daten, und irgendwann dämmerte es ihr, dass es zwischen den Ost- und West-Kindern neben der Luftreinheit noch einen großen Unterschied gab. In der DDR waren nicht nur die Geburtenrate höher und die Familien durchschnittlich etwas größer. Es war auch üblich, Kleinkinder in Krippen zu geben, während die Eltern arbeiten waren. 70 Prozent waren tagsüber so untergebracht, im Westen waren es gerade einmal 7,5 Prozent. Die Allergierate unter ostdeutschen Kindern lag um 50 Prozent niedriger als die im Westen. Inzwischen hat sich der Osten an den Westen angeglichen. Die Geburtenrate sank, die Kinder wurden seltener in die Krippe gebracht. Die Zahl der Allergiker stieg, obwohl die Luft sauberer wurde.

Allein der geringere Kontakt zu älteren Kindern reicht von Mutius allerdings nicht als Erklärung für die Zunahme der Allergien. Sie hält das Ost-West-Phänomen sogar noch immer für weitgehend unverstanden. Irgendetwas muss nach der Wende im Osten hinzugekommen sein und für den Anstieg gesorgt haben. Oder etwas ist verloren gegangen.

Noch immer ist sie auf der Suche nach dem Faktor oder den Faktoren, die Allergieschutz bewirken können, sei es einst in den Kinderkrippen inzwischen abgewickelter und vom Ruß befreiter ostdeutscher Industriegebiete oder anderswo. Wir hätten die Geschichte nicht erwähnt, wenn nicht Bakterien zu den ganz heißen Kandidaten zählen würden. Von Mutius hat sie in Kuhställen gefunden.

Dort hatte sich die Forscherin im Jahr 2000 auf die Suche gemacht, nachdem sie und ihre Kollegen zeigen konnten, dass auch Kinder, die auf Bauernhöfen aufwachsen, seltener Allergien und Asthma haben als Kinder aus derselben Region, aber ohne Hofanschluss.[83] Auf 1000 Kinder hochgerechnet litten von denen, die auf einem Hof mit Viehhaltung aufwuchsen, 13 an Heuschnupfen und 30 an Asthma. In der

DESINFEKTIONSKRANKHEITEN

Vergleichsgruppe waren es 49 beziehungsweise 64. Inzwischen wurde dieser Befund mehr als 30 Mal reproduziert, in Österreich und der Schweiz genauso wie in Neuseeland, Kanada und den USA.[84] Überall gibt es den Farmfaktor, der vor Allergien schützt.

Unsere kleine Farm

Nach der Hygiene- nun also die Bauernhof-Hypothese. Oder auch die »Alte-Freunde-Hypothese«, wie es der britische Immunologe Graham Rook vor einigen Jahren formulierte, nachdem klar geworden war, dass es nicht einfach um Hygiene ging. Das Immunsystem muss sich nicht bloß mit Schmutz auseinandersetzen. Es geht höchstwahrscheinlich weniger um individuelle Sauberkeit, etwa wie oft man sich die Haare wäscht. Abgasverseuchte Stadtluft ist als Trainingspartner unserer Immunabwehr vermutlich auch eher ungeeignet – tatsächlich gibt es die Annahme, dass Feinstaub allergische Reaktionen der Atemwege sogar noch verstärkt. Es geht auch eher nicht um das Durchleiden von (Kinder-)Krankheiten, wie man anfangs geglaubt hatte. Vielmehr weist vieles darauf hin, dass der Kontakt mit für uns harmlosen Bakterien entscheidend ist, mit jenen alten Bekannten also, mit denen zusammen Menschen sich über Millionen Jahre Co-Evolution hinweg gemeinsam entwickelt haben. Und Kuhställe oder Kinderkrippen scheinen ideale Begegnungsstätten für Mensch und Mikrobe zu sein.

Laut Rook durchlief die Menschheit zwei große »epidemiologische Übergänge«. Den ersten erlebte sie, als unsere Vorfahren während der Steinzeit anfingen, Tiere nicht mehr nur zu jagen, sondern auch mit ihnen zusammenzuleben. Als sie lernten, sich Wölfe gefügig zu machen, Pferde zu zähmen, Schafe und später auch Rinder zu halten. Es war eine enorme Herausforderung für das frühzeitliche Immunsystem, mit all den neuen Haaren, Körperflüssigkeiten und nicht zuletzt Bakterien und Viren umzugehen. Und es ist gut möglich, dass all dies gerade zu Anfang viele Opfer gefordert hat – was auch eine Erklärung dafür wäre, dass die Menschen in den allermeisten Gegenden weltweit jahrtausendelang auf diese neue, Produktivität und Nahrungsverfügbarkeit deutlich steigernde Form des Wirtschaftens und Haushaltens lieber verzichteten.

Der zweite große Wandel gemäß Rook liegt noch gar nicht so weit

DIE SCHULE DES IMMUNSYSTEMS

in der Vergangenheit, im Grunde vollzog er sich etwa zusammen mit der industriellen Revolution, und im Grunde durchleben wir ihn bis heute. Die Menschen begannen in großen Städten zu wohnen, sie hatten nur noch wenig Kontakt zu Tieren, dafür aber plötzlich sauberes Wasser und sauberes Essen. Reinigungsmittel kamen auf und später dann die Antibiotika. Die ersten Zivilisationskrankheiten ließen nicht lange auf sich warten. Nach vielen Jahrtausenden der Koexistenz mit seinen Mikroorganismen und auch mit größeren Parasiten wie Würmern, verbannte der Mensch innerhalb von etwa zwei Generationen die alten Begleiter weitgehend aus seinem Leben und trauerte ihnen nicht nach. Nur das eigene Immunsystem, das sich an sie gewöhnt hatte, konnte mit dieser Entwicklung wohl nicht mithalten und schafft es bis heute nicht. Die Anpassungsmechanismen der Evolution wurden durch die rasanten sozioökonomischen Veränderungen abgehängt. Das Immunsystem hatte plötzlich deutlich weniger zu tun. Doch wer jahrtausendelang Arbeit hatte, geht nicht einfach in Rente. Er sucht sich eine andere Beschäftigung.

Das Immunsystem hat einen schwierigen Job. Es muss nicht nur Feinde erkennen und bekämpfen, sondern auch Freunde erkennen und in Ruhe lassen. Im Darm wimmelt es von beiden nur so. Dazu kommt noch all die Nahrung, die wir in uns hineinstopfen. Es passiert viel am Grenzübergang Darmschleimhaut, der Darminhalt und Körper voneinander trennt, aber auch einiges in Richtung Blutgefäße passieren lassen muss. Nährstoffe aus dem täglichen Brot müssen durchgewunken werden, und auch wenn mal etwas Unbekanntes vorbeikommt wie ein griechischer Granatapfel, darf dort nicht gleich Chaos ausbrechen. Zellen der Immunabwehr lauern an der Barriere und beargwöhnen alles, was sich nähert. Es könnten ja Schädlinge dabei sein, bei denen die Grenztruppen dann kein Pardon kennen dürfen. Denn sollten die die Barriere durchbrechen, droht Krankheit. Andererseits stellt nicht jede Mikrobe eine Gefahr dar. Die meisten sind nützlich für den Menschen und begleiten ihn seit langer Zeit. Sie haben Bleiberecht, und das Immunsystem muss ihnen gegenüber Toleranz zeigen.

DESINFEKTIONSKRANKHEITEN

Paranoide Wächter

Durch die gemeinsame Entwicklungsgeschichte von Mensch und Mikroben ist das Immunsystem in der Lage, die alten Bekannten von Geburt an zu erkennen. Statt wie irre draufloszuprügeln und eine ausgiebige Entzündung auszulösen, wie es die angemessene Reaktion auf Krankheitskeime wäre, entsteht so etwas wie eine angespannte Stimmung. Man darf ja nicht vergessen, dass die, die wir heute so romantisch als alte Freunde bezeichnen, weil wir mit ihnen und durch sie groß geworden sind, durchaus ihre eigenen Interessen verfolgen, dass ihre Ur-Urahnen vielleicht durchaus echte Feinde unserer Ur-Urahnen waren. Unsere alten Freunde sollten wir vielleicht lieber als strategische Partner in einer Allianz fürs Leben bezeichnen. Es ist besser, wenn man sie nicht völlig arglos gewähren lässt und auf alles vorbereitet ist. Das menschliche Immunsystem ist mindestens genauso paranoid wie die US-Geheimdienste, wenn sie ihre transatlantischen Partner aushorchen.

Die Erkenntnis, dass Bakterien nicht nur einfach als Verdauungshelfer durch den Darm rutschen, sondern unerlässliche und willkommene Trainingspartner für die körpereigene Abwehr sind, dürfte für viele Immunologen ein Schock gewesen sein. Das Immunsystem geht ins Sparring mit den Mikroben. Beim Boxen ist das eine Trainingsform, bei der sich zwei wie beim Wettkampf im Ring gegenüberstehen und nach speziellen Regeln gegeneinander kämpfen, die verhindern sollen, dass sich jemand verletzt. Wer bei einem Sparring auch nur zugeschaut hat, wird wissen, dass, obwohl es nur darum geht, miteinander zu üben, das Adrenalin auf beiden Seiten ins Blut schießt und plötzlich eine Anspannung da ist, als würde es doch um mehr gehen. Dafür sorgt allein schon die Situation: Man steht einem Kontrahenten gegenüber, der gleich versuchen wird, einen – wenn auch bemessen – zu verhauen. Es herrscht keine Kuschelatmosphäre, sondern man kann manchmal Angst und Wut geradezu riechen. Und es kommt vor, dass so eine Trainingsrunde in Schutzkleidung in einer handfesten Auseinandersetzung endet, weil einer der beiden die Kontrolle über seine Instinkte verliert und stärker attackiert, als es angemessen gewesen wäre.

So ähnlich ergeht es wahrscheinlich unserem Immunsystem, wenn es mit Mikroben konfrontiert wird, die es als alte Bekannte erkennt.

DIE SCHULE DES IMMUNSYSTEMS

Es weiß: »Die dürfen hier sein, die tun uns nichts.« Aber anders und fremd und suspekt sind sie doch noch immer irgendwie. Wäre das Immunsystem ein Boxer, würde ihm die Halsschlagader anschwellen. Die Anspannung ist da, aber es wird nicht wild losgeschlagen, dafür sorgen sogenannte regulierende T-Zellen, die der Körper in so einer Lage bildet. Diese Zellen sind enorm wichtig, sie unterdrücken die Aktivierung des Immunsystems und sorgen so für Toleranz. Bildet der Körper nicht genug davon, kann das Immunsystem schneller überreagieren. Das kann der Anfang einer Allergie oder von Asthma sein. Und so können auch Autoimmunerkrankungen beginnen.

Ein Kämpfer bleibt ein Kämpfer. Ab und zu muss eben ein Gegner her, und wenn es nur zu Trainingszwecken ist. Und wenn in unserer keimarmen Welt der echte Gegner fehlt, wird auch schon mal auf harmlose Passanten wie Tierhaare, Graspollen oder Milcheiweiß eingedroschen. Oder gar auf den eigenen Körper.

Die Hauptaufgabe des Immunsystems ist und bleibt die Bereitschaft zum aggressiven, kompromisslosen Kampf gegen Pathogene und andere Unholde. Neben der Toleranz gegenüber den alten Freunden muss es Wachsamkeit gegenüber schädlichen Keimen demonstrieren. Aber den Guten im Darm muss es das Leben auch so gemütlich machen, dass die Bösen keinen Platz finden. Es muss Mutter Teresa und Lara Croft (oder, um beim Boxen zu bleiben: Regina Halmich) in einer Person sein. Wie gesagt, ein schwieriger Job.

Gluten und andere Unverträglichkeiten

Das Immunsystem braucht die Guten im Darm aber eben auch als Sparringspartner. Man muss es so deutlich sagen: Wenn nicht alles Kokolores ist, was in den vergangenen zehn Jahren herausgefunden wurde, dann verwerten diese Bakterien nicht nur für uns sonst unverdauliche Nahrung, sondern kontrollieren und trainieren auch unser Immunsystem. Wenn sie nicht da sind, haut es unkontrolliert zu. Wenn sie am Anfang unseres Lebens nicht unseren Körper besiedeln oder Antibiotika sie später auslöschen, dann werden entsprechende Schalter nicht umgelegt und das Immunsystem wird hyperempfindlich. Dann geht es mitunter auch auf den eigenen Körper los, flippt aus, wenn es mit Pollen oder Milch in Kontakt kommt, oder beginnt einen Krieg, wenn etwas Weizeneiweiß, Gluten, den Körper betritt.

DESINFEKTIONSKRANKHEITEN

Zöliakie ist die extreme Form der Glutenunverträglichkeit. Die Zahl der Menschen wächst beständig, bei denen sie diagnostiziert wird. Sie reagieren entlang des ganzen Spektrums von Bauchgrimmen über Verschwinden der Darmzotten letztlich bis hin zu Krebsgeschwüren auf das Protein, das auch in den mit Weizen eng verwandten Getreidesorten und in Roggen und Gerste steckt. Dabei galt die Krankheit eigentlich als gut verstanden. Ein Zusammenspiel aus genetischer Prädisposition und dem Allergen Gluten sorgt dafür, dass sich die Darmwand stark entzündet und die Immunabwehr auch körpereigene Strukturen angreift, in extremen Fällen auch jenseits des Darmes. Auf diese Weise lässt sich jedoch nicht erklären, wieso die Zahl der Fälle in den vergangenen Jahren steigt. Wir würden das Beispiel nicht bringen, wenn nicht Darmbakterien etwas damit zu tun haben könnten.

Ein Vergleich zwischen finnischen und russischen Kindern führte auf die Spur. Heikki Hyöty von der Universität von Tampere in Südfinnland hatte herausgefunden, dass auf der finnischen Seite der Grenze etwa eines von 100 Kindern an Zöliakie leidet, auf der russischen Seite war zum Zeitpunkt der Untersuchung vor bald zehn Jahren jedoch nur eines von 500 Kindern betroffen. Genetisch sind beide Gruppen einander sehr ähnlich, weil erst die Grenze, die 1947 durch die Provinz Karelien gezogen wurde, die zwanglose Durchmischung bremste. Die Erbanlagen taugen somit kaum als Erklärung für die unterschiedliche Erkrankungsrate, genauso wenig wie eine unterschiedliche Ernährungsweise. Die russischen Kinder aßen sogar deutlich mehr Weizen als die Finnen. Bei anderen Erkrankungen des Immunsystems zeigen sich ähnliche Unterschiede zwischen den beiden Gruppen. Es sind immer die Finnen, die es häufiger trifft.

Hyöty vermutet, dass die russischen Kinder durch etwas Ähnliches geschützt wurden wie die Kinder in Ostdeutschland vor der Wende. Staub- und Wasseranalysen offenbarten, dass russische Kinder einer sehr viel größeren Zahl von Bakterien ausgesetzt waren als finnische. »Es ist eine sehr entlegene Region Russlands. Sie leben wie Finnen vor 50 Jahren.«[85] Für die Entwicklung des Immunsystems scheint das nur gut zu sein.

Artenarmut herrscht nicht nur in den finnischen Kinderzimmern, sondern auch im Darm von Zöliakiepatienten. Noch kann niemand sagen, ob das Folge oder Ursache der Erkrankung ist. So geht zum

Beispiel die Zahl der Bifidobakterien zurück, und aggressivere machen sich breit, die die Entzündung im Darm noch befeuern. Bifidobakterien bekommen Säuglinge mit der Muttermilch übertragen – wenn sie denn gestillt werden. Bekommen sie stattdessen die Flasche, dann fehlt ein Stück des Fundaments, auf dem die Immunabwehr normalerweise aufbaut. Und es geht längst nicht nur um fehlenden Kontakt mit mikrobiellen Wohltätern. Unsere moderne Nahrung sorgt genauso für eine Verarmung des inneren Biotops wie manche Arzneimittel, die wir nehmen.

Die einfache Schlussfolgerung aus all diesen Befunden wäre, wieder für mehr Begegnungsmöglichkeiten zwischen uns und unseren alten mikrobiellen Bekannten zu sorgen. Doch leider scheint ein Urlaub auf dem Bauernhof nicht auszureichen, um unser Immunsystem darin zu trainieren, richtig Maß zu halten mit seinen Kräften und sie nicht zerstörerisch gegen den eigenen Körper zu richten. Das Dumme an der ganzen Sache ist, dass noch niemand überhaupt weiß, wer die richtigen Trainingspartner sind. Immerhin gibt es ein paar Kandidaten.

Die Rohmilch macht's

Ein paar von ihnen fanden von Mutius und ihre Kollegen eben auf Bauernhöfen. Die Entdeckerin des deutsch-deutschen Allergie-Paradoxons arbeitet heute als Professorin für Pädiatrische Allergologie an der Universität München und ist Mit-Koordinatorin eines Großprojekts, an dem sich mehr als hundert Forscher aus über 15 Ländern beteiligen und von dem inzwischen erste Ergebnisse vorliegen. Es geht selbstverständlich darum, den geheimnisvollen Faktor zu finden, der Bauernkinder vor Allergien schützt. Die Wissenschaftler verteilten Staubsammler an die teilnehmenden Familien. Kindermatratzen gelten als besonders gute Begegnungsstätte zwischen dem jungen Immunsystem und den alten Bakterien. 8000 davon wurden mit Spezialgeräten abgesaugt und der Inhalt der Staubbeutel untersucht. Die Forscher kratzten Dreck von den Stallwänden und nahmen Proben vom Frühstückstisch, wenn die Kinder Milch direkt vom Bauernhof zu sich nahmen. Nach den Auswertungen können sie bisher zwei Namen nennen: Das Bodenbakterium *Acinetobacter lwoffii* und der Milchsäurekeim *Lactococcus lactis* scheinen geeignete Trainingspart-

DESINFEKTIONSKRANKHEITEN

ner für unser Immunsystem zu sein. Die Untersuchung hat zusätzlich aber auch gezeigt, wie man sich als Kind am besten verhalten sollte, um diesen Schutz abzubekommen – nämlich sich regelmäßig im Stall aufhalten und unbehandelte Milch trinken. Dann ist das Allergie- und Asthmarisiko am geringsten.

Eine Lösung für das Allergieproblem ist das allerdings noch nicht. Rohmilch zu trinken ist mit dem Risiko verbunden, sich auch lebensgefährliche Keime einzufangen. Und den besten Schutz haben Kinder, deren Mütter bereits während der Schwangerschaft täglich in Stall und Scheune gearbeitet haben und außerdem unbehandelte Milch tranken. Das Immunsystem braucht seine Trainingseinheiten offensichtlich sehr früh im Leben, später wird es schwieriger, es wieder zu bändigen.

Weil pasteurisierte und homogenisierte Milch diesen Effekt nicht hat, gingen die Forscher davon aus, dass die Schutzfunktion auf in der Milch enthaltenen Bakterien beruht. Zu ihrer Überraschung mussten sie aber feststellen, dass es in Wirklichkeit Proteine in der Milch sind, die den Schutzmechanismus in Gang setzen. Durch die industrielle Verarbeitung werden die jedoch zerstört. Von Mutius hofft deshalb auf ein neues Sterilisationsverfahren, das gefährliche Keime zuverlässig tötet, ohne die Eiweiße zu degradieren. Sollte das nicht funktionieren, könnte man noch nach einem Weg suchen, die Proteine vor der Pasteurisierung abzutrennen und sie später wieder hinzuzusetzen. Allein dadurch ließe sich, so die Schätzung der Forscher, zumindest das Asthmarisiko bei Kindern fast halbieren.

Es blieben dann, wenn die Halbierungsschätzung stimmt, noch immer sehr viele Patienten übrig, aber immerhin. Zudem werden, bis ein entsprechendes Verfahren vielleicht einmal eingesetzt werden kann, auch im günstigsten Fall noch einige Jahre vergehen. Nicht viel schneller dürfte es mit einer Markteinführung von medizinisch erprobten Produkten mit den beiden Stallbakterien *Acinetobacter lwoffii* und *Lactococcus lactis* klappen. Deren allergieprophylaktisches Potenzial wird derzeit von dem Gelsenkirchener Unternehmen Protectimmun erforscht. Im Tierversuch sieht das Mittel vielversprechend aus, aber das muss leider nicht viel bedeuten. Je nachdem, welcher Statistik man glaubt, kommt nur zwischen einem von zehn und einem von 200 Wirkstoffen, die im Tierversuch so gut aussehen, dass sie weiter

DIE SCHULE DES IMMUNSYSTEMS

entwickelt werden, schließlich auf den Markt. Auch ein universell wirksames Probiotikum, das gegen Allergien hilft, ist derzeit nicht in Sicht.

Doch es gibt weitere Kandidaten, die vor Allergien und Autoimmunleiden schützen sollen. Der New Yorker Mediziner Martin Blaser glaubt, dass der Magenkeim *Helicobacter pylori* Kinder vor Asthma schützen kann. Er hält seine Daten für so zuverlässig, dass er bereits vorschlägt, Kinder, die es sich nicht schon auf natürlichem Wege eingefangen haben, das Bakterium schlucken zu lassen. Das Risiko, später im Leben an einem durch die Mikroben verursachten Magengeschwür oder Magenkrebs zu erkranken, müsste man dann beim erwachsenen Menschen mit ausgebildetem Immunsystem per Antibiotikakur beseitigen – nachdem der Keim seine Immunschulungs-Schuldigkeit getan hat.

H. pylori scheint auch vor Multipler Sklerose und vor durch ein fehlgeleitetes Immunsystem bedingtem Darmleiden wie Morbus Crohn zu schützen. Berichte über das Ausbrechen von Autoimmunkrankheiten unmittelbar nachdem die Bakterien durch Antibiotika getötet worden waren, stützen die Hypothese. Aber es gibt auch widersprechende Befunde, nach denen *H. pylori* zur Entstehung von Parkinson und Herzleiden beitragen kann. Es scheint bei diesem Bakterium kein klares Gut oder Böse zu geben. Und natürlich ist sein Einfluss auch von den Genen des jeweiligen Menschen abhängig und von den übrigen Bakterien im Körper. Denn so mächtig *H. pylori* zu sein scheint, das Bakterium ist kein Alleinherrscher im Bauchraum.

Die Redundanz der Gemüsesuppe

Von Mutius vergleicht das Immunsystem gerne mit einer Gemüsesuppe. Jeder Mensch mag sie ein bisschen anders, aber es gibt grundlegende Zutaten. Zwiebeln oder Schalotten dürfen zum Beispiel nicht fehlen, aber damit die Suppe schmeckt, ist es gleichgültig, welche der beiden Zutaten drin ist, Hauptsache ein Lauchgewächs fehlt nicht. Ob die Immunsystem-Suppe bei allen Teilen so flexibel ist? Von Mutius glaubt genau das: »Ich halte es für ein redundantes System«, sagt sie. Demnach wäre es egal, ob nun ein *Acinetobacter lwoffii* das Immunsystem trainiert oder ein anderer Keim mit ähnlichen Eigenschaften, Hauptsache, irgendeiner übernimmt die Aufgabe. Gut möglich ist auch, dass der eine Keim bei einem Menschen, abhängig von dessen genetischer Ausstattung und seiner Lebensweise und seinen anderen mikrobiellen Mitbewohnern, besser funktioniert als bei einem anderen, der andere Zutaten mitbringt.

Bei allen bisherigen Untersuchungen zur Interaktion zwischen Immunsystem und Mikrobiom wird allerdings deutlich, dass die entscheidenden Begegnungen sehr früh im Leben stattfinden. Auch später gibt es mit Sicherheit noch Möglichkeiten, Einfluss zu nehmen. Nur weiß niemand bislang so recht, wie.

Momentan lässt sich noch nicht einmal sagen, wie spezifisch die Reaktionen des Immunsystems überhaupt sind. In Studien heißt es oft, dass diese Bakterien oder jener Parasit gegen Asthma, Allergie oder Autoimmunkrankheit X oder Y helfen könnten. Es klingt dann immer so, als könnten nur genau die Genannten dies. Martin Blaser etwa glaubt an die besondere Funktion von *Helicobacter pylori*. Vielleicht ist dieses Bakterium tatsächlich etwas ganz Besonderes. Vielleicht kann es das, was es kann, aber auch nur in Zusammenarbeit mit anderen Mikroben, die bislang noch niemand kennt oder in ihrer Funktion erkannt hat.

Viele Forscher glauben wiederum, dass *Faecalibacterium prausnitzii* eine besondere Rolle spielen müsste, weil es massenhaft in unserem Darm lebt und wichtige Stoffwechselaufgaben übernimmt. Es macht schätzungsweise fünf Prozent der gesamten Bakterienmasse aus. Eine deutlich gesenkte Anzahl wird von vielen Studien mit der Entstehung verschiedenster Krankheiten in Verbindung gebracht.[86] Umgekehrt kuriert *F. prausnitzii* in Tierversuchen Darmleiden. Wieder so ein vielversprechender Kandidat.

Vieles deutet aber darauf hin, dass es zumindest in den allermeisten Fällen nicht nach dem »Eine-Mikrobe-eine-Funktion«-Prinzip funktioniert, sondern dass, wie von Mutius es vermutet, alles redundant bestückt ist. Es sieht so aus, so beschreibt es der Mikrobenforscher Jeffrey Gordon von der Washington University in St. Louis, als würde es im menschlichen Körper verschiedene Arbeitsplätze geben, die jeweils von verschiedenen bakteriellen Mitarbeitern besetzt werden können. Die Arbeitsplatzbeschreibung ist mal mehr, mal weniger speziell, aber es wäre unwahrscheinlich, dass es immer nur genau eine

Mikrobenart geben sollte, die zu einem bestimmten Effekt führt. Oder nur eine zwiebelartige Pflanze, die in eine Suppe passt.

Alles ist möglich

Dirk Haller, Ernährungsphysiologe von der TU München, hält es sogar für möglich, dass es völlig egal ist, welches Bakterium die jeweilige Aufgabe im Immuntraining übernimmt. »Vielleicht braucht es nur irgendeinen mikrobiellen Trigger.« Das genüge der zellulären Mustererkennung, »der es gleichgültig ist, ob das Bakterium, das da gerade gesichtet wurde, jetzt *Faecalibacterium prausnitzii* heißt oder irgendwie anders«. Ein Test des niederländischen Professors für bakterielle Metagenomik der Universität Wageningen, Michiel Kleerebezem, scheint das zu bestätigen. Er ließ per Endoskop bei gesunden Versuchspersonen vollkommen harmlose Milchsäurebakterien auf die Dünndarmwand auftragen und konnte beobachten, dass die Schleimhaut mit einer kleinen Entzündung an der Stelle reagierte. Für Haller ist das ein Beleg für eine Theorie, die er seit seiner Doktorarbeit vor mehr als einem Jahrzehnt verfolgt. Sein erster Fachartikel trug sinngemäß den Titel: »Nicht-pathogene Bakterien aktivieren das Darmepithel.«[87] »Ich hätte mir die Kommentare aufheben sollen, die wir damals bekamen, die haben uns durch den Fleischwolf gedreht«, erinnert er sich. Zu jener Zeit war die Bedeutung des Epithels als nicht nur grob physikalische, sondern auch komplex molekulare Barriere zwischen der Außenwelt im Darm und der Innenwelt des Körpers noch kaum verstanden. Von harmlosen Bakterien dachte man, dass sie einfach durch den Darm treiben und weiter nichts tun als vielleicht an ein paar Pflanzenfasern zu knabbern. »Die Gutachter haben uns gefragt, warum wir nicht alle krank seien, wenn nicht-pathogene Bakterien das Darmepithel aktivieren, und wir konnten das damals nicht beantworten.«

Erst allmählich macht sich die Erkenntnis breit, dass die kleine Immunantwort auf die freundlichen Bakterien, jenes Sparring im Darmring, von enormer Bedeutung sein könnte. »Es sieht so aus, als würde so ein Barriere-Organ ein bisschen Stimulation brauchen, um Abwehrfunktionen hochzuregulieren«, sagt Haller.

Es wäre ein Paradigmenwechsel. Bislang war es gemäß der gängigen Theorie allein den Infektionserregern vorbehalten, Entzündungen im

DESINFEKTIONSKRANKHEITEN

Darm zu entfachen. »Das ist ja auch für jeden nachvollziehbar: Ein Krankheitskeim greift an, das Immunsystem bereinigt das. Niemand wollte wahrhaben oder hat verstanden, wie eine nicht-pathogene Bakterienschar, die im Darm herumhängt, den Darm entzündlich aktivieren soll und was für einen Mehrwert das haben soll«, sagt Haller. Er möchte jetzt herausfinden, welche Bakterien diese Aktivierung vornehmen können. »Ist es *Lactobacillus plantarum* oder *Faecalibacterium prausnitzii*? Sind die dramatisch unterschiedlich oder brauche ich nur ein Set von Molekülen, die von den Darmzellen erkannt werden?« Er habe lange Zeit geglaubt, dass es egal sei. »Inzwischen bin ich mir da nicht mehr so sicher. Es ist alles möglich. Es ist absolut in der Luft.«

Auch warum Ostkinder früher weniger Allergien hatten als ihre Cousins und Cousinen, deren Eltern zu Weihnachten Westpakete schickten, ist noch nicht endgültig geklärt und damit »in der Luft«. Aber eine Hypothese kann man zumindest getrost vergessen: Am sozialistischen Bruderkuss, wie ihn etwa Breshnew und Honecker immer zelebrierten, und den dabei übertragenen Bakterien hat es sicher nicht gelegen. Denn den fanden wir Zonenkinder (einer der Autoren dieses Buches ist ein solches) dann doch zu eklig, um ihn nachzumachen.

Nicht in der Luft ist das Thema des nächsten Kapitels, denn dafür wiegt es etwas zu viel.

13 ÜBERGEWICHT, DIABETES UND DER EINFLUSS DER MIKROBEN

Je nach Artzusammensetzung können die Darmbakterien viel oder weniger Energie aus der Nahrung ziehen. Das kann schwerwiegende Folgen haben.

Selbst in der einsamsten Küche in dunkler Nacht – wirklich allein essen wir nie. Immer mit dabei sind die unsichtbaren Mitbewohner in unserem Darm, ohne die wir ziemlich aufgeschmissen wären, wenn es um die Verwertung unserer Nahrung geht. Sie helfen uns zu überleben. Aber sie können uns auch Probleme bereiten. Ernste Probleme. Und schwerwiegende.

Durch eine überwältigende Zahl von Studien zeichnet sich inzwischen ab, dass unser zweites Genom, bestehend aus den kollektiven Erbanlagen aller in und auf uns lebenden Bakterien, mindestens so bedeutsam ist wie unsere eigenen Gene, wenn es darum geht, ob wir im Laufe unseres Lebens ein gesundheitsschädlich dickes Fettpolster zulegen und vielleicht Stoffwechselkrankheiten wie Diabetes entwickeln.

Mit einem eigentlich recht einfachen Experiment demonstrierte Fredrik Bäckhed im Jahr 2004 zum ersten Mal, wie bedeutsam die Hilfe der Mikroben für die Ernährung tatsächlich ist.[88] Damals war Bäckhed noch wissenschaftlicher Mitarbeiter in Jeffrey Gordons Labor an der Washington University School of Medicine in St. Louis, Missouri. Gordon wiederum ist ein, wenn nicht der, Wegbereiter der Mikrobiomforschung. Viele seiner Kollegen glauben, dass er allein für sein bisheriges Schaffen einen Medizin-Nobelpreis verdient hätte – 2013 bekam er zumindest schon einmal den Robert-Koch-Preis in Berlin verliehen. In diesem Labor also zog der Jungforscher Bäckhed vollkommen sterile Mäuse heran. Steril im Sinne von keimfrei, denn fortpflanzen können sich diese Tiere schon. Sie werden per Kaiserschnitt entbunden und sofort in einen sterilen Käfig gesetzt, der in einem sterilen Zelt, dem Isolator, steht, in dem steril gefilterte Luft zirkuliert. Sie leben in einer Blase und werden deshalb auch Bubble-Mäuse genannt. In ihrer keimfreien Umgebung bekommen sie ausschließlich zuvor bei hohen Temperaturen und großem Druck sterilisiertes Futter. Wegen der fehlenden Auseinandersetzung mit fremden Keimen haben diese Tiere ein schlecht entwickeltes Immunsystem, in ihrer Brust schlagen schwächere Herzen, ihre Darmwände sind dünn, und natürlich sind sie sehr anfällig für Krankheitserreger. Sie brauchen mehr Futter, um ihr Gewicht stabil zu halten. Man kann sagen: Ohne ihre natürlichen mikrobiellen Mitbewohner geht es ihnen nicht besonders gut.

Bereits der direkte Vergleich mit innen wie außen von Mikroorganismen bevölkerten Artgenossen zeigte den Forschern, welche Leistung die Lebensgemeinschaft im Darm vollbringt. Die sterilen Tiere hatten 42 Prozent weniger Fett unter der Haut als die normalen, normalgewichtigen – und das, obwohl sie fast ein Drittel mehr von dem sterilisierten Futter fraßen.

Smithii führt Regie

Für ein Kontrollexperiment beimpfte Bäckhed sterile Mäuse mit Proben aus dem Blinddarm von unsteril aufgewachsenen Tieren. Er löste ein wenig von dem Darminhalt in etwas Flüssigkeit auf und pinselte die Mischung auf das Fell der Empfängertiere. Beim regelmäßigen Putzen gelangen Bakterien innerhalb weniger Stunden ins Körperinnere und schließlich auch in den Darm der Tiere. Allein das ist schon bedenkenswert: Ein Hygieneverhalten, von dem man vordergründig annehmen könnte, dass es allein der äußeren Säuberung dient, dient auch der inneren Besiedlung. Unter natürlichen Bedingungen gelangt auf diese Weise stetig Bakteriennachschub in den Darm.

Nachdem die Tiere sich geputzt hatten, waren sie bald komplett mit Darmbakterien besiedelt. Binnen weniger Tage begannen die ehemals keimfreien Mäuse, ihr Futter besser zu verdauen, sie entzogen ihm mehr Energie und begannen Fettdepots anzulegen, ohne jedoch mehr zu fressen. Nach nur zwei Wochen waren sie genauso fett wie ihre normal aufgewachsenen Artgenossen. Männliche Tiere legten fast 60 Prozent Fettmasse zu, bei einigen weiblichen Tieren waren es sogar bis zu 85 Prozent. Gleichzeitig verloren diese Versuchstiere etwas Muskelmasse, wodurch sie im Durchschnitt fast genauso viel wogen wie normale Labormäuse.

Das Experiment zeigte zum ersten Mal, wie bedeutsam die Mikroben für den Aufschluss der Nahrung sind. Ohne sie müssten Mäuse, und auch wir, mehr essen, um zu überleben. Jede Bakterienart ist mit eigenen biochemischen Eigenschaften ausgestattet, die sie mit an den Tisch bringt und die jene der menschlichen Zellen ergänzen. Im Darm läuft aber auch eine Vielzahl von chemischen Umwandlungsprozessen ab, für die kein Zutun einer menschlichen Zelle notwendig ist.

Bäckhed und seine Kollegen gingen noch einen Schritt weiter und zeigten, was schon eine einzige Mikrobenart auszurichten vermag. Das Bakterium, das sie testeten, trägt den Namen *Bacteroides thetaiotaomicron*.[89] Bakterien der Gattung *Bacteroides* zählen zu den häufigsten auch im menschlichen Darm, und *B. theta*, wie diese Spezies der Einfachheit halber genannt wird, ist zahlenmäßig sehr stark vertreten in menschlichen Stuhlproben. Im Darm ist die Mikrobe hilfreich, gelangt sie aber irgendwo anders hin im Körper, so macht sie uns krank. Oft ist sie zum Beispiel für Wundinfektionen verantwortlich, manchmal kommt es sogar zu einer Blutvergiftung. Wenn es aber darum geht, pflanzliches Material zu verdauen, hat die Mikrobe geradezu fantastische Eigenschaften. Das liegt unter anderem daran, dass sie Schätzungen zufolge über mehr als einhundert Enzyme verfügt, die langkettige Pflanzenmoleküle aufspalten können – vor allem solche, die auch in der menschlichen Nahrung vorkommen. Menschliche Zellen selbst haben keine Möglichkeit, diese Nährstoffe aufzuschließen. Erst die Bakterien machen sie verfügbar, ansonsten würden sie unverdaut durch den Körper wandern und ihm komplett entgehen.

Wenn Bäckhed keimfreie Mäuse ausschließlich mit *B. theta* besiedelte, nahmen die Tiere auch zu, allerdings nicht so drastisch wie bei der Transplantation eines ganzen Mikrobioms. In einem späteren Versuch konnte Jeffrey Gordon dann zeigen, dass sich die Verdauungsleistung noch deutlich steigern lässt, wenn man gleichzeitig mit *B. theta* noch Mikroben der Art *Methanobrevibacter smithii* ansiedelt.[90] *M. smithii* gehört zu den Archaeen. Die hießen bis vor nicht allzu langer Zeit noch Archaebakterien, gelten inzwischen aber als eigenständige Domäne, mit den Bakterien einerseits und den zellkernbesitzenden Lebewesen andererseits als den beiden weiteren Domänen.[91] Sie sind entwicklungsgeschichtlich sehr alt. Ihre Vertreter leben häufig an unwirtlichen Stellen wie etwa heißen Quellen und haben oft fantastische Widerstandskräfte gegen Säuren, Salz oder hohe Temperaturen. Zahlenmäßig tritt dieser Agent S*mithii* im Darm zwar bescheiden auf, aber seine Anwesenheit hat möglicherweise einen großen Effekt. Er lebt von den Ausscheidungsprodukten anderer Bakterien und produziert daraus energiereiche Verbindungen, die die Darmwand aufnehmen kann. Bei Menschen, die an Magersucht leiden, taucht das Bakterium vermehrt im Stuhl auf.[92] Das könnte bedeuten, dass es auf Mangelsituationen spezialisiert ist und dann seinen großen Auftritt hat, wenn die meisten der anderen Bakterien schon streiken – oder vom Experimentator gar nicht erst ins Rennen geschickt werden. So geschehen bei den Mausversuchen. Konnten sich nämlich beide Bakterienarten, also *M. smithii* und *B. theta*, im Darm der Versuchstiere gleichzeitig über die Nahrung hermachen, nahmen die Tiere zehn oder mehr Prozent mehr Gewicht zu als Mäuse, die nur mit einer Sorte Mikroben besiedelt worden waren.

Kleiner Unterschied, große Wirkung

All diese Beobachtungen werfen natürlich eine Frage auf: Wenn Bakterien dabei helfen, dass Mäuse und Menschen nicht verhungern – und wenn sie das sogar so gut machen, dass Mäuse dick werden –, können sie das auch beim Menschen? Können sie einem Menschen also mehr Energie verschaffen, als gesund und ihm lieb ist?

Es sieht ganz danach aus.

Man könnte sagen, dass Bäckhed und Gordon die mikrobielle Grundlage dafür gefunden haben, dass es bei Tieren und bei Menschen jene sprichwörtlichen guten und schlechten Futterverwerter gibt. Wenn auf einer Packung Kekse gedruckt steht, dass jedes Gebäckstück 180 Kilokalorien liefert, dann bedeutet das noch lange nicht, dass auch jeder Körper diese Energiemenge daraus extrahieren kann. Der Wert wird im Labor ermittelt und beruht auf ein paar Schätzungen. In der Realität kann ein Mensch vielleicht wirklich die vollen 180 Kilokalorien verwerten, dann gilt er als ein guter Futterverwerter

ÜBERGEWICHT, DIABETES UND EINFLUSS DER MIKROBEN

und seine bakteriellen Mitbewohner tragen ihren Teil dazu bei. Ein anderer Keksesser bekommt aber vielleicht nur 160 Kilokalorien heraus, und der nächste sogar nur 120. Natürlich beeinflussen auch die Erbanlagen, wie gut wir Nahrung verwerten, und vielleicht ist der Einfluss der Gene größer als der der Mikroben. Doch selbst eineiige Zwillinge unterscheiden sich in der Nahrungsverwertung, und das lässt sich am ehesten mit Unterschieden in ihren Mikrobiota erklären. Selbst wenn durch die Arbeit der Bakterien dem Wirtskörper nur jeden Tag 100 zusätzliche Kilokalorien zur Verfügung stehen, eine Energiemenge, die in 14 Gramm Butter enthalten ist, kann sich das im Lauf der Zeit zu einer stattlichen Fettschicht addieren.

Es musste nur noch jemand nachschauen, ob sich die Mikrobiota von dicken und dünnen Menschen unterscheiden. Dieser Aufgabe widmeten sich verdienstvollerweise wieder Jeffrey Gordon und sein Team. Ausgerechnet zum Weihnachtsfest des Jahres 2006 veröffentlichten sie ihre Resultate. Die dürften bei vielen Menschen dafür gesorgt haben, dass ihnen das Weihnachtsessen besser geschmeckt hat.[93] Endlich schien ein Übeltäter ausgemacht, den man für das eigene Übergewicht in Haftung nehmen konnte. Besser gesagt: Billionen Übeltäter.

Gordon und seine Leute hatten eine Volkszählung in Därmen von stark übergewichtigen Mäusen veranstaltet. Diese Tiere legen, wenn sie unbegrenzten Zugang zu Futter haben, enorme Fettpolster an, weil ihre Körper wegen einer Mutation das Hormon Leptin nicht produzieren können. Das ist unter anderem dafür zuständig, den Appetit zu drosseln, wenn man genug gegessen hat. Solche Tiere sind also eigentlich nie satt. Die Bakterienmischung im Darm der dicken Mäuse unterschied sich dramatisch von der normalgewichtiger Tiere. Im Vergleich zu schlanken beherbergen dicke Mäuse nur halb so viele Bakterien, die zur Gruppe der *Bacteroidetes* gehören, wie der schon bekannte *B. theta*. Dafür leben in ihnen fast doppelt so viele Bakterienarten, die zu den *Firmicutes* zählen, darunter Mikroben der Gattungen *Lactococcus*, *Bacillus* oder *Clostridium*. Das gleiche Bild fanden die Forscher in den Stuhlproben von übergewichtigen und schlanken Menschen. So augenfällig der Unterschied aber auch sein mag, bis heute ist nicht klar, warum dicke Mäuse von *Firmicutes* bevölkert werden und schlanke von *Bacteroidetes*.

DESINFEKTIONSKRANKHEITEN

Mindestens genauso spannend ist die Frage, ob diese Mengenverschiebungen Ursache oder Folge des Übergewichts sind. Auf sie gibt es inzwischen eine Antwort.

Gordon und seine Mitarbeiter übertrugen Stuhlproben von übergewichtigen sowie von schlanken Mäusen in keimfrei aufgezogene Tiere. Gefüttert mit einem fettreichen Futter, legten die Nager, die das Mikrobiom von dicken Mäusen geimpft bekommen hatten, deutlich schneller und mehr Masse zu als die Vergleichstiere. Das funktionierte sogar, wenn die Stuhlprobe nicht von einer fetten Maus, sondern von einem stark übergewichtigen Menschen stammte. Und weil eine solche Beobachtung einen zwar zum Staunen bringt, aber noch keine biologischen Mechanismen erklärt, analysierten die Forscher noch die kollektiven Erbanlagen der Mikrobiota der beiden Gruppen unterschiedlich dicker Tiere. Und wahrscheinlich waren sie sehr froh, dass ihr Ergebnis ins Bild passte: Sie fanden in den Kotproben der dicken Mäuse massenhaft Bakteriengene, die Bauanleitungen für Enzyme enthalten, die Pflanzenstoffe zerlegen können, mehr jedenfalls als in den Proben von schlanken Tieren. Gleichzeitig schaffen es die Bakterien sogar, auch die Gene der Wirte irgendwie so zu steuern, dass ihre Zellen die zusätzlich von den Bakterien bereitgestellte Energie in Form von verwertbaren Nährstoffen aufnehmen und einlagerten. Geht man davon aus, dass es beim Menschen ähnlich ist, dann macht das pro Tag oder Mahlzeit zwar nur ein paar Kalorien aus, doch über Jahre und Jahrzehnte hinweg können diese sich doch auf der Waage bemerkbar machen.

Aus menschheitsgeschichtlicher Sicht ergibt das alles einen Sinn. Über Jahrmillionen hinweg haben sich Mensch und Mikrobe parallel und gemeinsam und in steter Gegenseitigkeit entwickelt. Sie mussten miteinander immer wieder durch karge Zeiten gehen, und wenn es nur der Winter war, den es einmal im Jahr zu überstehen galt. Da war es lebensrettend, biochemische Mechanismen zu entwickeln, um in üppigen Zeiten Nahrungsenergie für magere Monate zu speichern. Ohne Feuer oder Zentralheizung, ohne Konservendose und Welthandel war es ein evolutionärer Vorteil, dick werden zu können – und die Gefahr dauerhaft krankhaften Übergewichts war eher gering ohne Cola und Tiefkühlpizza. Unsere erfolgreichen Vorfahren überstanden den unvorhersehbaren Wechsel von guten und schlechten Zeiten nur, indem ihr Körper Speicher anlegte, die er bei Not aufzehren konnte. Dick werden zu können war einmal überlebenswichtig. Oder im evolutionsbiologischen Jargon gesprochen: Es war »adaptiv«, es erhöhte die »Fitness«. Gute Futterverwerter hatten gute Überlebens- und damit Fortpflanzungschancen. Sie gaben ihre Gene besonders erfolgreich an die nächste Generation weiter, und auch ihre Bakterien.

Früher Überlebensvorteil, heute Bedrohung

Heute ist es mit diesem Fitnessvorteil fast überall auf der Welt dahin, abgesehen von den Gegenden, wo Leute immer noch häufig und regelmäßig zu wenig zu essen haben. Aber wir allesamt tragen noch immer einen Großteil der alten, eifrigen Bakterienschar mit uns herum, die uns mit Nährstoffen versorgt, als würde es morgen nichts mehr geben. Was früher das Überleben gesichert hat, kann in Zeiten, in denen hochkalorische Nahrung permanent verfügbar ist, fatal sein. Die dauerhafte Vorratshaltung unter der Haut führt zu Problemen, die deutlich über die Bundweite der Hose hinaus reichen. Sie bringt den gesamten Stoffwechsel durcheinander und kann so zu allerhand mit Übergewicht assoziierten Erkrankungen führen, zum Beispiel Diabetes. Das zumindest besagen einige populäre und gut begründete Theorien.

Darmbakterien können indirekt gleich über zwei Wege zur Entstehung der Zuckerkrankheit beitragen. Kurzkettige Fettsäuren, die Mikroben verschiedenster Arten als Abfallprodukte herstellen, sind für den Körper ein Signal, dass gerade eine gute Gelegenheit ist, Reserven anzulegen. Die wachsenden Speicher reagieren bei vielen Menschen aber mit der Zeit immer schwerfälliger auf das Enzym Insulin, das die Zuckeraufnahme in die Körperzellen reguliert. Irgendwann verliert es fast vollständig seine Wirkung, was dann Diabetes bedeutet. Und dann gibt es noch die Theorie, dass eine besonders fettreiche Ernährung das Darmepithel, jene Barriere, die die Bakterien und ihre Stoffwechselprodukte daran hindert, den Körper zu fluten, durchlässig macht für chemische Verbindungen und sogenannte Endotoxine, die von den Bakterien produziert werden. Durch den Kontakt mit den Fremdstoffen gerät die körpereigene Immunabwehr in Alarmbereitschaft und entfacht überall im Gewebe kleine Entzündungsherde, die schließlich ebenfalls zu Insulinresistenz führen können. Ist es erst einmal so weit, dass der Körper Diabetes entwickelt hat, wirkt sich das auch wieder auf die Bakterien aus, die ihn bevölkern. Und das nicht nur im Darm. Zu den schweren Komplikationen bei Diabetes zählen schlecht heilende Hautläsionen. Nach zahlreichen Untersuchungen kommt die Dermatologin Elizabeth Grice zu dem Schluss, dass hoher Blutzucker die Bakterienmischung, die normalerweise auf der Haut lebt, verändert und so verhindert, dass kleine Verletzungen normal heilen.[94]

Tierversuche haben den Stoffwechselforscher Patrice Cani von der Katholischen Universität im belgischen Louvain zu der Einschätzung gebracht, dass es ein Zuviel an Fett ist, das die Darmbarriere porös macht. Und er glaubt, dass es Lipopolysaccharide (LPS) sind, die das Immunsystem des Wirts in Aufruhr versetzen. Bei ihnen handelt es sich um Bestandteile der Hüllen einiger Bakterienarten. Im Tierversuch ist die Wirkung dieser Endotoxine beeindruckend: Injiziert man sie keimfreien Mäusen, dann entwickeln sie eine Insulinresistenz und werden übergewichtig.

Inwieweit diese Beobachtungen auf den Menschen übertragbar sind, wird die Forscher noch auf Jahre beschäftigen. »Das ist extrem kontrovers«, sagt der Ernährungsphysiologe Dirk Haller von der Technischen Universität München, der 2013 einen Sonderforschungsschwerpunkt zum menschlichen Mikrobiom bei der Deutschen Forschungsgemeinschaft DFG initiiert hat. 16 Millionen Euro bekommen die teilnehmenden 23 Arbeitsgruppen verteilt auf sechs Jahre, um sich unter vielen anderen auch dieser Frage zu widmen.

Zucker – der Elefant im Raum

Cani veröffentlichte im Frühjahr 2013 eine Untersuchung, die seine Thesen von der durchlässigen Barriere zu belegen scheint.[95] Er hat ein Bakterium gefunden, das die poröse Hülle wieder abdichten kann. Es trägt den Namen *Akkermansia muciniphila* und sorgt dafür, dass die empfindlichen Epithelzellen des Darms genügend Schleim produzieren, der sie vor chemischen Attacken schützt. Im Darm normalgewichtiger Menschen macht es drei bis fünf Prozent der Bevölkerung aus. Bei Übergewichtigen ist die Dichte dieser Mikroben aber deutlich geringer. Cani führt das auf fettreiche Kost zurück. Seine Folgerung: Fettreiche Nahrung senkt die Zahl der Schutzschleim-stimulierenden

ÜBERGEWICHT, DIABETES UND EINFLUSS DER MIKROBEN

Bakterien, in der Folge wird die Schicht durchlässiger für energiereiche Substanzen, Signalstoffe und Entzündungsfaktoren wie LPS. Durch den Nährstoffüberschuss schwellen die Fettzellen, gleichzeitig wird das Immunsystem hochgefahren, Entzündungsreaktionen im ganzen Körper sind die Folge, das Diabetesrisiko steigt.

Durch die Gabe von *Akkermansia*-Bakterien zusammen mit dem Probiotikum Oligofruktose konnte Cani die kranken Mäuse kurieren. Das lässt ihn glauben, dass eines Tages Übergewicht, Diabetes und Darmleiden mit Hilfe dieser Bakterienart geheilt werden könnten. Kollegen bleiben jedoch skeptisch. Dirk Haller etwa. Auch er sah in seinen eigenen Versuchen »unter bestimmten Umständen«, dass die Schleimbarriere durchlässig wird, »aber ganz so einfach, wie das in Canis Arbeiten gezeigt wurde, ist das nicht«. Dazu kommt, dass das Futter, das Cani den Tieren gab, zu 60 Prozent aus Fett bestand. »Das ist brutal artifiziell«, so Haller, »das würde kein Mensch durchhalten.« Ein solches Futter entziehe den Tieren nahezu alle fermentierbaren Kohlenhydrate, »dann hat man hungernde Mikrobiota«. Und bei Diäten, die auch Fett enthalten, nur eben weniger, sehe die Sache schon wieder anders aus. Außerdem sei nicht klar, ob alle Fette diesen Effekt haben oder nur bestimmte Sorten und ob das Ganze nur eine akute Veränderung in der Schutzschicht bewirkt oder chronisch ist. »Das sind so Extremsituationen, wo man sich fragt, sind die relevant?«, sagt Haller. Solche Experimente mögen sinnvoll sein, um Mechanismen zu entdecken. Aber wahrscheinlich sind sie nicht ausreichend, um zu erklären, warum die Zahl der Übergewichtigen weltweit in den vergangenen Jahren deutlich zugenommen hat.

Im der englischen Sprache gibt es die Redewendung vom »elephant in the room«, um die meist unangenehme Situation zu beschreiben, in der etwas Offensichtliches von einer Gruppe von Menschen einfach nicht ausgesprochen wird, obwohl jeder das Problem sehen kann. Wenn es um unsere Bakterien geht, dann heißt dieser Elefant: Zucker. Oder vielleicht auch: weißes Mehl. Oder: alle Nahrungsmittel, die eine sehr hohe Dichte an Kohlenhydraten haben. Snickers, Cola und Toastbrot, das so weiß ist wie ein Stück chlorgebleichtes Papier, sind Dinge, mit denen der menschliche Körper noch nicht so lange umgehen muss. Zucker ist ein Nährstoff, den die meisten Organismen rasend schnell umsetzen können, auch Bakterien.

DESINFEKTIONSKRANKHEITEN

Der Einfluss von Zucker auf Darmbakterien ist bislang nur wenig untersucht worden. Zu vernachlässigen ist er sicher nicht. Es ist sogar sehr wahrscheinlich, dass Zucker die bakterielle Lebensgemeinschaft in unserem Darm ganz schön in Aufregung versetzt. Wie genau das passiert, ist natürlich auch noch unklar. Der meiste Zucker wird schon recht früh auf seiner Reise durch den Verdauungstrakt ohne Hilfe von Bakterien vom Körper aufgenommen. Welche Mengen tatsächlich dort ankommen, wo viele Bakterien leben, ist unbekannt. Aber Zucker könnte natürlich auch indirekt, zum Beispiel über die Insulinausschüttung des Körpers, Einfluss nehmen auf die Darmmikroben. Reichlicher Zuckerkonsum scheint das Wachstum von pathogenen Bakterien wie *Clostridium difficile* und *Clostridium perfringens* zu begünstigen. Komplexe Kohlenhydrate, die vom Körper nicht so schnell und einfach aufgenommen werden können, scheinen hingegen Nützlinge wie *Bifidobacterium breve* oder *B. theta* zu fördern, aber Schädlinge wie einige Mycobakterien-Sorten und Enterobacteriaceae zu bremsen.[96] Der Darmforscher Ian Spreadbury von der kanadischen Queen's University in Kingston glaubt, dass Zucker und andere hochverarbeitete Industrienahrungsmittel zu einer Verschiebung in den Mikrobiota führen, die Entzündungen im Körper fördern. Diese wiederum begünstigen Übergewicht. Er folgert das aus dem Vergleich vorindustrieller Ernährungsweisen, die manchmal als Steinzeit-Diät beschrieben werden, mit unserer heutigen Kost.[97]

Nun sind Vergleiche mit Menschen, die in der Savanne oder im Regenwald leben, nur bedingt aussagekräftig, weil es zwischen ihnen und Bewohnern des Hunsrücks oder der Mecklenburgischen Schweiz mehr Unterschiede gibt als nur das, was sie essen. Bedenkenswert sind Spreadburys Überlegungen dennoch, und vielleicht gibt es irgendwann die Möglichkeit, seine Hypothese in einer systematischen Studie zu überprüfen.

Seit dem ersten Fachartikel im Jahr 2004, in dem Fredrik Bäckhed den Einfluss der Darmbakterien auf den Energiehaushalt der Wirte belegte, sind mehr als 200 weitere Studien und Aufsätze zu diesem Thema veröffentlicht worden. An Beweisen für die mitunter darin formulierten mutigen Thesen fehlt es oft. Und vieles, was als Beleg für eine Hypothese angesehen wird, muss ein paar Monate später wieder revidiert werden, weil in einer neuen Studie nun das Gegenteil zu lesen steht. Eine Untersuchung von Jeffrey Gordons Team etwa, die im September 2013 für Aufsehen sorgte (dazu gleich mehr), zeigte, dass *Bacteroides*-Bakterien Mäuse vor Fettleibigkeit zu schützen scheinen. Doch es gibt auch Untersuchungen an Menschen, die das genaue Gegenteil gefunden haben.[98]

Offene Stellen bei der Agentur für Darmarbeit

Nur eines lässt sich inzwischen mit einiger Sicherheit sagen: Im Bauch vieler übergewichtiger Menschen herrscht Arten- und Gen-Armut. Das ist die Quintessenz zahlreicher Studien, die einmal mehr durch die Arbeit eines vielköpfigen internationalen Forscherteams bestätigt wurde. Diesmal war Dusko Ehrlich vom französischen Inra-Forschungszentrum Kopf jener Gruppe, die im Sommer 2013 ihre Ergebnisse publizierte. Die Wissenschaftler hatten in den Stuhlproben von 123 normalgewichtigen und 169 übergewichtigen Dänen die Zahl der verschiedenen Bakterien-Gene bestimmt. Sie unterteilten nach der Analyse die Probanden einfach in durch deren Bakterien-Genanzahl festgelegte Gruppen: Die 25 Prozent der Probanden mit den wenigsten hatten durchschnittlich 380.000 unterschiedliche Bakterien-Gene, das Viertel mit den meisten hingegen 640.000, also fast doppelt so viele.[99] Und dicke Dänen gehörten deutlich häufiger zu ersterem Viertel, waren also häufiger dünn besiedelt als die normalgewichtigen Landsleute. In der kargen Flora traten vermehrt *Bacteroides*-Arten auf, und der Verdacht liegt nahe, dass ihre Fähigkeit, Ballaststoffe in für den menschlichen Körper verwertbare Verbindungen zu verwandeln, für das Mehrgewicht wenigstens teilweise verantwortlich ist. Bei karg besiedelten Versuchsteilnehmern war oft auch der Fettstoffwechsel gestört, und im Blut trieben Signalmoleküle, die auf Entzündungen im Körper hindeuteten.

Interessanterweise konnten Ehrlichs Kollegen durch Umstellung auf eiweiß- und ballaststoffreiche, aber kalorienarme Diätnahrung die Zahl der Bakterienarten im Darm von übergewichtigen Patienten deutlich steigern, gleichzeitig verloren sie Gewicht und ihre Blutwerte besserten sich.[100] Ob das an der veränderten Bakterienzusammensetzung lag oder schlicht an der stark reduzierten Kost, bleibt unklar. Genauso wenig weiß man, was die Artenzahl bei den Übergewichtigen reduziert hat. Lag es an schlechter Ernährung? Das wäre ein naheliegender Gedanke. Oder haben sie sich die dick machende Bakterienschar bei anderen Übergewichtigen eingefangen? Diese These wird durch die Beobachtung gestützt, dass Familienmitglieder meistens einen ähnlichen Körperbau haben und dass Babys bei einer konventionellen Geburt ihre mikrobielle Erstausstattung von ihrer Mutter vererbt bekommen. Aber natürlich können auch die eigenen Gene hier eine große Rolle spielen. Oder sind Medikamente wie Antibiotika oder Chemikalien in der Umwelt schuld? All diese Fragen sind bislang nicht beantwortet. Oder wie die Bakteriologen Sungsoon Fang und Ronald Evans vom Salk Institute im kalifornischen La Jolla in einem Begleitkommentar zu den beiden Untersuchungen formuliert haben: »Weitere Untersuchungen sind notwendig. Bis dahin seid nett zu euren Mikrobenfreunden. Sie mögen klein sein, aber sie sind wichtige Verbündete.« Es ist ein gut gemeinter, aber auch irgendwie absurder Ratschlag, denn wer diese Freunde genau sind und wie man ihnen gezielt Gutes tut, wissen sie selbst auch noch nicht.

Jeffrey Gordon erklärt, was die europäischen Kollegen beobachtet haben, am Beispiel des Arbeitsmarktes. Im Mikrobiom übergewichtiger Menschen gebe es demnach eine Menge offener Stellen – was nicht so günstig ist für eine gesunde Volkswirtschaft. Man muss – um in diesem Bild zu bleiben – die richtigen Anreize schaffen, um die benötigten Fachkräfte anzulocken, hier wahrscheinlich in Form einer Ernährungsumstellung. Wem ökologische Vergleiche besser gefallen als ökonomische, kann den Darm auch wie einen Wald betrachten. Geringe Artenvielfalt, etwa in einer Fichtenmonokultur, bringt vielleicht Masse in Form von hohen Holzerträgen. Sie macht aber auch anfällig für Störungen wie etwa Borkenkäferfressorgien. Ein artenreicher Wald dagegen ist gesünder, flexibler und widerstandsfähiger.

Nur eine Woche nachdem die beiden Artikel aus den europäischen Labors im Fachmagazin *Nature* erschienen waren, zog Gordons Mannschaft im Konkurrenzblatt *Science* mit neuen eindrucksvollen Befunden dazu nach, dass Übergewicht ansteckend sein kann.[101] Es war seinen Mitarbeitern gelungen, vier weibliche ein- und zweieiige Zwillingspaare aufzuspüren, bei denen die eine Schwester starkes Über-, die andere aber Normalgewicht hatte. Diese acht Frauen spendeten Stuhlproben für das Experiment, das darin bestand, keimfreie Mäuse

ÜBERGEWICHT, DIABETES UND EINFLUSS DER MIKROBEN

mit diesen Mikrobiota zu besiedeln. Wie schon in früheren Experimenten gezeigt, übertrug sich die Tendenz zu mehr Fettgewebe mit den Darmbakterien von den Menschen auf die Mäuse. Dabei fraßen die dicken Tiere nicht mehr als die schlanken – also musste es an den Bakterien liegen.

Dann veranstalteten die Forscher das, was Gordon »die Schlacht der Mikrobiota« nennt. Sie sperrten Mäuse, die mit Mikrobiota von dicken und dünnen Zwillingen besiedelt worden waren, zusammen in einen Käfig. Nach zehn Tagen waren auch die mit Bakterien von adipösen Spendern besiedelten Tiere schlank.

Ansteckend schlank

Es genügt für diesen Effekt allerdings nicht, dass die Mäuse miteinander kuscheln. Unter Hasen und Nagetieren ist Koprophagie sehr verbreitet. Die Tiere fressen ihren eigenen Kot oder den von Artgenossen. Bislang wurde das ausschließlich damit erklärt, dass sie auf diese Weise noch nicht verdaute Pflanzenreste wahrscheinlich weiter verwerten. Doch vielleicht hat sich dieses Verhalten in der Evolution auch deshalb durchgesetzt, weil eine Maus sich so eine Auffrischung ihres Darmbakterienpools verschaffen kann. Auf diesem Weg gelangte im Experiment jedenfalls die vielfältige Bakterienschar der schlanken Spender über den Umweg durch den ersten Mäusedarm auch in den Bauch jener Nager, die Stuhl des übergewichtigen Zwillings bekommen hatten. Artenarme Mikrobiota gingen umgekehrt nicht auf die schlanken Mäuse über, was die These von den freien Arbeitsplätzen – oder eben bei gut besiedelten Därmen den schon besetzten – untermauert. Wäre es bei Menschen auch so einfach, müsste man sich angesichts der Stabilität der schlank machenden Mikrobiota allerdings fragen, warum sie sich nicht pandemisch auf der Welt ausbreiten. Doch einerseits ist eine Neigung zu Koprophagie bei *Homo sapiens* eher selten. Andererseits fehlt meist auch der Anreiz für die Bakterien – sprich die richtige Ernährung. Das bestätigen Gordons Folgeexperimente. Wie bei Ehrlichs Untersuchung konnte die neue Bakterienvielfalt sich nur entfalten, wenn die Nager fettarme und ballaststoffreiche Kost bekamen. Auf Hochfettdiät zeigte sich der Schlank-Effekt nicht.

All das zusammen betrachtet zeigt einerseits, wie stark unsere Gene und unsere Bakterien steuern, wie unser Körper auf Nahrung reagiert, und andererseits, wie sehr unsere bakteriellen Mitbewohner dadurch beeinflusst werden, was wir essen. Vielleicht führen die meisten Ernährungsratschläge deshalb in die Irre, weil jeder Körper mit anderen Erbanlagen und Bakterien ausgestattet ist und »gesunde Ernährung« für jeden Menschen etwas anderes bedeutet. Genauso würde es sich mit Abnehmtipps oder ärztlichen Behandlungsoptionen verhalten. In jedem Fall aber scheint festzustehen, dass starkes Übergewicht und Stoffwechselerkrankungen wie Diabetes durch ein ungünstiges Zusammenspiel der eigenen Gene, der Mikrobiota in uns und der Nahrung, die wir uns und unseren Bakterien vorsetzen, entstehen.

Wer das irgendwann ausreichend genau versteht und dann auch Abhilfe schafft, wird eines der größten Gesundheitsprobleme der wohlgenährten Menschheit lösen. Nach Schätzungen der Weltgesundheitsorganisation WHO leiden mehr als zehn Prozent der erwachsenen Weltbevölkerung an Adipositas, das sind mehr als eine halbe Milliarde Menschen. Es sind mehr Frauen als Männer betroffen, mehr Alte als Junge. Und längst ist es nicht mehr allein ein Problem der reichen Nationen, sondern ein globales. Beim Diabetes Typ 2 sieht es kaum besser aus. Nach WHO-Schätzungen leiden rund 300 Millionen Menschen an der Stoffwechselerkrankung. Bis zum Jahr 2030 könnte sich diese Zahl verdoppelt haben.[102]

Obwohl noch unklar ist, was genau die transplantierten Mikrobiota in ihren neuen Wirten anstellen, steht seit dem ersten Experiment dieser Art an Mäusen die Frage im Raum, ob nicht auch Darmbakterien von dünnen Menschen dicke schlank machen können. Mit Fäkaltransplantationen oder, wie Mediziner das Prozedere lieber nennen: »Bakteriotherapie«, könnte man versuchen, Übergewichtige mit den Bewohnern von gesunden Schlanken zu verschlanken. Dabei würde die Stuhlprobe eines gesunden Spenders aufbereitet und in den zuvor per Abführmittel entleerten Darm des Empfängers übertragen. Das funktioniert in der Klinik über eine Nasensonde, oder auch rektal. Bei der Behandlung von Infektionen mit Bakterien der aggressiven Art *Clostridium difficile* hat sich diese Strategie in wenigen Jahren vom Status eines verzweifelten, von Medizinern fast universell abgelehnten und in der Fachliteratur totgeschwiegenen Experiments zur besten Option in den schwersten Fällen entwickelt. Eine wachsende Zahl von Ärzten will mit derselben Technik nun auch Übergewicht bekämpfen.

ÜBERGEWICHT, DIABETES UND EINFLUSS DER MIKROBEN

Eine erste klinische Studie an 18 übergewichtigen Niederländern verlief aber ernüchternd. Die Spender hatten die Forscher um Max Nieuwdorp vom Medizinischen Zentrum Amsterdam per Zeitungsanzeige rekrutiert, genauso die Versuchsteilnehmer. Neun von ihnen hatten Stuhlspenden von normalgewichtigen Freiwilligen über eine Nasensonde transferiert bekommen. Die anderen neun bekamen Proben ihres eigenen Stuhls re-transplantiert, was einem Placebo entspricht. So wollten die Ärzte auseinanderhalten, welchen Effekt allein das ganze Prozedere vielleicht verursacht, und welchen ein tatsächlicher Mikrobiom-Transfer. Die Patienten wussten auch nicht, ob sie ihren eigenen oder fremden Stuhl bekamen – obwohl manche behaupteten, es am Geruch zu erkennen. Mit ihrer Vermutung hätten sie allerdings nicht immer richtig gelegen, erklärte Nieuwdorp, nachdem die Studie abgeschlossen war.[103]

Das Resultat: Keiner der Versuchsteilnehmer verlor Gewicht, Analysen zeigten jedoch immerhin eine größere Artenvielfalt in den Stuhlproben der Patienten, die Fremdstuhl bekommen hatten, in ihren Adern strömten vorübergehend weniger kurzkettige Fettsäuren und die Insulinresistenz der Zellen nahm ab.[104] Als die Mediziner aus Amsterdam im Oktober 2009 auf einem Diabetes-Kongress in Wien zum ersten Mal ihre vorläufigen Ergebnisse präsentierten, bekamen sie kaum Aufmerksamkeit. Erst nachdem sie fast drei Jahre später die vollständige Auswertung des Experiments in einem Fachjournal veröffentlichten,[105] begannen weitere Gruppen, unter anderem in China, in den USA und auch in Deutschland, ähnliche Experimente zu planen, deren Resultate allerdings bei Drucklegung dieses Buches noch nicht bekannt waren.

Trotz der bislang dürftig scheinenden Ergebnisse ist Dirk Haller von der TU München geradezu begeistert von der niederländischen Untersuchung. Bis dahin hatte es nur anekdotische Berichte gegeben, etwa von dem New Yorker Gastroenterologen Lawrence Brant. »Zum ersten Mal wurde das systematisch untersucht«, sagt Haller, »und es hat gezeigt, dass neue Mikrobiota tatsächlich etwas machen mit dem Stoffwechsel des Menschen.« Die Effekte waren zwar nicht dramatisch und nur vorübergehend, aber sie traten in der Kontrollgruppe nicht auf. »Man kann nicht wegdiskutieren, dass sich etwas getan hat«, sagt Haller, »es war auch kein Mausexperiment, deswegen halte ich es für eine essentielle Arbeit.« Und schließlich wäre der Effekt auch nicht viel größer, wenn man einen schwer Übergewichtigen mit einem BMI von über 30 für ein paar Wochen joggen schicken würde.[106] Jetzt müsse geklärt werden, weshalb die Empfänger unterschiedlich stark auf die Transplantate angesprochen hätten. Vielleicht war der Stuhl einiger Spender besser geeignet als der von anderen, aus bislang unbekannten Gründen. Vielleicht akzeptieren aber manche der Empfänger die Spende besser als andere. Aus der niederländischen Studie lassen sich Antworten auf diese Spekulationen nicht ableiten, auch weil, wie Haller es formuliert, die mikrobielle Analyse dort »etwas schlapp« war. Bald wird es aber sicher Untersuchungen geben, die diese Fragen zumindest in Teilen beantworten können.

Ernährungsumstellung: Vielfalt und Pflanzen

Aber es gibt ja auch noch weniger radikale Maßnahmen, um die Vielfalt im Darm wiederherzustellen oder zumindest zu erhöhen. Ernährungsumstellung auf eine ballaststoff- und abwechslungsreiche Kost könnte Bakterien einladen, sich im Darm zu vermehren oder gar neu anzusiedeln. Und warum sollte man nicht auch mit der Nahrung neue Mikroben in den Verdauungstrakt schleusen können? Das wurde in der Tat schon mehrfach getestet, wobei man den Begriff Nahrungsmittel sehr weit fassen muss, um darin auch noch die Präparate einzuschließen, die in diesen Studien verwendet wurden. Gezeigt hat sich jedenfalls, dass verschiedene Milchsäurebakterien und auch Bifidobakterien – also Organismen, die auch als Probiotika angeboten werden – in der Lage sind, das Gewicht von fettleibigen Menschen zu reduzieren oder wenigstens die Insulinresistenz etwas zu mindern.[107] Aber es gibt auch Studien, die genau einen gegenteiligen Effekt gezeigt haben, wenn die Zahl der Laktobazillen im Darm stieg. Und es gibt Untersuchungen mit Stoffen wie Tempol, einer Substanz, die eigentlich die schädlichen Nebenwirkungen von Strahlentherapien bei Krebspatienten mindern soll. Sie tötet aber auch gezielt einige Milchsäurebakterien und führt so zumindest in Mäusen zu einer Gewichtsreduktion.[108]

Ähnlich verwirrend ist die Lage bei den Präbiotika. Das sind für den Menschen selbst unverdauliche Stoffe, die aber das Wachstum von Bakterien begünstigen können. In den einen Untersuchungen zeigten

ÜBERGEWICHT, DIABETES UND EINFLUSS DER MIKROBEN

zu dieser Gruppe gehörende Fruktane – lange Ketten aus verschiedenen Zuckermolekülen – eine ganze Reihe positiver Effekte. Sie reichten von besseren Insulinwerten im Blut über eine reduzierte Durchlässigkeit der Schutzschicht auf den Darmzellen und reduzierten Appetit und damit geringere Kalorienaufnahme bis hin zu reduziertem Gewicht bei den Versuchspersonen. Aber in anderen Untersuchungen blieben diese erstrebenswerten Wirkungen dieser Polysaccharide aus. Auch sie sind also aller Wahrscheinlichkeit nach keine universelle Lösung für Gewichtsprobleme.

Die Liste mit widersprüchlichen Resultaten ließe sich noch beliebig lange fortsetzen. Aber es dürfte jetzt schon klar geworden sein, dass es bislang keine einfachen Antworten auf die Frage gibt, wie wir unsere mikrobiellen Mitesser im Darm dazu bekommen, uns vor Krankheit zu bewahren oder gar bestehende Leiden zu lindern oder zu heilen. Und das gilt leider nicht nur für Übergewicht und Diabetes. Nur eines scheint sicher: Um gesund zu sein, braucht das Ökosystem Mensch eine Vielzahl verschiedener Bakterienarten. Verschwinden Mikroben, gerät das System aus der Balance. Am besten ist es, es gar nicht erst so weit kommen zu lassen – Vorbeugen ist hier nicht nur besser, sondern vor allem einfacher als Heilen. Der unkomplizierteste Weg, die Vielfalt im Darm zu erhalten, ist die Ernährung. Ist die vielfältig und reich an Pflanzenkost, dann kommt das dem von seriösen Forschern in seriösen Forschungsmagazinen geforderten »Nettsein zu den Mikrobenfreunden« schon recht nahe. Und dann bleiben sie hoffentlich netterweise auch bei uns, die Mitbewohner.

Daran sollte man vielleicht auch denken, wenn es einen nachts einmal wieder in die Küche treibt. Man kann ja auf einen Kühlschrankmagneten mit Edding ein kurzes und knappes »Du isst nicht allein« schreiben.

Wo man das Schildchen mit dem »Du denkst und fühlst nicht allein« hinheftet, muss man sich noch überlegen. Warum auch dieses Memo seine Berechtigung hätte, steht auf den folgenden Seiten.

14 BAUCHGEFÜHLE – WIE BAKTERIEN UNSERE PSYCHE BEEINFLUSSEN

Botenstoffe und Nervensignale bestimmen, wie wir denken und fühlen. Viel davon, so stellt sich langsam heraus, kommt aus dem Darm und von den Mikroben dort. Können wir sie beeinflussen, um glücklicher zu werden?

Der Professor hatte gerade einen Schluck aus seiner Wasserflasche genommen. Doch dann prustete er die Flüssigkeit wieder heraus. Was er gerade gehört hatte, war dann doch zu viel, um die Kontrolle zu behalten.

Schuld an dieser Spontanbewässerung eines Sitzungsraumes in Bethesda, Maryland, war Mark Lyte. Der ist Lehrstuhlinhaber am Pharmazie-Department der Texas Tech University in Lubbock. Er stand gerade vor einem Komitee der Nationalen Gesundheitsinstitute (National Institutes of Health, NIH) der Vereinigten Staaten und hielt einen Vortrag. Je länger er sprach, desto mehr Experten im Gremium schüttelten ungläubig ihre Köpfe. Und einer schüttete seinen eben auch aus.

Ursache des feucht-akademischen Kontrollverlustes war die These, die Mark Lyte aufgestellt hatte: Die Darmbakterien des Menschen helfen nicht nur bei der Verdauung, sondern sind ein eigenständiges Organ, sie können nicht nur Durchfälle verursachen, sondern auch psychisch oder neurologisch krank machen. Oder gesund. Und wer sie gezielt beeinflussen kann, kann auch das Gehirn – und was es tut – manipulieren.

Mark Lyte gehörte bis vor kurzem zu nur einer Handvoll Wissenschaftlern, die diese These vertraten. Wenn er mit Kollegen sprach, lief er stets Gefahr, selbst für mental nicht ganz beisammen erklärt zu werden. Auch wir als Journalisten hatten Probleme, überhaupt einmal eine Zeitungsredaktion zu überzeugen, dass ein Artikel zu diesem Thema nicht unseriös wäre. Die Sonntagszeitung der *FAZ* war Mitte 2011 die Erste, die es einer breiten Öffentlichkeit zumutete.[109] Englischsprachige Medien, für die wir gelegentlich auch schreiben, hatten diesen Mut nicht. Oder, das Wortspiel bietet sich an: »They didn't have the guts.«

Inzwischen aber haben sich die Hinweise darauf verdichtet, dass Lyte und jene wenigen anderen frühen Verfechter der These vom psychoaktiven Darm Recht haben könnten. Im Mai 2013 waren auch Zeitungen und Wissenschaftswebsites rund um die Welt voll mit Meldungen, die Überschriften wie »Veränderungen bei Darmbakterien haben Einfluss auf Hirnfunktion«[110] oder »Könnte das Geheimnis des Glücks im Joghurt liegen?«[111] trugen. Der seinerzeit prustende Kollege wird Lyte heute dankbar sein, dass dieser seinen Namen nicht preisgibt.

Beißbefehl vom Parasiten

Überlegt man sich genau, was es bedeuten könnte, wenn Mikroben im Darm tatsächlich in der Lage wären, unser Denken, Fühlen und vom Gehirn gesteuertes Handeln zu beeinflussen, kann man es schnell mit der Angst zu tun bekommen. Um entsprechende Horrorgeschichten zu finden, muss man nicht einmal im Science-Fiction-Regal suchen. Man kann auch direkt zu den Biologie-Lehrbüchern gehen. Im Tierreich gibt es eine ganze Reihe von Krankheiten, bei denen mikroskopisch kleine Parasiten – von winzigen Würmchen bis zu Bakterien und Viren – sich in das Nervensystem ihres Wirtes vorarbeiten und es zu ihrem eigenen Vorteil manipulieren.

Nehmen wir den Kleinen Leberegel. Seine Larven verändern die Gehirne von Ameisen so, dass diese Grashalme oder Blüten von Wiesenkräutern hochklettern und sich dort dauerhaft festbeißen. Auf diese Weise gelangen die kleinen Sechsbeiner zum Ende ihrer irdischen Existenz. Was aber wichtiger ist: Die Larven des Parasiten gelangen, wenn das Gras etwa von einer Kuh, einem Schaf oder einem Hirsch gefressen wird, in die Gedärme ihrer Endwirte und von dort in deren

Gallengänge, die sie nachhaltig schädigen können. Ähnlich funktioniert der *Cordyceps*-Pilz, der ebenfalls Insektenhirne manipuliert und die Tiere dazu bringt, Pflanzen zu erklimmen. Dort sterben sie, aus ihrem Kopf wachsen dann die Fruchtkörper des Pilzes, die von dort oben besonders effektiv ihre Sporen verteilen können.

Ein anderes Beispiel ist *Toxoplasma*, der Erreger der vor allem für Schwangere und Föten gefährlichen Toxoplasmose. Der Einzeller infiziert die Gehirne von Mäusen und Ratten und legt dort einen Schalter um, der die Nager plötzlich den Geruch von Katzenurin lieben lässt und sie so zur leichten Beute dieser Mäusejäger macht, die die Endwirte von Toxoplasma sind.

Oder das Tollwut-Virus: Es manipuliert die Gehirne von Hunden und Füchsen auf eine Weise, dass sie alle Furcht verlieren und besonders beißlustig werden – durch den Biss ist dann die Übertragung des Erregers gesichert. Auch infizierte Menschen werden durch den Biss zunächst wahrhaft »tollwütig« mit Halluzinationen, Verwirrtheit, Aggressivität, Delirium, bevor sie in den allermeisten Fällen sterben. Die wenigen Überlebenden behalten meist starke Schäden zurück.

Wir sparen uns, obgleich es noch unzählige Beispiele gibt, weitere Horrorgeschichten aus dem Tierreich und gehen jetzt doch noch einmal hinüber zum Regal mit den Science-Fiction-Büchern. Dort könnte ein Exemplar von »Brain Plague«[112] stehen, verfasst von der amerikanischen Schriftstellerin und Mikrobiologin Joan Slonczewski. In dem Buch okkupieren verschiedene Mikroben menschliche Gehirne. Manche Varianten machen ihre Wirte zu rücksichtslosen, vergnügungswütigen Vampiren. Manche leisten sehr hilfreiche Arbeit, sind Meister in Mathematik oder Nanotechnologie, oder Künstler.

Und warum sollte nicht auch bei Darmbakterien, wenn diese wirklich einen Einfluss auf das Gehirn haben, ein positives Szenario denkbar sein? Schließlich gibt es ja auch jede Menge nützlicher Winzlinge auf und in uns. Können wir vielleicht sogar jene Mikroben, die möglicherweise wirklich imstande sind, unser Gehirn zu manipulieren, gezielt zurückmanipulieren, damit sie nur noch Gutes tun? Damit sie uns helfen, fröhlich, schlau, kreativ und sozial kompetent zu sein?

BAUCHGEFÜHLE

Mutige Mäuse

Die meisten Experimente und Studien, die nach jener Art »Gut-Brain-Connection« suchen, bei der nicht die Psyche »auf den Magen« – eigentlich ja den Darm – schlägt, sondern das Geschehen im Darm das Fühlen und Denken und Handeln beeinflusst, sind ziemlich neu.

In Frühjahr 2011 erschienen zwei Fachartikel, die zeigten, dass Mäuse je nach Besiedelung ihres Darms sich komplett unterschiedlich verhielten. Jene mit normaler Darmflora waren eher ängstlich und versteckten sich häufiger. Die anderen, keimfrei gehaltenen Artgenossen, waren dagegen eher forsch, »exploratorisch« im Fachjargon.[113] Jungmäuse bildeten in den ersten Lebenswochen sogar ihre Hirnchemie unterschiedlich aus. In einem anderen Labor wurden Mäuse mit einer mit Fleisch angereicherten Diät gefüttert. Daraufhin nahm die biologische Vielfalt im Darm zu. In Verhaltenstests lernten diese Mäuse besser als fleischlos ernährte Stammesgenossen und waren auch weniger ängstlich. Und Jungmäuse mit oder ohne Darmflora, so eine weitere Studie, entwickeln dauerhaft unterschiedliche Reaktionen auf Stress. Offenbar wird bei ihnen die sogenannte »Stressachse« zwischen Hypothalamus und Hypophyse im Gehirn und den Stresshormondrüsenzellen der Nebenniere nachhaltig unterschiedlich geprägt.

Gelassen durch Joghurt

Auch ein paar Untersuchungen an Menschen gab es damals bereits. In einer waren zwei Gruppen gesunder Freiwilliger verglichen worden. Diejenigen, die 30 Tage lang zur Nahrungsergänzung die beiden Bakterienarten *Lactobacillus helveticus* und *Bifidobacterium longum* zu sich nahmen, schnitten in einem standardisierten Psychotest danach im Durchschnitt deutlich besser ab als die Kontrollgruppe, die die Bakterien nicht bekam. In einer anderen Untersuchung reduzierten sich die Angstzustände von Patienten mit Chronischem Müdigkeitssyndrom, wenn sie täglich *Lactobacillus casei* ins Essen bekamen – im Vergleich zu einer Patientengruppe mit Bacto-Placebo im Joghurt. Finanziert wurde dieses Experiment allerdings vom Probiotika-Hersteller Yakult. Und die Zahl der teilnehmenden Patienten war mit 39 nicht besonders groß – zwei Fakten, die Zweifel an der Aussagekraft der Untersuchung schürten.

Auch die Studie, deren Ergebnisse im Mai 2013 publik wurden und erstmals Meldungen in Medien in aller Welt nach sich zogen, war mit insgesamt 36 Probandinnen relativ klein, und auch sie war von einem Unternehmen gesponsert worden, das mit Probiotika Geld verdient: Danone ist einer der größten oder gar der größte Produzent von Frischmilchprodukten weltweit, mit Marken wie Actimel und Activia, die mit ihren lebenden Bakterienkulturen beworben werden. Das kann einen schon wieder misstrauisch werden lassen. Allerdings muss man fairerweise sagen, dass auch die Studien für jedes neue Medikament vom Hersteller desselben finanziert werden und dass bei dieser konkreten Untersuchung die bei Danone Research angestellten Forscher zumindest nicht an der Analyse der Daten beteiligt waren.

Es war jedenfalls die allererste Studie, die eindeutig zeigte, dass in Menschen-Hirnen etwas passiert, wenn Menschen-Därme bestimmte Bakterien verabreicht bekommen. Denn was bei jener Analyse herauskam, war, dass bei Frauen, die zweimal täglich Probiotika-Joghurt aßen, nach vier Wochen Tomographie-Bilder ihrer Gehirne deutlich anders aussahen als bei Frauen, die bakterienfreien Joghurt oder gar keinen Joghurt bekamen. Konkret mussten die Frauen im Tomographen zum Beispiel Bilder von wütend dreinblickenden Gesichtern anderen Wut-Gesichtern zuordnen, um die entsprechenden Hirnbereiche zu stimulieren. Dabei zeigten die Probiotika-Esserinnen sowohl in Hirnbereichen, die Nachrichten aus dem Darm verarbeiten, als auch in Arealen, die für Emotionen zuständig sind, vergleichsweise geringe Aktivitäten.

Auch wenn keine Aufgaben zu lösen waren, zeigten sich Unterschiede. Manche Nervenverbindungen im Hirnstamm etwa schienen sich verstärkt zu haben. Kirsten Tillisch von der University of California in Los Angeles, die die Experimente leitete, sagt, sie sei überrascht gewesen, wie viele Hirnregionen der Joghurt zu beeinflussen schien, von lediglich Sinnessignale aufnehmenden Nervenverbindungen bis hin zu Bereichen, die vor allem Emotionales verarbeiten, integrieren und Reaktionen darauf generieren.

Man könnte die verringerte Aktivität in manchen Emotions-Arealen so interpretieren, dass die Bakterien im Darm vielleicht die Produktion von Botenstoffen anregen, die den Darmbesitzer letztlich etwas gelassener auf alle möglichen Erregungs-Trigger reagieren lassen. Und was für Umsätze ein wohlschmeckendes Milchprodukt generieren würde, das man auch noch damit bewerben könnte, dass es den Esser zu einer echt coolen Sau macht, das berechnen Danones Buchhalter und Investoren wahrscheinlich schon jetzt. Ein Nachweis in diese Richtung sind die Versuchsergebnisse allerdings noch längst nicht – ganz abgesehen davon, dass natürlich auch eine Interpretation im Sinne von »Joghurt macht kaltblütig und emotionsblind« genauso berechtigt wäre.

Darm-Immunzelle an Graue Zelle

Ein paar Experimente mit Nagern und von Functional-Food-Herstellern gesponserte Studien sind jedenfalls wahrscheinlich noch nicht genug, um erfolgreich einen »Paradigmenwechsel«, wie Mark Lyte ihn heraufbeschwört, auszurufen. Mit einem Prusten reagiert allerdings inzwischen in der Fachwelt niemand mehr auf die These vom Emo-Darm, weder unter den Experten für Darmbakterien noch unter Psychiatern, Psychologen und Neurologen. Vielmehr macht sich eine Stimmung von Spannung, Erwartung – und Anerkennung für deren frühe Verfechter – breit: »Wenn man mit etwas Neuem kommt, dann hat man es schwer«, so Michael Blaut, Darmbakterien-Experte am Deutschen Institut für Ernährungsforschung in Potsdam-Rehbrücke. Blaut sieht sich selber eher als Beobachter dieser Forschungsrichtung. Er meint aber durchaus, dass es »garantiert Bakterien geben wird, die einen Einfluss auf Gehirn und Verhalten haben«.

Doch selbst jene, die möglichen Zusammenhängen zwischen Darmflora und grauen Zellen intensiv in ihren Labors nachspüren, sind manchmal eher zurückhaltend. »Wir wissen fast gar nichts über diese Bakterien, vieles erscheint denkbar, was allerdings auch zu übertriebenen Hypothesen führen kann«, sagt etwa John Bienenstock von der McMaster University in Toronto. Er ist einer der Wissenschaftler hinter den Studien, die bei Mäusen je nach Darmbesiedlung Unterschiede in Verhalten und Hirnchemie festgestellt haben. Man stehe aber trotz solcher Ergebnisse »mit der Forschung ganz, ganz am Anfang, und wir blicken noch nicht durch«.

Ein paar Erfahrungen allerdings zeigen zumindest eines: Die Rolle von Bakterien oder auch Viren bei der Entstehung von Leiden, die sich ganz anders äußern als klassische Infektionskrankheiten, ist schon häufig unterschätzt worden. Die inzwischen nobelpreisgekrönten

DESINFEKTIONSKRANKHEITEN

John Robin Warren und Barry Marshall etwa wurden für ihre These, ein Keim namens *Helicobacter pylori* verursache Magengeschwüre, lange Zeit verlacht (siehe Kapitel 7). Auch die These, dass Viren Hauptauslöser von Gebärmutterhals-Tumoren sind, wurde anfangs von der Fachwelt fast durchweg abgelehnt. Trotzdem stellte sich heraus, dass sie richtig war. Dem Heidelberger Virologen und Krebsforscher Harald zur Hausen brachte sie schließlich seine Medaille und Urkunde aus Stockholm ein. Heute gehört sie zum medizinischen Allgemeinwissen, eine Impfung gegen Papillomaviren bewährt sich seit Jahren und rettet inzwischen wahrscheinlich Abertausenden Frauen, die sonst erkranken würden, das Leben oder erspart ihnen zumindest schwere Operationen und nebenwirkungsreiche Therapien. Mittlerweile werden bei vielen Krankheiten Infektionen als Auslöser oder Mitauslöser gesehen, von Alzheimer über Parkinson bis zu Leberzirrhose.

Aber Darmbakterien, die depressiv machen – oder andersherum ein frohes Gemüt?

Natürlich ist die wichtigste Frage, wie, über welche Mechanismen das geschehen könnte. Wie könnte sie also aussehen, die Darm-Hirn-Achse? John Bienenstock hält Signalwege über das Immunsystem, dessen Zellen zu zwei Dritteln im Darm sitzen, für die wichtigsten Vermittler von Informationen zwischen Bakterien und Gehirn. Aus anderen Organen und dem Blut sind ähnliche Mechanismen bereits bekannt. Entzündungsbotenstoffe etwa, die auch bei vielen anderen Krankheiten – von Herzkreislaufleiden bis Krebs – eine Rolle spielen, könnten nach Kontakt mit bakteriellem Material gebildet und in Richtung Kopf verschickt werden. Doch allein dieser Signalweg wird es wahrscheinlich auch nicht sein, denn bei vielen der bislang gemachten Experimente war keinerlei Immunreaktion messbar.

Die 500-Millionen-Frage

Wenn Mikroben in Dick- und Dünndarm tatsächlich einen Einfluss auf das Nervensystem haben, so ist doch bislang fast völlig unklar, wie das Ganze dann funktionieren würde. »Der Darm hat zumindest so etwa 500 Millionen Nervenzellen«, sagt Mark Lyte, »und niemand weiß so recht, wofür die da sind, aber für irgendwas müssen sie da sein.« Doch es gebe durchaus »einige indirekte Hinweise«. So formuliert es Rochellys Diaz-Heijtz vom Stockholmer Karolinska-Insitut, »etwa die Tatsache, dass Angstzustände und depressive Störungen sehr häufig zusammen mit Magen-Darm-Erkrankungen auftreten«. Die Statistik besagt, dass fast zwei Drittel der Patienten mit chronischen Entzündungen des Darms auch psychiatrische Symptome zeigen. Und Mediziner hören häufig von ihren Patienten, dass sie nie psychische oder mentale Probleme hatten, bevor sie ihre Darmerkrankung bekamen.

Auch bei manchen Formen von Autismus gebe es Hinweise darauf, dass sie »mit einer abnormalen bakteriellen Flora im Darm assoziiert sind«, so Diaz-Heijtz. Autismus geht oft mit Darmbeschwerden einher. Diese Beobachtungen könnten bedeuten, dass eine falsche Besiedlung des Darmes Autismus begünstigt. Es könnte aber natürlich auch umgekehrt sein. Dass sich die Bakterienzusammensetzung von dem, was als Norm gilt, unterscheidet, könnte zum Beispiel auch daran liegen, dass viele Menschen mit Verhaltensweisen, die oft dem autistischen Spektrum zugeordnet werden, sehr wählerische Esser sind. Wählerisch bedeutet hier: Sie nehmen nur eine sehr kleine Auswahl von Lebensmitteln zu sich und schränken so womöglich auch die Artenvielfalt in ihrem Verdauungstrakt ein.

Die Zusammenhänge zwischen Darmbesiedlung und Autismus – es sind bislang interessante Beobachtungen, die förmlich nach Studien rufen, die dann vielleicht echte Aussagen ermöglichen. Die Forschung hier befinde sich in einem Stadium, »in dem mehr Fragen erzeugt werden als Antworten«, so fasst der Psychiater und Genetiker Joseph Cubells von der Emory School of Medicine den aktuellen Wissensstand zusammen.[114]

All diese Hinweise sind also noch keine Nachweise, dass der Bakterienmix auch psychische Krankheiten auslöst. Die klassische Ansicht ist eher, dass das, was im Kopf passiert, »auf den Magen« – beziehungsweise Darm – schlägt, dass es »Bauchschmerzen macht« – und nicht umgekehrt.

Es gibt allerdings eine bekannte Symptomatik und Therapie in genau diese Richtung: Patienten mit Leberversagen können vor den damit oft einhergehenden Krampfanfällen, Demenz-Erscheinungen und Koma-Zuständen durch Antibiotika geschützt werden. Das Wirkprinzip dieser Therapie ist denkbar einfach: Sie unterbindet schlicht die bakterielle Produktion von stickstoffhaltigen Nervengiften im Darm. Eine gesunde Leber würde diese Stoffe normalerweise entsorgen. Bei Versagen dieses Organs sammeln sie sich aber in bedrohlichen Konzentrationen an.

Es ist ein Extrembeispiel, das allerdings den Grundmechanismus zeigt, auf dem viele Wirkungen der mikroskopischen Mitbewohner, vielleicht auch auf das zentrale Nervensystem, beruhen könnten: Die Bakterien erzeugen Substanzen, die – zusammen mit Nährstoffen, Wasser, Mineralien, Vitaminen und anderem – durch die Darmwand transportiert werden. Diese Stoffe gelangen ins Blut und so auch zum Gehirn. Oder sie werden von Immunzellen erkannt, die Signale ans Gehirn senden können. Oder sie werden in andere Stoffe umgebaut, die dann eine Wirkung entfalten. Oder sie aktivieren vielleicht gar direkt Nervenzellen.

Forscher aller Disziplinen, vereinigt euch

So weit die Theorie. Die Vertreter der Darmbakterien-Hirn-Achsen-Hypothese haben aber noch ein Argument: Zwar weiß man wenig über das, was die Abertausenden Bakterienarten, die insgesamt mehr als 100 Mal mehr Gene als ihr Wirt haben, konkret machen, was sie konkret ausschütten, was der Körper davon aufnimmt und was er damit anstellt. Doch das wenige bereits Bekannte ist schon interessant genug. Experimente mit Mäusen etwa haben gezeigt, dass das gern als »Botenstoff des Glücks« bezeichnete Serotonin vor allem aus dem Darm über dessen Wand ins Blut gelangt, hergestellt ganz ohne Joghurt-Support von der normalen Darmflora. Auch andere wichtige Stoffe, deren Wirkungen auf das Nervensystem nachgewiesen sind oder zumindest vermutet werden, werden von Bakterien hergestellt und wandern in den Körper. Gamma-Aminobuttersäure, einer der wichtigsten Neurotransmitter, ist einer davon. Normale Buttersäure, die in Tierversuchen unter anderem Effekte wie ein Antidepressivum gezeigt hat, ist ein anderer.[115] Weitere kurzkettige Fettsäuren, die durch bakterielle Fermentierung von Kohlenhydraten entstehen, gehören auch dazu.

Eins ist sicher: Bei all den verschiedenen Bakterienarten, den verschiedenen Milieus im Darm, den unterschiedlichen genetischen und erworbenen Eigenschaften der Darmbesitzer, den unterschiedlichen Ernährungsweisen und Interaktionen zwischen all diesen Faktoren wird es selbst für die besten Forscherhirne der Welt schwierig werden, diese Komplexität aufzudröseln. Konkrete Wirkmechanismen im Sinne von »Bakterium A produziert Substanz B, die beim Andocken an Rezeptormolekül C dazu führt, dass Substanz D in Substanz E und F gespalten wird, woraufhin Substanz F die richtigen Eigenschaften hat, um ins Gehirn zu gelangen und dort an Nervenzellen das elektrische Signal G auszulösen, das an Synapse H zur Ausschüttung von Botenstoff I führt, der bei der nächsten Nervenzelle Signal J auslöst, was letztlich bei Menschen eine wünschenswerte Reaktion K auslöst, die es nicht gäbe, wenn Bakterium A nicht Substanz B produziert hätte« werden nicht leicht zu finden sein. Dazu kommt, dass die biochemische Realität erfahrungsgemäß in solchen Fällen ohnehin noch viel, viel komplexer aussieht und meist ganz und gar nicht linear zu beschreiben ist.

Kann man trotzdem den möglichen Einfluss der Darmflora auf Gehirn und Verhalten zufriedenstellend untersuchen – und so, dass ein gezielter Einsatz in Prävention und Therapie irgendwann möglich sein wird? Kann man dies auf eine Weise tun, dass bessere Befunde als »Joghurtkulturen scheinen die Hirnaktivität zu beeinflussen« dabei herauskommen? Mit der Bereitschaft unter Wissenschaftlern, ebenso komplex, rückkopplungs- und kommunikationsbereit und arbeitsteilig vorzugehen, wie es der menschliche Körper gemeinsam mit seinen mikrobiellen Alliierten vormacht, vielleicht schon. Mark Lyte veröffentlichte 2011 in der Fachzeitschrift *Bioessays* ein sogenanntes »Hypothesenpapier«.[116] Dort stellte er Gastroenterologen, Psychiatern, Neurowissenschaftlern und Mikrobiologen einen Plan vor, wie man gemeinsam in den kommenden Jahren gezielt Darmbakterien und ihre Wirkung auf das Nervensystem erforschen könnte – oder besser: müsste. »Wir müssen in einem durchdachten Prozess Schritt für Schritt versuchen, die Produktion einzelner Neurochemikalien durch einzelne Bakterienspezies zu verstehen, und dann jeweils die Wirkung der Bakterien auf Versuchstiere, die spezifisch auf diese Neurochemikalie reagieren, untersuchen«, erläutert Lyte seinen Vorschlag. Vielversprechende Kandidaten-Mikroben könnten danach vorsichtig klinisch an Menschen getestet werden. Lyte vermeidet offenbar bewusst die Forderung, in jedem Falle die gesamte Wirkungskette aufzuklären, »Bakterium A löst letztlich Reaktion K aus«, würde ihm zunächst einmal reichen.

Doch genau hier erwartet Lyte selber »ein großes Problem«, denn anderen wird ein Rezept der Art »Man nehme Bakterium A und irgendwie kommt dann Reaktion K dabei heraus« nicht ausreichen, den Arzneimittelzulassungsbehörden zum Beispiel. Bei all der Komplexität der Vorgänge im Darm, bei den Signalwegen und den Reaktionen im Gehirn werde es aber nur selten möglich sein, »klare Wirkmechanismen« nachzuweisen, wie sie diese staatlichen oder überstaatlichen Stellen heute fordern. Und dann muss auch noch sichergestellt werden, dass es nicht ein paar Abzweigungen in der Signalkette gibt, die über ein paar andere Zwischenglieder zu Nebeneffekten führen, die man nun gar nicht haben möchte.

Frühe Hirnentwicklung

Die Karolinska-Biologin Rochellys Diaz-Heijtz sieht allerdings noch an ganz anderer Stelle dringenden Forschungsbedarf. Denn einen Einfluss von Darmbakterien auf das Gehirn scheint es schon sehr früh im Leben zu geben, wie Versuche aus ihrem Labor und in Japan gezeigt haben. Die frühe Hirnentwicklung bei Mäusen unterschied sich deutlich, je nachdem, ob sie Bakterien im Darm hatten oder steril waren. Diaz-Heijtz hatte das Verhalten von keimfrei aufgezogenen Mäusen mit dem von Tieren verglichen, die normal mit Mikroben besiedelt waren. Dabei beobachtete sie, dass die sterilen Mäuse deutlich aktiver und risikobereiter waren. Sie hielten sich zum Beispiel länger auf offenen Flächen auf als die besiedelten Vergleichstiere. In einem Folgeexperiment zeigte sie, dass man das Verhalten der Tiere normalisieren kann, indem man die keimfreien Mäuse mit einer für Mäuse normalen Bakterienmischung besiedelt. Das funktioniert aber nur bei sehr jungen Tieren, nicht bei ausgewachsenen, was Diaz-Heijtz zu der Vermutung führte, dass die Mikroben am Anfang des Lebens wichtige Weichen bei der Hirnentwicklung stellen.[117] Wenn das auch beim Menschen so sei, dann müsse man »den exzessiven Gebrauch von Antibiotika in der frühen Kindheit« hinterfragen, so Diaz-Heijtz.

Ob die vielen offenen Fragen in näherer Zukunft zumindest angegangen werden, wird auch davon abhängen, ob ein Aufruf wie der von

BAUCHGEFÜHLE

Mark Lyte, über die Grenzen der Disziplinen hinweg zusammenzuarbeiten, den er seit ein paar Jahren bei jeder Gelegenheit schriftlich und mündlich wiederholt, Gehör findet. »Wir müssen es schaffen, hier Mikrobiologie mit den Neurowissenschaften zu verlinken«, sagt der Professor aus Texas, »aber das wird bislang noch nicht von vielen Wissenschaftlern so gesehen, die sehr eng für ihre jeweiligen Disziplinen ausgebildet sind.«

Tatsächlich ergibt der Versuch, etwa bei Psychiatern und Neurologen aus Deutschland ein paar Meinungen zum Thema einzuholen, fast durchweg Absagen mit der Begründung, dazu wisse man schlicht nichts zu sagen: »Ein Thema, von dem ich keine Ahnung habe, nur Interesse daran«, gibt etwa Hans Förstl, Chef der Psychiatrie am Münchner Klinikum rechts der Isar, zu. Christian Selinger, Spezialist für Darmerkrankungen am Royal Salford Hospital in England, ist eher skeptisch: »Die Wirkung von Neurotransmittern im Darm ist lokal bekannt, aber inwiefern das systemische Auswirkungen hat, ist völlig unbekannt«, so Selinger. Die Hypothese sei zwar »nett«, dürfte aber »sehr schwer zu testen sein«, weil Probiotika keine einfache Dosis-Wirkungskurve hätten und »die Kolonisation des Darms von sehr vielen Faktoren abhängt«. Wenn Lytes Thesen sich allerdings nachweisen ließen, könne das »durchaus eine kleine Revolution hervorbringen«.

Dass in der Forschung und Therapie im Zusammenhang mit Darmbakterien schneller Wandel aber durchaus möglich ist, zeigen etwa die inzwischen beinahe im Wortsinn salonfähig gewordenen Fäkaltransplantationen. Und mittlerweile schreiben, wie schon erwähnt, auch die großen Zeitungen über Darmbakterien, die das Gehirn beeinflussen könnten.

Wenn es um die Darmmikroben geht, muss man offenbar bereit sein, an mehr zu denken als nur an das, was uns die Werbeabteilungen von Nahrungsmittelkonzernen in hübschen Joghurtbechern verkaufen wollen. Dass die »Old Friends« in unseren Eingeweiden uns nicht nur körperlich unter die Arme greifen, sondern uns auch mental unterstützen könnten, sollte an diesem Punkt dieses Buches nicht mehr ganz so abwegig klingen. Ob und wie sie das tun, an diesen Fragen arbeiten immer mehr Wissenschaftler.

Sicher ist, dass es sehr alte Freunde sind, denen wir nicht ohne

DESINFEKTIONSKRANKHEITEN

Grund nie die Freundschaft gekündigt haben. Zwar riechen sie nicht so gut. Aber das muss man bei sehr alten Freunden wohl hinnehmen.

Mit der Psyche erschöpft sich die Macht von Darmbakterien, alten Freunden oder wie immer man sich auch entscheidet, sie anzusprechen, auf die menschliche Gesundheit jedoch noch nicht. Im nächsten Kapitel geht es um ein weiteres Einflussgebiet der Mikroben.

15 DIE K-FRAGE – FÖRDERN UND VERHINDERN MIKROBEN TUMOREN?

Bakterien produzieren Stoffe, die Krebs begünstigen. Sie können aber auch gegen Tumoren helfen. Ein neues Forschungsgebiet entsteht.

Beginnen wir dieses Kapitel mit einer Binsenweisheit: Ob man Krebs bekommt oder nicht, hängt in einem nicht unerheblichen Maße vom Lebensstil ab. Ein nicht unerheblicher Teil des Lebensstils ist die Ernährung. Was wir essen und trinken, und wie viel, entscheidet mit darüber, ob oder wann man irgendwann im Leben einen gefährlichen Tumor bekommt oder nicht.

Eine Menge Nahrungsmittel und Nahrungsmittelinhaltsstoffe sollen krebserregend oder zumindest krebsfördernd sein (Bethelnüsse, angekohltes Fleisch, Waldmeister wurde auch schon verdächtigt). Mindestens genauso viele sollen vor Tumoren schützen (Walnüsse, angekohltes Brot, Walderdbeeren sowieso). Und dann gibt es noch die, für die einige Studien eine schützende, andere aber eine krebsbegünstigende Wirkung finden, Omega-3-Fettsäuren aus Fischöl zum Beispiel.

Viele, vielleicht die meisten dieser Nahrungsmittel sind allerdings nicht aufgrund von Substanzen krebsfördernd oder -bremsend, die sie enthalten. Sie sind es aufgrund von Substanzen, die bei der Verarbeitung dieser Nahrungsmittel im Körper entstehen.

Bekanntes Beispiel: Das schon erwähnte angekohlte Fleisch. Es enthält sogenannte heterozyklische Amine, die entstehen, wenn Aminosäuren aus dem Eiweiß und das ebenfalls in Fleisch vorkommende Kreatin zusammen stark erhitzt werden. Ihr Name klingt nicht lecker, sie sind aber an sich ziemlich harmlos. Im Dickdarm allerdings werden aus diesen Aminen reaktionsfreudige Moleküle, die zum Beispiel Erbmaterial schädigen können. Und Schädigung von Erbmaterial ist krebsverdächtig.

Anderes, positiveres Beispiel: Ein Stoff namens Ellagsäure – ein Polyphenol aus Beeren und Nüssen – wird derzeit von einigen Forschern auf seine möglichen Antikrebs-Eigenschaften hin untersucht. Das Zeug selbst hat allerdings vielleicht gar keine Antikrebs-Eigenschaften. Urolithine dagegen höchstwahrscheinlich schon, und die entstehen im Darm aus Ellagsäure.

Natürlich sind es Darmbakterien, die für diese Umwandlungen zuständig sind.

Schutz durch Laktobazillen

Unsere Darmbakterien setzen und wandeln eine Menge der Stoffe um, die ein Mensch mit der Nahrung aufnimmt. Manche werden produziert, manche eliminiert, manche auseinandergenommen, manche nur ein bisschen verändert. Und je nach Zusammensetzung der Darmbakterien-Gemeinschaft sieht diese Stoffbilanz ein bisschen – oder auch sehr – unterschiedlich aus. Wenn wir an unsere Nahrung als Faktor der Krebsentstehung oder Krebsvorbeugung denken, müssen wir also auch an die Darmbakterien denken, und an das, was sie mit unserem täglich Brot anstellen.

Es ist möglich, ja ziemlich wahrscheinlich sogar, dass viele Krebserkrankungen nur deshalb entstehen oder sich so weit entwickeln, dass sie gefährlich werden, weil zufällig die Bakterienmischung im Darm diese Krankheit irgendwie begünstigt. Oder, wieder etwas positiver formuliert: Es ist durchaus möglich, dass viele Leute gesund alt geworden sind oder alt werden und nie Krebs bekommen, nur weil sie die richtige Mischung von Mikroben haben oder hatten.

Lymphome gehören zu den häufigeren Krebsarten. Sie entstehen aus Immunzellen, und je nach Variante sind sie relativ gut oder gar nicht gut therapierbar. Bislang galten vor allem genetische Faktoren als entscheidend dafür, ob jemand anfällig ist für diese Krankheiten, und auch für die Genesungs- und Überlebenschancen. Doch noch etwas anderes könnte von Bedeutung sein.

Im Juli 2013 veröffentlichten Wissenschaftler der University of California in Los Angeles und deren Schwester-Uni in Riverside eine Studie mit Mäusen. Die Tiere hatten einen genetischen Defekt, der sowohl bei Mäusen als auch bei Menschen häufig zu B-Zell-Lymphomen führt, die auch als Non-Hodgkin-Lymphome bezeichnet werden. Ob die Tiere erkrankten, war in dieser Untersuchung allerdings abhängig von ihren Darmbakterien. Manche Spezies, unter ihnen ganz besonders *Lactobacillus johnsonii*, hatten einen deutlich schützenden Effekt. Der konnte sogar auf molekularem Niveau nachgewiesen werden: Bekamen Mäuse diese Bazillen mit dem Futter verabreicht, sank das Ausmaß von genetischen Schädigungen im ganzen Körper. Auch andere generell mit Krebsentstehung in Verbindung gebrachte Faktoren wie etwa Entzündungen wurden günstig beeinflusst. Der Onkologe Robert Schiestl ist einer der beteiligten Wissenschaftler. Er sagte damals, dass die Studie nicht nur die erste sei, die einen Zusammenhang zwischen Darmbakterien und dem Ausbruch von Lymphomen nachgewiesen habe. Vielmehr seien diese Resultate auch »ziemlich vielversprechend hinsichtlich möglicher Eingriffe bei B-Zell-Lymphomen und anderen Krankheiten«, denn schließlich seien die Darmbakterien »eine potenziell beeinflussbare Eigenschaft«.[118]

Die Phrase vom »vielversprechenden Resultat« gilt inzwischen als eines der Unworte in der Kommunikation von Wissenschaft überhaupt. Und natürlich müsste man nun auch erst einmal nachschauen, ob auch bei Menschen Darmbakterien mit einer erhöhten oder verringerten Erkrankungswahrscheinlichkeit in Zusammenhang stehen. Wäre das so, dann sollte zumindest ein gewisses Maß an Vorbeugung möglich sein. Besonders Menschen mit erhöhtem Lymphom-Risiko, zum Beispiel durch genau diese oder auch eine andere genetische Veranlagung, könnten dann ihre Darm-Mikrobiota untersuchen lassen. Wenn die sich als eher ungünstig erweisen würde, könnten sie mit medizinischer Hilfe versuchen, die Risikobakterien herunter- und die Schutzbakterien hochzufahren.

Vielleicht wird dafür eine radikale Neubepflanzung des Darms mit vorheriger Antibiotika-Kur nötig sein, vielleicht werden aber auch ein paar gezielte Probiotika-Gaben ausreichen. Vielleicht klappt es aber auch überhaupt nicht. Schließlich ist ja bekannt, dass die individuelle Darmbesiedlung über Jahre recht konstant bleibt und selbst nach Antibiotika-Kuren meistens unverändert oder fast unverändert wieder zurückkehrt. Und vielleicht wäre das dann sogar gut so. Denn natürlich ist es auch nicht auszuschließen, dass gerade die Bakterien, die gegen Lymphome schützen, vielleicht Prostatakrebs oder Herzleiden oder eine andere Krankheit begünstigen.

Hinweise darauf, dass mancher Krebsauslöser im einen Organ als Krebshemmer in einem anderen wirkt, gibt es jedenfalls durchaus. Alkohol in größeren Mengen etwa gilt allgemein als karzinogen, senkt aber nachweislich die Raten von Nierenzellkrebs und Non-Hodgkin-Lymphom. Ob Bakterien dabei eine Rolle spielen, ist unklar. Doch auch bei nachweislich von Darmbakterien umgesetzten Stoffen – etwa Daidzein aus Soja, das die Mikroben zu Equol machen – wird Vergleichbares vermutet. Das Equol wirkt ähnlich wie ein Östrogen und scheint gegen Prostatakrebs zu schützen. Seine hormonellen Eigenschaften könnten aber andere Krebsarten durchaus fördern. Östrogene und deren Andockstellen auf den Zellen des Körpers sind nachgewiesenermaßen an der Entstehung verschiedener Krebsarten beteiligt.[119]

Kefir gegen Krebs?

Das ist dann ja zum Verzweifeln, könnte man sagen. Sollte es aber nicht sein. Erstens bekommt, wer verzweifelt – wem es also psychisch schlecht geht –, häufig auch Magen-Darm-Probleme inklusive bakterieller Unstimmigkeiten. Zweitens ist Verzweiflung auch ein Risikofaktor für Krebs und die Überlebenschancen bei der Krankheit. Drittens weiß man heute zwar erst wenig über den Einfluss von Mikroben auf Krebsentstehung, -wachstum und -ausbreitung. Es ist allerdings schon mehr als noch vor ein paar Jahren. Und viertens weist das, was bislang bekannt ist, darauf hin, dass es durchaus einiges gibt, was bezüglich der eigenen Darmmikroben ganz allgemein gut und gesund ist.

Zum Beispiel scheinen fermentierte, also von Mikroorganismen umgesetzte, Milchprodukte gut zu sein, nicht nur als Krebsvorbeugung, sondern auch hinsichtlich dessen, was sonst noch so Gesundheit heißt. Die Mikroben in Joghurt, Kefir und Co. fördern im Darm andere Bakterien, die dem Körper nützliche kurzkettige Fettsäuren zur Verfügung stellen.[120] Viel Zucker und Stärke dagegen fördern allerlei und nicht immer vorteilhafte Stoffwechselvorgänge und diese Prozesse unterstützende Mikroben, die nachgewiesenermaßen mit der Entstehung von Tumoren im Zusammenhang stehen. Entzündungen zum Beispiel.

Vor über vierzig Jahren rief der damalige US-Präsident Richard Nixon den »Krieg gegen den Krebs« aus. Die Krebsforschung hat zwar gemessen an Geldern und Forscher-Elan, die sie nicht erst seit Nixons Kriegserklärung verschlungen hat, bislang wenige echte Durchbrüche erzielt. Eine Menge Ergebnisse hat sie aber schon produziert – Wissen über molekulare Zusammenhänge, normale und fatale Signalketten, Tumorpromotoren und Tumorhemmer, wahre Datenberge zu Molekülen, Genen, Stoffwechselvorgängen. All diese Detailkenntnisse, all die immer wieder als »vielversprechend« titulierten Funde, konnten zwar abgesehen von ein paar wenigen Ausnahmen bislang die Heilungschancen nicht dramatisch verbessern. Sie stellen sich aber zum Beispiel jetzt, da die Rolle von Mikroben bei der Entstehung und Ausbreitung von Krebs stärker erforscht wird, als ziemlich nützlich heraus. Denn wenn man zum Beispiel weiß, dass ein Bakterienstamm einen Stoff X herstellt, kann man ziemlich schnell herausfinden, ob diese Substanz irgendwie die bereits bekannten, weil so lange intensiv erforschten Krebsmechanismen beeinflusst. Zum Beispiel die gerade erwähnten Entzündungen.

Feuer ist gut, Dauerfeuer nicht

Dass Bakterien Entzündungen auslösen können, weiß jeder. Die Entzündung ist der natürliche Weg des Körpers und seines Immunsystems, Krankheitskeime abzuwehren, ein reinigendes heißes Feuer. Allerdings ist ein Entzündungsgeschehen viel mehr als erhöhte Temperatur, Schmerzen, Wundsein, Rötung und Eiter. Zum Beispiel werden dabei Botenstoffe freigesetzt, die Zellen zur Teilung und Blutgefäße zum Wachstum anregen. Und das ist auch nötig, denn schließlich müssen sich jetzt einerseits Abwehrzellen massiv vermehren, andererseits muss geschädigtes Gewebe heilen oder ersetzt werden, wozu natürlich eine ordentliche Blutversorgung unerlässlich ist. Das normale Ergebnis dieser ziemlich alltäglichen Ausnahmesituation: Die Invasion der unerwünschten Keime wird in ein paar Tagen abgewehrt, die Entzündung endet, die Zellteilungssignale werden wieder abgeschaltet, die Wunde heilt und alles ist wieder gut.

DESINFEKTIONSKRANKHEITEN

Eine chronische Entzündung allerdings, zum Beispiel in einem von ungünstigen Bakterien dominierten Darm, setzt die Darmgegend, aber auch den ganzen Körper, einem Dauerfeuer aus. Die Entzündungsbotenstoffe, die bei einem solchen zellulären Schwelbrand über lange Zeiträume kontinuierlich produziert werden, regen nicht nur Immunzellen zur Teilung an, sondern auch viele andere. Und Zellteilungen dort, wo sie nicht geplant, sinnvoll und wieder abschaltbar sind, sind ungesund und können letztlich Tumoren hervorbringen. Wenn diese Tumoren dann auch noch dadurch Unterstützung bekommen, dass zum Sprießen angeregte Blutgefäße in sie hineinwachsen und anfangen, sie optimal zu versorgen, wird es richtig problematisch.

Einige dieser Entzündungsbotenstoffe richten zudem nachhaltige Schäden an. Wenn sie längere Zeit aktiv sind, nimmt irgendwann die natürliche Reparaturmaschinerie der Zellen Schaden, die normalerweise Schäden im Erbgut ausbessert. Das erhöht das Risiko für krebsfördernde Mutationen.

Ein möglicher anderer Zusammenhang zwischen Bakterien, Entzündungen und Entzündungsfolgen liegt in der Schulung des Immunsystems (siehe Kapitel 12). Wenn es nicht früh lernt, harmlose von gefährlichen Bakterien und anderen Eindringlingen zu unterscheiden, kann es später im Leben auf alles Mögliche, manchmal sogar Körpereigenes, mit massiver Abwehr inklusive Entzündung reagieren.

Toll und nicht so toll

Ein ganz konkreter Fall, wo ein Bakterienprodukt auf einen zumindest bei Mäusen aufgeklärten Krebsmechanismus trifft, findet sich bei einem Stamm von *Bacteroides fragilis*. Er produziert eine sogenannte Metalloprotease. Die spaltet einerseits ein Molekül namens E-Cadherin, das dann einen molekularen Signalweg – den »Wnt/ß-Caderin Pathway« – anstößt, von dem man wiederum weiß, dass er fast immer bei Darmkrebs ziemlich aktiv ist. Zudem aktiviert die Metalloprotease ein Molekül namens NfkappaB, einen der Hauptregulatoren von Entzündungen.

Es gibt viele weitere Beispiele. Die Mechanismen, die von einer Infektion mit *Helicobacter pylori* zu Magentumoren führen (siehe Kapitel 7), gehören dazu. Bekannt ist auch, dass biomolekulare Mikroben-Sensoren des Immunsystems Einfluss auf verschiedene für das Tumorwachstum entscheidende Prozesse haben. Etwa auf die sogenannten Toll-ähnlichen-Rezeptoren.[121]

Bei Mäusen hat sich auch gezeigt, dass ein Darm, dessen Biotope aus der Balance geraten, plötzlich 100-mal mehr von einem Erbmaterial schädigenden Bakterium enthalten kann als normal.[122] Menschen mit entzündlichen Darmerkrankungen und auch solche mit Darmkrebs haben tatsächlich oft deutlich erhöhte Werte genau dieses Kolibakterien-Stammes namens *NC101*. Und wenn das dann von einer Entzündung begleitet wird, scheinen diese Bakterien auch besonders guten Zugang zu Darmschleimhaut-Zellen zu bekommen, wo sie dann Gen-Schäden verursachen können.

Solche »Dysbiose« im Darm geht meistens mit Beschwerden einher, von Durchfall über Blähungen mit üblen Gerüchen bis Verstopfung.[123] Wer also ständig »Magen-Darm« hat, sollte das nicht auf die leichte Schulter nehmen und sich untersuchen lassen. Unzählige Menschen tragen dauerhafte Darmprobleme jahrelang mit sich herum, manche freuen sich sogar über die vermeintlich positive Nebenwirkung, dass sie trotz vielen Essens nicht mehr zunehmen. Auch Nahrungsmittelunverträglichkeiten, zum Beispiel für das Getreide-Klebereiweiß Gluten, bleiben oft sehr lange unerkannt. Aber wer mit dieser Immunkrankheit weiter über Jahre Glutenhaltiges isst, dem geht es nicht nur zunehmend schlechter, er oder sie erhöht auch das eigene Darmkrebs- und Lymphom-Risiko um ein Vielfaches.

Das macht Bauchschmerzen

Die gute Nachricht ist also einerseits, dass der Darm oft deutliche Warnsignale aussendet und man dann mit Hilfe von Arzt und Apotheke, aber auch schlicht mit ein bisschen Herumprobieren in der Küche versuchen kann, ihn wieder in Balance zu bringen. Bei Glutenunverträglichkeit bedeutet das: Man lässt schlicht alles Glutenhaltige konsequent weg. Das kann man auch versuchen, wenn kein Arzt eine Glutenunverträglichkeit erkennt, denn viele Fälle sind offenbar bei den Laborwerten unauffällig.

Die andere gute Nachricht ist, dass derzeit vieles von dem, was es stetig Neues an Erkenntnissen über den Einfluss von Mikroben und der von ihnen hergestellten Stoffe gibt, sich in lange Bekanntes, über Jahrzehnte aufwändig Erforschtes einfügt. Mancher Mechanismus wird zum Beispiel dadurch verständlicher, dass jetzt klar wird, wo die Auslöser der einen oder anderen Signalkaskade überhaupt herkommen. Von Mikroben nämlich.

Die nicht so gute Nachricht ist, dass man dadurch konkreten, auf diese Mechanismen zugeschnittenen Therapien und Schutzmaßnahmen nicht automatisch näher kommt. Schließlich ist das bakterielle Leben und Tun im Darm mindestens ebenso komplex und vielleicht auch voller Ausweichmöglichkeiten und Redundanzen wie die körpereigenen und tumoreigenen Mechanismen. Und die haben speziell in der Krebstherapie Ärzte und Patienten immer wieder verzweifeln lassen. Trotzdem ist es immer einen Versuch wert, nach Möglichkeiten zu suchen, bekanntermaßen Schaden anrichtende Bakterienstämme auszuschalten oder ihnen mikrobielle Gegner vor die Nase zu setzen, die ihre Kreise stören.

Besonders sinnvoll dürfte es aber sein, sich dem großen Ganzen zuzuwenden. Dass fermentierte Produkte oder die Bakterien, die grünes Gemüse im Darm verwerten, zum Beispiel vor Krebs zu schützen scheinen, wird kaum an einem einzigen Molekül liegen, das sie beeinflussen, sondern eher an einer Vielfalt von Wirkungen.

Stoffwechselprodukte von Bakterien, etwa Essig-, Butter- und Propionsäure, sind zum Beispiel viel mehr als nur Energielieferanten. Erstere etwa bindet auch an ein Rezeptormolekül auf Immunzellen und dämpft dadurch viele Entzündungsprozesse. Buttersäure unterstützt die Barrierefunktion der Darmschleimhaut, sie löst auch ganze Signalkaskaden bis ins Gehirn und wieder zurück aus. Unter anderem entstehen dabei Botenmoleküle namens Mikro-RNAs, kleine Erbgutschnipsel, die in Laborexperimenten die Teilungsrate von Krebszellen bremsen. Propionsäure scheint die Arbeitsleistung von den sogenannten T-Helferzellen des Immunsystems zu beeinflussen.

Polyphenole, heilsames Bakterienfutter

Ergo: Wer sein Krebsrisiko senken möchte, sollte wohl am besten öfter Sachen essen, die jenen Bakterien, die Buttersäure, Propionsäure und Essigsäure machen, gut schmecken. Ein paar auch nicht so üble Nebeneffekte wie etwa einen positiven Einfluss auf die Psyche (siehe vorheriges Kapitel) könnte es dann gratis dazugeben.

Es kommt also manchmal auf die Bakterien selbst an, etwa wenn sie Entzündungen auslösen. Oft liegt es aber auch an dem, was Bakterien mit der Nahrung anstellen. Wenn man wissen will, wie Bakterien Gesundheit und Krankheit beeinflussen, muss man aufklären, was diese Mitesser produzieren und was diese Stoffwechselprodukte auslösen oder verhindern können.

Die eingangs schon einmal erwähnte Ellagsäure zum Beispiel ist ein Polyphenol aus Beeren und Nüssen, und wie auch eingangs erwähnt, sind es Darmbakterien, die aus ihr Urolithine machen. Die Urolithine wiederum wirken entzündungshemmend, und das gilt als Anti-Krebs-Eigenschaft.

Polyphenole gelten ziemlich universell als gut für die Gesundheit. Im Falle der Ellagsäure ist es nicht das Polyphenol selbst, das Gutes tut, sondern ein bakteriell produzierter Abkömmling desselben. Wem die entsprechenden Bakterien fehlen, dem wird das Polyphenol wahrscheinlich nichts nützen. In einer Untersuchung konnten nur 30 bis 50 Prozent der Teilnehmer oben erwähntes Equol aus Soja-Daidzein im Darm herstellen, und nur sie schienen auch ein reduziertes Krebsrisiko zu haben.

Mit solchen Befunden ließe sich auch erklären, dass manche Bevölkerungsstudien Vorteile von bestimmten Polyphenolen nachzuweisen scheinen, andere nicht. Möglicherweise wird das Ergebnis vom Vorhandensein oder Nichtvorhandensein der richtigen Bakterien bestimmt. Welche das sind, das weiß man bislang kaum. Sicher ist zum Beispiel, dass *Bacteroides*-Stämme dazugehören. Und natürlich ist alles noch viel vertrackter: Tom van der Wiele in Gent etwa fand zusammen mit seinen Mitarbeitern und Analysemaschinen heraus, dass sich ganz unterschiedliche, individuelle Stoffwechselprofile ergeben, je nachdem, welche Bakterien jemand im Darm hat und welche Polyphenole er oder sie zu sich nimmt.[124]

Das Mikrobiom hat einen großen Einfluss auf alle möglichen Vorgänge, die mit der Krebsentstehung und -ausbreitung zu tun haben: Stoffwechselprozesse von gesunden und von Krebszellen, Nervensignale, Immunreaktionen und andere Abwehrmechanismen, Entzündungen, und so weiter. Umgekehrt prägt natürlich die Reaktion des Wirtes, also die unserer eigenen Zellen und Gewebe, auch das Mikrobiom. Das kann etwa dadurch geschehen, dass bestimmte Keime bekämpft werden, oder dadurch, dass körpereigene Stoffwechselvorgänge Keimen Lebensmittel liefern oder vorenthalten. Und so weiter.

Trittbrettfahrer oder Turbolader?

Es gibt aber noch eine ganz andere Verbindung zwischen Bakterien und Krebs. Sie ist sehr direkt und unmittelbar: In vielen Tumoren finden jene Ärzte und Wissenschaftler, die sich in Histologie- und Pathologie-Laboren Proben davon unter dem Mikroskop ansehen, Bakterien. Analysiert man diese, dann stellt sich heraus, dass bestimmte Tumoren oft mit ganz bestimmten Bakterien assoziiert sind. Bei Prostatakrebs etwa findet sich häufig das *Propionibacterium acnes*. Ob die Bakterien den Krebs ausgelöst haben oder der Krebs die Bakterien angezogen hat, ist in diesen Fällen bislang nicht bekannt.

Aber vielleicht braucht man diese Frage gar nicht so zu stellen. Die Entstehung eines Tumors, der wächst und wirklich gefährlich wird, ist immer ein Prozess aus vielen Schritten, und irgendwann in diesem Prozess kommen die Bakterien ins Spiel. Manche sind wahrscheinlich nur Trittbrettfahrer der Krankheit. Viele sind aber mit großer Wahrscheinlichkeit Krebshelfer, weil sie zum Beispiel Entzündungen fördernde Substanzen produzieren oder die Umgebung des Tumors ansäuern, was diesem hilft, sich auszubreiten und Metastasen zu bilden. Zum Beispiel finden sich in Darmtumoren oft große Mengen von unter normalen Umständen eigentlich als unbedenklich und hilfreich geltenden Fusobakterien. Und in Maus-Experimenten zeigt sich, dass zumindest eine bestimmte Art *Fusobacterium* Tumoren zur Teilung anregt, andere tumorfördernde Zellen anlockt und damit auch entzündungsfördernd wirkt. Sie tut das allerdings eben nur indirekt und erst, wenn es schon einen Tumor gibt. Ansonsten fördert jenes *Fusobacterium*, soweit bekannt, weder Infektionen noch Krebsentstehung.

Es ist also nicht krebserregend, wird aber irgendwann durch den Tumor für dessen Zwecke eingespannt. Aber egal, ob solche Bakterien echte Krebsauslöser sind oder von den Tumoren nur irgendwann als Helfer rekrutiert werden, es dürfte praktisch immer sinnvoll sein, gegen sie vorzugehen.

Auch hier ist allerdings noch vieles unklar. Zum Beispiel ist die im Zusammenhang mit Krebs eigentlich immer verteufelte Entzündung in manchen Fällen vielleicht sogar hilfreich. Denn, so Holger Brügge-

DIE K-FRAGE

mann von der Universität Aarhus, »Entzündungsbotenstoffe rufen das Immunsystem auf den Plan, welches Tumorzellen in Schach halten kann – und in den 70er und 80er Jahren wurde zum Beispiel *Propionibacterium acnes* als Anti-Tumor-Therapie genutzt.«[125] Und im Dezember 2013 berichteten Forscher, dass bei Männern mit Entzündungszeichen in der Prostata seltener ein Tumor diagnostiziert wird.[126]

Es gibt jedenfalls, soweit wir wissen und soweit wir bei Experten nachgefragt haben, bislang keine einzige erprobte spezielle, auf tumorbegleitende Bakterien zugeschnittene Therapie. »Leider hat sich meines Wissens noch keiner bisher herangewagt, Prostatakrebs mit antimikrobiellen Substanzen zu behandeln«, sagt etwa Holger Brüggemann. Ganz zu schweigen von Versuchen, die wahrscheinlich krebsfördernden Bakterien in Tumoren gegen potenziell krebshemmende auszutauschen.

Woran sich vielleicht bald Mediziner wagen werden, ist, zum Beispiel Prostatakrebsrisiko und Prostatakrebs über die Darmflora zu beeinflussen. Es ist in den meisten industrialisierten Ländern die häufigste, wenn auch in ihrer Gesamtheit nicht gefährlichste, Tumorart bei Männern. Und es gibt bereits Vorschläge, wie man versuchen könnte, hier etwas zu bewirken.[127] Man müsste schlicht jene Stoffwechselprofile, die mit erhöhtem Risiko einhergehen, identifizieren. Dann müsste man nachschauen, mit welcher Darmmikrobenzusammensetzung diese wiederum in Zusammenhang stehen. Und dann müsste man über Ernährung, mikrobielle Therapien oder auch Medikamente an diesen Stellschrauben der physiologischen Maschinerie drehen.

Krebs ist nicht nur *eine* Krankheit. Eigentlich kann man sogar sagen, dass jeder Tumor ein Individuum ist. Dem könnte man am besten begegnen, wenn man einerseits die Eigenschaften, die er mit allen oder fast allen anderen Tumoren gemeinsam hat, nutzt, ihn andererseits aber an seinen individuellen Schwachstellen bekämpft. Seine individuellen Eigenschaften könnte man auch nutzen, um ihn zu zähmen, ihn weniger aggressiv zu machen. Eine solche Art von Einflussnahme kann sein, die Umwelt eines Tumors oder die Umwelt, in der sich ein Tumor potenziell entwickeln könnte, gezielt zu beeinflussen. Bakterien könnten irgendwann dabei helfen.

Leider müssen wir hier »könnten« und »irgendwann« schreiben.

DESINFEKTIONSKRANKHEITEN

Wer heute krank ist, dem bringen solche Eventualitäten irgendwann in der Zukunft natürlich wenig. Umso wichtiger ist es, dass die Krebsforschung mit ihren unzähligen Labors, ihren unzähligen gut ausgebildeten Wissenschaftlern und den Budgets, die ihr zur Verfügung stehen, sich mehr als bisher dem Darm-Mikrobiom und den Mikrobiomen von Tumoren zuwendet. Angesichts der bislang bezüglich echter Therapieerfolge insgesamt eher ernüchternden Ergebnisse dieses Forschungszweiges sollten sich ambitionierte Forscher eigentlich auf diese Möglichkeit stürzen. Die derzeitige beeindruckende Renaissance der Bakterienforschung insgesamt und die zunehmende Zahl von wissenschaftlichen Veröffentlichungen zum Zusammenhang von Krebs und Mikroben gibt durchaus Anlass zu Optimismus, dass das nicht erst »irgendwann« passieren »könnte«.

Das gilt auch für eine Gruppe anderer Erkrankungen und ihre Mikroben-Connection, um die es auf den nächsten Seiten gehen wird.

16 BAZILLEN STATT BETABLOCKER?

Darmbakterien, die über die Schwere eines Infarktes entscheiden? Anti- und Probiotika mit derselben schützenden Wirkung für das Herz? Keime im Arterienkalk? All das klingt unglaublich, ist aber wahr.

Es gibt eine Menge Gründe, dem allzu liberalen Einsatz von Antibiotika kritisch gegenüberzustehen. Wer in diesem Buch aber einen generellen Fluch auf diese Medikamentenklasse erwartet, der wird enttäuscht werden. Denn Antibiotika sind toll – wenn sie richtig, mit Bedacht, eingesetzt werden, und für die Zwecke, für die sie gedacht sind: Menschenleben retten, und auch Tierleben retten. Die Zahl der Menschen, die seit der Entdeckung dieser Medikamente nur ihretwegen an einer Infektion nicht gestorben sind, geht sicher in die Multimillionen.

Antibiotika können aber noch mehr. Eines namens Vancomycin kann zum Beispiel Herzinfarkte, wenn sie schon passieren, weniger schlimm ausfallen lassen. Auch die Erholung von einem Infarkt geht mit dem Mittel besser vonstatten. Nachgewiesen ist das zumindest für einen bestimmten, besonders infarktanfälligen Laborratten-Stamm.

Damit beenden wir auch gleich wieder unser Antibiotika-Loblied, denn den gleichen Effekt hat auch ein kommerziell erhältliches Probiotikum, das *Lactobacillus plantarum* enthält. Und hinter dieser gleichen Wirkung steckt auch derselbe Mechanismus.

Anti- und Probiotikum lassen die Blutwerte des unter anderem von Fettzellen gebildeten Signalstoffes Leptin in den Keller gehen, und genau das ist ziemlich sicher der Grund für die weniger schwerwiegenden Infarktverläufe. Und Ursache dafür ist ziemlich sicher eine Ver-

änderung der Mikrobenzusammensetzung und der von Mikroben produzierten Stoffe.
Warum ist das interessant? Zunächst einmal, weil es ein Beispiel dafür ist, dass man unvorteilhafte Effekte von Mikroben therapeutisch auch angehen kann, ohne gleich Antibiotika zu geben, und das mit vergleichbarem Erfolg.[128]

Aber einigermaßen sensationell ist, dass die Wissenschaftler um John Baker und Vy Lam vom Medical College of Wisconsin in Milwaukee bei ihren Versuchstieren einen Einfluss der Darmmikroben auf das Herzkreislaufsystem nachgewiesen haben. Sie konnten zeigen, dass es grundsätzlich möglich ist, dass Mikroorganismen des Verdauungstraktes die Herzgesundheit auf die eine oder andere Weise beeinflussen. Damit haben sie eine These bestätigt, bei der vor ein paar Jahren noch viele Kardiologen ihre Zeigefingerspitzen in Richtung Stirn bewegt hätten. Gleichzeitig haben sie mit dem Hormon Leptin ein wichtiges oder vielleicht auch das wichtigste diese Wirkung vermittelnde Signal gefunden.

Allerdings ist völlig unbekannt, über welchen Mechanismus das passiert. Leptin wird von Fettzellen ausgeschüttet und wirkt unter anderem als Sättigungssignal. Es wird aber auch in anderen Geweben, etwa im Herz, produziert, und es scheint noch eine Menge anderer Wirkungen zu haben. Zum Beispiel haben Frauen mit hohen Leptinwerten deutlich seltener Depressionen als der Bevölkerungsdurchschnitt. Das Molekül scheint zudem Knochenbrüchen bei Frauen vorzubeugen. Aber es gibt auch Hinweise darauf, dass es Darmkrebs-Stammzellen aktiviert. Leptin ist also wieder so ein eher komplexer Charakter auf der Stoffwechselbühne.

Es ist auch bekannt, dass das Sättigungssignal des Leptins bei Menschen mit Übergewicht oder Metabolischem Syndrom[129] zunehmend schlechter funktioniert. Sie fühlen sich erst satt, nachdem sie mehr als nötig gegessen und nachdem ihre Fettzellen mehr Leptin als normalerweise nötig produziert haben.

Es ist nachvollziehbar, dass der Körper mehr Leptin ausschüttet, wenn die normale Menge nicht zum gewünschten Ergebnis führt. Aber wie kann dann eine Veränderung der Bakterienzusammensetzung im Darm zu einer Veränderung der Konzentration dieses Hormons im Blut führen? Baker glaubt, dass jene durch das Pro- und das

Antibiotikum beeinflussten Bakterien kleine Moleküle herstellen, die über die Darmwand ins Blut und von da in die Leber gelangen. Dort würden sie wahrscheinlich noch einmal umgebaut und dann wieder in die Blutbahn entlassen, und schließlich beeinflussten sie dann wohl die Leptinproduktion in Fettzellen oder den Leptinabbau im Blut.

Das fabelhafte Baker-Lab

Jeder Mensch kann froh sein, wenn kein Bakterium aus seinem Darm einen Weg zu den Herzkranzgefäßen oder den das Gehirn versorgenden Arterien findet und sich dort einnistet. Doch auch wenn das nicht passiert, ist der Einfluss, den Darmbakterien – vom Darm aus – auf die Herz- und Gefäßgesundheit haben, wahrscheinlich ziemlich groß. Das zeigt zum Beispiel die Studie aus Milwaukee. In den Experimenten von Lam und Baker wurde klar, dass sowohl das Antibiotikum als auch das Probiotikum die Konzentration des Hormons Leptin senken können und dass genau das dazu führt, dass die Ratten weniger schlimme Infarkte bekommen. Gab man den Ratten Anti- oder Probiotikum, spritzte ihnen aber Leptin, war es mit der Schutzwirkung wieder vorbei. Aber Leptin ist mit Sicherheit nicht der einzige Signalstoff, der hier eine Rolle spielt. »Stoffwechselprodukte, die durch das Mikrobiom synthetisiert werden, beeinflussen aktiv die Biologie ihres Wirtes, und jedes bakterielle Ungleichgewicht in diesem Quasi-Organ hat Implikationen für die Gesundheit des Wirtsorganismus«, schreiben Baker und seine Kollegen in ihrem Artikel, der 2012 erschien.

Mittlerweile hat sich im selben Labor noch einiges getan. Zum Zeitpunkt, da dieses Buch in den Druck geht, ist noch nichts davon in Fachmagazinen veröffentlicht, doch Baker gewährte uns ungewöhnlich freimütig Einblick in die aktuelle Arbeit seines Teams. Das hat jenseits des Leptins nach anderen Stoffwechselprodukten aus dem Darm gesucht, deren Konzentrationen sich bei Eingriffen in die Darm-Bakteriengemeinschaft ändern und Einfluss darauf haben, wie schwer Infarkte bei Ratten ausfallen. Sie fanden eine ganze Menge.

Von insgesamt 284 im Rattendarm nachweisbaren Stoffwechselprodukten waren die Konzentrationen von 193 eindeutig abhängig von den Darmmikroben. Man kann grob sagen: Für mindestens zwei

Drittel von dem, was im Ratten-Darm zahlenmäßig an verschiedenen Stoffen umgesetzt wird, sind Mikroben verantwortlich. Wie das beim Menschen aussieht? Bislang unbekannt. Von den 193 mikrobenabhängigen Stoffwechselprodukten waren 33 Abkömmlinge der drei Aminosäuren Phenylalanin, Tryptophan und Tyrosin. Bekamen die Ratten Antibiotika, wurde kaum noch etwas von diesen 33 Stoffen produziert, und die Infarkte der Tiere hatten weniger ernste Folgen. »Diese Resultate zeigen, dass die Auswirkungen von durch die Mikroben des Darms produzierten Stoffen weit über deren direkte Umgebung hinausgehen und die Physiologie von weit entfernten Organen wie etwa die des Herzens beeinflussen können«, sagt Baker.

Man könnte aber auch sagen: Diese Resultate zeigen, dass Antibiotika gesund sind. Schließlich mildern sie die schweren Infarkt-Symptome. Dummerweise töten sie aber auch viele nützliche Bakterien, und wer sie häufig schluckt, riskiert, sich resistente Erreger oder gefährliche Clostridien heranzuzüchten. Sie ständig zur Vorbeugung zu nehmen ist also sicher keine Option. Sie wären höchstens für jemanden, der heute schon weiß, dass er übermorgen seinen Infarkt bekommen wird, zu empfehlen. Wenn aber Probiotika oder andere Mittel, die nicht auf breiter Front Mikroben killen, eine ähnliche Wirkung haben, hätte man eine gute Prophylaxe. Labortests zu den in den Studien gefundenen Stoffwechselprodukten könnten zudem helfen, Risikopatienten zu identifizieren und vorbeugend zu behandeln. Und sei es nur mit Aspirin. Baker sagt, die Ergebnisse »könnten zu neuen diagnostischen Tests, Therapien und Präventionsmöglichkeiten, damit Infarkte gar nicht erst passieren, führen«.

Studien mit Menschen

Was Baker sagt, klingt vielleicht vage, ist aber ein bisschen konkreter als so mancher der »Eines-Tages-Vielleicht«-Expertenkommentare, die gerne am Ende von Zeitungsartikeln über neue Forschungsergebnisse stehen. Denn die erste klinische Studie dazu läuft im Herbst 2013 bereits. Sie hat das Ziel zu testen, ob das Antibiotikum Vancomycin und das Probiotikum aus dem Supermarkt chronisch Herzkranken helfen können und ob hohe Werte bestimmter Bakterien und ihrer Stoffwechselprodukte für die Risikovorhersage taugen.[130] Eine frühere Studie mit Rauchern hat bereits gezeigt, dass jener *Lactobacillus plan-*

BAZILLEN STATT BETABLOCKER?

tarum bei ihnen messbar Herz-Risikofaktoren und auch die Leptin-Konzentrationen senken konnte.

Bakterien beschränken sich aber leider nicht auf Fernwirkungen aus dem Darm. Sie finden manchmal einen Weg in Gefäße, die das Herz oder das Gehirn versorgen. Das könnte eine der Ursachen für Arterienverkalkung und ein erhöhtes Risiko für Herzinfarkte und Schlaganfälle sein. In den kalkhaltigen Plaques solcher Blutgefäße ist zumindest bereits Erbmaterial gefunden worden, das von typischen Darmbewohnern stammte.[131] Und je mehr von diesem Erbmaterial in diesen Ablagerungen steckte, desto stärker waren die messbaren Entzündungsanzeichen bei den untersuchten Patienten. Entzündungen wiederum gehören zu den wahrhaft faustischen Akteuren der Gesundheit. Sie sind gut, wenn sie akut Eindringlinge bekämpfen. Sie sind schlecht, wenn sie sich gegen den Körper selbst wenden und wenn sie chronisch werden. Dann geht dauerhaft vieles kaputt und läuft aus dem Ruder.

Nachdem der schwedische Mikrobiologe Fredrik Bäckhed und seine Kollegen jenes bakterielle Erbmaterial in Arterienablagerungen gefunden hatten und weil sie wussten, dass im Darm auch Entzündungsbotenstoffe produziert werden, versuchten sie, den möglichen ursächlichen Verbindungen auf den Grund zu gehen.

Sie fragten sich: Haben Leute mit Arterienverkalkung eine andere Darmbakterienzusammensetzung als Gesunde? Wenn ja, in welchen Bakterien unterscheiden sie sich, und was produzieren diese Bakterien?

Sie bekamen Stuhlproben von Freiwilligen und wurden tatsächlich fündig. Zum Beispiel war eine Bakteriengattung namens *Collinsella* im Darm von Leuten besonders zahlreich vertreten, die Plaques in der den Kopf versorgenden *Arteria carotis* hatten. Dagegen fanden sich die Gattungen *Eubacterium* und *Roseburia* besonders häufig in den Verdauungstrakten von Menschen mit gesunden, unverkalkten Blutgefäßen.

Collinsella ist als eigenständige Gattung erst seit ein paar Jahren bekannt und nicht nach dem Sänger oder dem Apollo-Astronauten, sondern nach einem nicht so bekannten britischen Mikrobiologen benannt. Was ihre Mitglieder und die Vertreter der beiden anderen Gattungen im Darm im Einzelnen machen, ist bislang nur teilweise erforscht. Bäckhed und seine Mitarbeiter analysierten die Darminhalte aber gleichzeitig auch auf Bakteriengene, deren Funktion schon aufgeklärt ist. Ergebnis dieser sogenannten metagenomischen Untersuchung: Gene, deren Produkte eher Entzündungen fördern, waren bei den Kranken besonders stark vertreten. Erbmaterial mit antientzündlichen Auswirkungen, etwa auf die Produktion von Antioxidantien und kurzkettigen Fettsäuren, fanden sich dagegen eher bei den Gesunden.

Fleisch für den Veganer

Aber zurück zu den Fernwirkungen aus dem Darm, die aufs Herz schlagen. Denn es gibt noch mehr. Sie entstehen aus dem Zusammenspiel von Bakterien und dem, was wir essen. Wenn man die Mechanismen, die diese Wirkungen verursachen, erst einmal wirklich durchschaut hat, dann eröffnen sich mit ziemlicher Sicherheit auch neue Möglichkeiten für wirksame Behandlungen von Krankheiten oder sogar zur Vorsorge.

Zu den Fragen nach Bauch-Herz-Beziehungen, denen wissenschaftlich inzwischen auf den Grund gegangen worden ist, gehört folgende: Wie kann Fleischkonsum zu Herz- und Gefäßproblemen führen?

Um sie zu beantworten, musste ein überzeugter Veganer ein Steak essen.

Wer an klinischen Studien teilnimmt, muss nur selten fürchten, dass das, was da an ihm getestet wird, ihm wirklich nachhaltig schadet. Denn die zu erprobenden Medikamente sind zuvor im Labor und an Versuchstieren bereits reichlich ausprobiert worden, und oft sind auch die Tests, bei denen mit nur wenigen Freiwilligen die Verträglichkeit der Substanz getestet wird, bereits gelaufen. Es gibt aber auch die echten Sahnestücke unter den klinischen Studien. Eine solche hat Stanley Hazen von der Cleveland Clinic in Ohio geleitet. Statt bitterer Medizin oder zuckriger Placebos mussten seine Probanden saftige Steaks schlucken. Die Ergebnisse, die Hazen 2013 im Fachmagazin *Nature Medicine* vorstellte, zeigten aber, dass selbst solche seit Menschengedenken routinemäßig verspeisten Mahlzeiten Nebenwirkungen für Herz und Gefäße haben können, die mit denen moderner Medikamente durchaus vergleichbar sind.[132]

Wer jetzt tief durchatmet und denkt, dass das nun wirklich nichts

BAZILLEN STATT BETABLOCKER?

Neues ist – rotes Fleisch hat eben viel gesättigtes Fett und Cholesterin, und das ist halt ungesund fürs Herz –, wird sich vielleicht wundern, Folgendes zu hören: Neuere Studien zeigen mittlerweile ziemlich deutlich, dass gesättigtes Fett ebenso zu Unrecht als ungesund für das Herz gilt wie Cholesterin aus Nahrungsmitteln. Rotes Fleisch allerdings ist in diesen Freispruch nicht eingeschlossen. Es sieht ganz danach aus, als würde etwas anderes im roten Fleisch die Arterien verkalken lassen. Und sehr wahrscheinlich geschieht das auf einem biochemischen Umweg durch den Stoffwechsel von Darmbewohnern.

Hazen ließ seine menschlichen Versuchskaninchen Steak essen, weil er einen solchen indirekten Mechanismus vermutete – über karnivore Darmbakterien. 2011 hatten er und seine Kollegen bereits herausgefunden, dass mikrobielle Mitbewohner, die darauf spezialisiert sind, Teile tierischer Nahrung zu verwerten, Arterienverhärtungen fördern könnten. Sie verwandeln eine Substanz namens Cholin in eine Substanz namens TMAO, was für Trimethylamin-N-Oxid steht. Die Produktion von TMAO ist nebenbei auch ein interessantes Beispiel dafür, wie Mikroben und körpereigene Enzyme zusammenarbeiten können. TMA wird von Bakterien gemacht, das O wird von einem menschlichen Enzym angehängt. Cholin kommt zum Beispiel in Eiern und Fleisch vor. Und TMAO ist möglicherweise ein Feind der Elastizität und des gesunden Durchmessers von Blutgefäßen – auch derer, die das Herz versorgen.

Das Molekül Carnitin ist ähnlich aufgebaut wie Cholin, beide bestehen aus zwei Aminosäuren. Es hat seinen Namen von Caro, was auf Latein Fleisch bedeutet. Viele Kraftsportler nehmen es als Nahrungsergänzung, viele Vegetarier ebenfalls. Hazen ließ seine Probanden Fleisch plus Carnitin-Pulver essen und begann dann bei ihnen, die TMAO-Konzentrationen im Blut zu messen. Sie gingen so ziemlich durchs Dach. Dass Darmbakterien dafür verantwortlich sind, ist mehr als wahrscheinlich, denn wenn Hazen denselben Probanden in der Abtötung von Darmmikroben bewährte Antibiotika gab, stiegen deren Carnitin-Werte im Blut sogar noch höher, TMA dagegen fand sich kaum.

Womit wir nun bei jenem Veganer wären: Er überwand sich, totes Tier zu essen, wohl wissend, dass in der Studie die Nachteile des Fleischkonsums untersucht wurden und er damit letztlich vielleicht seiner Sache dienen könnte. Und wirklich, im Gegensatz zu den regelmäßigen Fleischessern zeigte sich bei ihm kein bedenklicher TMAO-Anstieg. Diese Ironie ist wahrscheinlich das Ergebnis von Biochemie gepaart mit Mikrobiologie: Im Darm eines Menschen, der normalerweise keine tierischen Produkte zu sich nimmt, finden sich offenbar – und wenig überraschend – auch kaum Bakterien, die spezialisiert sind, tierische Produkte abzubauen.

So wertvoll wie ab und zu ein kleines Steak

Hazens Arbeitsgruppe könnte damit ganz nebenbei eine Erklärung dafür gefunden haben, dass in Ernährungsstudien immer wieder jene gesundheitsmäßig am besten abschneiden, die zwar keine reinen Vegetarier oder Veganer sind, aber eher selten Fleisch essen. Vielleicht fehlen ihnen schlicht die Bakterien, die aus Fleisch schädliche Substanzen herstellen können, sie profitieren aber von den guten Effekten der tierischen Nahrung, etwa dessen Vitamin-K-Gehalt. Dazu passen auch die Ergebnisse aus Bakers Labor. Seine Mitarbeiter fanden ja, dass Produkte der bakteriellen Umsetzung der Aminosäuren Phenylalanin, Tryptophan und Tyrosin die Ratten-Infarkte schlimmer machten. Die natürliche Quelle für Aminosäuren ist Eiweiß, und Fleisch besteht genau daraus. Und gerade diese drei Aminosäuren kommen reichlich in tierischem Eiweiß vor.

Das mag auch diejenigen verblüffen, die bislang vor allem gesättigte Fette und über die Nahrung aufgenommenes Cholesterin als Herzgifte auf der Liste hatten. Aber die Darmmikrobenforschung ist eben voller Überraschungen. Allerdings könnten auch genau auf diese Ergebnisse bald neue Beobachtungen folgen. Es existiert zum Beispiel bereits eine ältere Studie, die bei Leuten, die Fleisch aßen, keinerlei TMAO-Anstieg fand.[133] Zudem ist fertiges TMAO, ohne dass es erst im Darm irgendwie kompliziert hergestellt werden muss, in großen Mengen in Meeresfrüchten enthalten. Leute, die viel Fisch und Krabben essen, zeigten zwar in derselben Studie deutlich erhöhte TMAO-Werte, sie haben aber erfahrungsgemäß und wissenschaftlich belegt im Durchschnitt keineswegs ein erhöhtes Herzinfarktrisiko. Nach allem, was man bisher weiß, ist sogar eher das Gegenteil der Fall.

Man darf sich also auch von noch so eindrucksvollen Forschungsergebnissen und den eindrücklichen Schlussfolgerungen der Forscher

BAZILLEN STATT BETABLOCKER?

daraus nicht allzu sehr beeindrucken lassen. Und schon gar nicht verunsichern. Vor allem nicht, wenn ein Forschungsgebiet noch so jung ist wie die Erkundung des menschlichen Mikrobioms.

Vielleicht sind Hazens und Bakers Beobachtungen also zwar alle richtig, bedeuten aber etwas ganz anderes. Bislang ist jedenfalls noch nicht einmal eindeutig nachgewiesen, dass Fleischesser aufgrund der Tatsache, dass sie Fleisch essen, eher herzkrank werden als Vegetarier. Zumindest gibt es Hinweise darauf, dass der insgesamt tendenziell eher weniger gesundheitsbewusste Lebensstil von Fleischessern die Nachteile gegenüber Vegetariern erklärt und nicht das Fleisch selbst.[134] Dazu würde auch die Beobachtung passen, dass voller TMAO steckendes Seafood, wie schon erwähnt, sogar als sehr gesund gilt.

Es ist also noch längst nicht alles geklärt. Es gibt eine Menge gute Gründe, vegetarisch zu leben. TMAO gehört bislang aber sicher nicht dazu.

Wovon man sich aber beeindrucken lassen darf, sind die grundsätzlichen Mechanismen, denen Leute wie Hazen, Bäckhed, Baker und all ihre Mitarbeiter mit ihren Experimenten auf die Spur kommen.

Dieser Blick aufs große Ganze legt nahe, dass die Fernwirkungen durch Darmbakterien meistens nach einem ähnlichen Muster ablaufen: Die Mikroben verstoffwechseln Nahrungsbestandteile. Dabei entstehen relativ kleine Moleküle, die leicht die Darmwand passieren können und durch die Blutbahn im ganzen Körper verteilt werden. Diese Moleküle sind es, die letztlich selbst oder wiederum indirekt Reaktionen anderswo im Körper bewirken. Bei den meisten weiß man noch nicht, über welche molekularen Mechanismen sie dies genau tun.

Das herauszufinden ist eine große wissenschaftliche Herausforderung. Aber für die Möglichkeit, Therapien oder Vorbeugungsstrategien zu entwickeln, ist es wahrscheinlich meist nicht so wahnsinnig wichtig. Denn wenn man jemanden gesund machen kann, indem man ein paar dieser Moleküle aus dem Verkehr zieht – oder die Bakterien, die sie herstellen, von gesünderen verdrängen lässt –, muss man nicht unbedingt bis ins letzte Detail wissen, wie diese Moleküle wirken. Besser wäre es natürlich. Nicht nur weil Arzneimittelbehörden dann eher geneigt sein würden, eine neue Behandlungsform auch zuzulassen, und nicht nur weil es faszinierend ist, all diese Prozesse aufzuklären, sondern weil dabei meistens auch noch etwas herauskommt, das hilft, auch andere Prozesse im Körper zu verstehen.

Es mag banal klingen, aber man muss doch gelegentlich daran erinnern: Kein Vorgang im Körper ist losgelöst und unabhängig von allem anderen, was dort passiert. Alles hängt mit allem zusammen. Und natürlich kann es immer auch sein, dass Prozesse, die an der einen Stelle des Körpers problematisch sind, anderswo schützende oder gar lebenswichtige Funktionen erfüllen. Die Physiologie ist voller faustischer Akteure mit mindestens zwei Seelen: Eine von Darmbakterien produzierte Substanz, die Infarkte verschlimmert, könnte zum Beispiel eine krebsvorbeugende Wirkung haben. Bei den von Darmbakterien produzierten kurzkettigen Fettsäuren weiß man zum Beispiel bereits, dass sie zwar meistens Vorteile, hie und da aber auch Nachteile bringen. Erst wenn man all diese Mechanismen, gegenseitigen Abhängigkeiten und Komplexitäten einigermaßen versteht, sind auch Therapien oder Prophylaxen möglich, bei denen man vor bösen Überraschungen einigermaßen sicher ist. Dieser Forschungsprozess steht bei den Darmmikroben und ihren Fernwirkungen, etwa auf Herz und Blutgefäße, noch am Anfang.

Dass Antibiotika dem Herzen helfen können, dass Probiotika darin genauso gut sind und dass gerade Veganern Fleisch, zumindest körperlich, nicht zu schaden scheint – es werden nicht die letzten Überraschungen auf diesem Forschungsgebiet gewesen sein.

Sicher nicht ganz so überraschend ist, dass Darmbakterien auch Einfluss auf die Darmgesundheit haben. Wie sie das machen, ist es allerdings schon manchmal, und das kommt jetzt.

17 DER KRANKE DARM

Millionen Deutsche haben Darmbeschwerden, die von leichten Verdauungsstörungen bis hin zu lebensgefährlichen chronischen Entzündungen reichen. Oft sind Bakterien die Ursache. Die Mikroben könnten aber auch helfen.

Tummelplatz für Billionen von Bakterien, Hochleistungsorgan, Kontaktfläche zwischen Innen- und Außenwelt, Einfallstor für Krankheitserreger – im Grunde ist es nicht überraschend, dass auch der Darm mitunter krank wird, bei den Anforderungen, die das Leben an ihn stellt. Wenn man es sich genau überlegt, ist es sogar ziemlich erstaunlich, dass im Darm nicht permanent Notstand herrscht.

Die Darmwand bildet die Barriere zwischen Darminhalt und dem menschlichen Körper. Sie trennt, auch wenn es nicht ganz so offensichtlich ist, Außen von Innen, genau wie die Haut. Sie muss einerseits durchlässig sein, um Nährstoffe in den Körper schleusen zu können, andererseits darf sie keine schädlichen Keime passieren lassen. An dieser Grenze patrouillieren Zellen des Immunsystems und beargwöhnen alles, was ihr nahe kommt. Sie entscheiden, ob der Körper tolerant oder abwehrend auf das reagiert, was da vorbeirutscht und Kontakt aufnimmt. Dabei sind die Anforderungen an die Wächter sehr hoch. Sie dürfen auf unbekannte Nahrungsmittel nicht mit einem Großangriff antworten, sie müssen die nützlichen mikrobiellen Mitbewohner in Ruhe lassen, aber pathogene Keime in Schach halten. Kein Wunder, dass in dieser brenzligen, mit Konfliktpotenzial geradezu aufgeladenen Situation gelegentlich ein Konflikt auch ausgetragen wird, dass die körpereigenen Zöllner und Grenzschützer auch schon einmal überreagieren können.

Dann starten allergische Reaktionen, Entzündungen werden von der Immunabwehr entfacht. Wenn so richtig viel schiefläuft, kann es sein, dass die Abwehrzellen sich nicht nur, wie bei Allergien, übertrieben gegen eigentlich Unbedenkliches von außen richten, sondern auch gegen den eigenen Körper. Der wahrscheinlich im Ersten Weltkrieg geprägte militärische Begriff des »friendly fire« passt ziemlich gut für das, was dann passiert. An der Darmwand beginnen viele Krankheiten, und viele davon aufgrund solch unnötiger, fehlgeleiteter, überschießender Abwehrreaktionen. Das passiert seit einigen Jahrzehnten immer häufiger.

Mehr als zehn Prozent der Weltbevölkerung leiden an Schmerzen, Krämpfen und chronischen Entzündungen im Darm, haben Durchfall oder Verstopfung, müssen 20, 30 Mal am Tag aufs Klo, bluten, verlieren an Gewicht. Mehr als 30.000 Menschen sterben weltweit jedes Jahr an den Folgen. Die Zahl der in Statistiken auftauchenden Betroffenen schwankt von Land zu Land sehr, was sicherlich auch mit unterschiedlichen Erhebungsmethoden zusammenhängt. In Kanada liegt die Quote mit sechs Prozent der Bevölkerung sehr niedrig, in Mexiko beklagen sich 43 Prozent regelmäßig zumindest über Schmerzen und Krämpfe im Verdauungstrakt.

Reizdarm

Am weitesten verbreitet und am wenigsten klar definiert ist das sogenannte Reizdarmsyndrom. Es kann so unterschiedliche Auslöser haben wie Antibiotikagaben, Allergene in der Nahrung oder auch Stress. Eine Theorie besagt, starkes Bakterienwachstum im Dünndarm würde die Probleme hervorrufen. Dass Antibiotika bei einigen Patienten helfen, scheint die Annahme zu bestätigen, doch ist diese Frage alles andere als geklärt. Auch Magenmittel, die die Säureproduktion regulieren, stehen im Verdacht, einen Reizdarm auslösen zu können. Sie senken den Säuregehalt im oberen Teil des Dünndarms und verändern so die Lebensbedingungen für Bakterien. Bei manchen Patienten hat es geholfen, diese sogenannten Protonenpumpenhemmer abzusetzen.[135]

Lebensbedrohlich ist der Reizdarm zwar nicht. Überfallartiger Stuhldrang, aber auch Verstopfung, Durchfall, Krämpfe und Blähungen schränken die Betroffenen jedoch stark ein. Sie fallen häufig bei der Arbeit aus, sind insgesamt weniger produktiv und häufiger beim Arzt. Allein jede vierte Darmspiegelung bei unter 50-Jährigen wird bei

Reizdarmpatienten verordnet.[136] Frauen leiden anderthalb Mal häufiger darunter als Männer, Menschen unter 50 Jahren mehr als ältere. Es ist häufiger anzutreffen bei Menschen mit geringen Gehältern als bei Spitzenverdienern.

Bauchschmerzen, Übelkeit, Erbrechen und Durchfall sind auch die wichtigsten Symptome chronisch entzündlicher Darmerkrankungen, kurz: CED, zu denen Morbus Crohn und Colitis ulcerosa zählen. Sie treffen zwar weniger Menschen, aber dafür umso heftiger. Die Beschwerden treten immer wieder und ohne erkennbaren Anlass auf. Anders als beim Reizdarmsyndrom halten sie zum Teil sehr lange an und werden im schlimmsten Fall sogar chronisch. Ein Morbus Crohn kann im gesamten Verdauungstrakt auftreten. Charakteristisch ist, dass er nur Abschnitte befällt, während die Colitis ulcerosa den gesamten Dickdarm betrifft. Wann, warum und wie sie entstehen, kann derzeit noch niemand erklären. In beiden Fällen scheint jedoch festzustehen, dass es ein Wechselspiel ist aus genetischer Veranlagung und Umwelteinflüssen – also Ernährung, Mikrobiota, Medikamenten, Stress –, welches das Immunsystem in Rebellion versetzt. Es löst eine dauerhafte entzündliche Reaktion aus.

Chronisch entzündliche Darmerkrankungen treten weltweit am häufigsten in Nordamerika und Nordeuropa auf, weshalb Gastroenterologen glauben, dass der Lebensstil einen großen Einfluss hat. Fett- und zuckerreiche, aber ballaststoffarme Ernährung scheinen die entzündlichen Prozesse zu fördern, die in der Regel im Alter zwischen 20 und 30 Jahren zum ersten Mal zu Beschwerden führen. Antibiotikabehandlungen während der Kindheit scheinen eine Erkrankung später im Leben zu begünstigen.[137] Anders als beim Reizdarmsyndrom sind vor allem Besserverdiener betroffen. Allein in Deutschland leiden wahrscheinlich mehr als 300.000 Menschen an einer dieser beiden Krankheiten. Interessanterweise scheint die Entfernung des Wurmfortsatzes am Blinddarm in jungen Jahren das Risiko für Colitis ulcerosa zu reduzieren und das für Morbus Crohn zu steigern.

So zahl- und variantenreich wie die Darmkrankheiten und -beschwerden selbst sind auch deren mögliche Ursachen. Bei Lebensmittelallergien und -unverträglichkeiten herrscht immerhin Klarheit, woher die Beschwerden kommen, auch wenn noch nicht genau geklärt ist, wie und warum sie entstehen. Auch die Frage, warum in jüngerer Zeit immer mehr Menschen an Lebensmittelallergien und chronischen Darmentzündungen leiden, ist bislang nicht beantwortet. Eine mögliche Erklärung bieten natürlich unsere alten Freunde, die Bakterien – oder vielmehr ihre Abwesenheit. Nach der gängigen Theorie haben wir in unserer durchdesinfizierten Welt mit keimfreiem Wasser und abgepacktem, dauerhaltbarem Essen zu wenig Kontakt mit Mikroben, um unser Immunsystem zu beschäftigen. Wie eine Truppe arbeitsloser Söldner stürzen sich die Abwehrzellen deshalb auf alles, was ihnen noch bleibt: Komponenten von Lebensmitteln, Gräser- oder Haselpollen, Milbenausscheidungen, Pilzsporen et cetera. Möglicherweise beginnen sie sogar gegen die mikrobiellen Mitbewohner zu schießen, an die sie sich im Laufe von einigen Millionen Jahren Evolution gewöhnt hatten.

Stimmt diese Theorie, müsste man der marodierenden Immunabwehr nur wieder echte Arbeit geben, und nicht nur viele Darmleiden ließen sich kurieren, sondern auch noch Allergien und Autoimmunkrankheiten bekämpfen. Genau daran arbeiten derzeit Forscher auf der ganzen Welt. Einer ihrer Pioniere ist Joel Weinstock.

Der Wurm im Flugzeug

Irgendwann Mitte der 1990er Jahre hatte der vielbeschäftigte Gastroenterologe von der Tufts Universität in Boston endlich einmal genügend Zeit zum Nachdenken. Er war auf dem Weg zu einer Konferenz, als ein Gewittersturm sein Flugzeug in Chicago für fünf Stunden am Weiterflug hinderte. Er nutzte die Zeit, um ein Buchmanuskript über Parasiten zu überarbeiten, und vielleicht musste er erst dieser Konstellation ausgesetzt werden – Blitz und Donner, Verspätung, Parasitenbuch –, damit sich ein Gedanke Bahn brechen konnte. So spekulierte er selbst zumindest Jahre später.

Zu der Zeit, als Weinstock mit jenem Parasitenbuch zu tun hatte, begann sich gerade die Erkenntnis durchzusetzen, dass die Erfindung der Hygiene nicht nur ein Segen für die Menschheit war. Als Parasitenforscher formulierte Weinstock die Gleichung natürlich anders als ein Mikrobiologe. Denn es gibt noch eine andere Gruppe von alten Bekannten der Menschheit, die bislang in diesem Buch noch gar nicht angesprochen wurde. Die Rede ist von Darmparasiten – kleinen Würmern, die bis zur Erfindung der Wasseraufbereitung eigentlich ein ständiger Begleiter der Menschheit waren, ohne dass sie uns zwingend geschadet hätten. Natürlich gibt es auch garstige Vertreter, die uns ernsthaft krank machen. Aber viele von ihnen können in uns leben, ohne dass wir es überhaupt mitbekommen. Sie produzieren zu ihrem eigenen Schutz eine Art Beruhigungsmittel für das Immunsystem und verhalten sich ansonsten sehr zurückhaltend. Im Normalfall richten sie keinen Schaden an.

Könnte es nicht sein, fragte sich Weinstock, während der Donner grollte, dass das Verschwinden der Würmer zu Zivilisationsleiden wie Allergien und Autoimmunkrankheiten geführt hat? Und könnte man diese nicht umgekehrt dadurch behandeln, dass man Würmer und Wirte wieder zusammenbringt? Vielleicht klingt diese Idee jetzt an dieser Stelle des Buches schon nicht mehr ganz so befremdlich, wie sie noch auf den ersten paar Seiten geklungen hätte. Was viele Menschen das Gesicht vor Ekel verziehen lässt, erschien Weinstocks Kollegen bei seiner Rückkehr ins Labor ziemlich plausibel. Einigen zumindest. Andere dachten, er würde scherzen.[138]

Auch sie merkten aber bald, dass es ihm ernst war. Joel Weinstock machte sich umgehend daran, seine Wurmhypothese zu überprüfen. Nach einem Test mit Mäusen und nachdem das Ethikkomitee seiner Universität das Experiment abgesegnet hatte, fiel es ihm nicht schwer, einen Patienten zu finden, der sich darauf einlassen würde. Der Auserwählte litt seit Jahren an einer nicht behandelbaren Colitis ulcerosa. Die übliche Therapie mit Cortison- oder ähnlichen Präparaten und anderen Immunsuppressiva half ihm schon lange nicht mehr. Also spülte er die 2.500 Eier des Schweinepeitschenwurms *Trichuris suis* geradezu begierig mit einem Schluck Limonade herunter, hoffend auf Linderung.

Die kam tatsächlich ziemlich umgehend.

Nach sechs Wochen hatte sich nicht nur die erwünschte Wirkung dieser Wurmkur mit umgekehrtem Vorzeichen eingestellt, es waren auch keine unerwünschten Wirkungen aufgetreten. Auch bei den nächsten sechs Patienten gingen die Beschwerden rasch zurück. Komplikationen blieben aus. Nach und nach testeten Weinstock und mit ihm eine wachsende Zahl von Ärzten und Alternativmedizinern die Würmer auch an Patienten mit anderen Krankheitsbildern. Größere klinische Studien sind Ende 2013 mehrere in Planung oder laufen bereits. Eine davon hat der Chef des Frankfurter Uniklinikums Jürgen Schölmerich in Zusammenarbeit mit dem Freiburger Unternehmen Dr. Falk organisiert.[139] Mitte 2014 könnten die ersten Ergebnisse vorliegen.

Bislang hat sich gezeigt, dass die Schweine-Würmer nicht allen Patienten helfen, aber bei vielen eine Besserung bewirken. Allerdings müssen sie die Eier regelmäßig schlucken. Der Mensch ist nicht der natürliche Wirt des Parasiten, deshalb kann dieser sich auch nicht voll entwickeln. Dahinter versteckt sich schlicht eine Sicherheitsvorkehrung, die Weinstock und seine Kollegen ersonnen haben. Sie wollten nicht das Risiko eingehen, ihre Patienten mit Parasiten zu besiedeln, die sich dauerhaft niederlassen. Die Larven des Schweinepeitschenwurms können noch unbehelligt aus ihren Eiern schlüpfen und eine Immunantwort auslösen, haben aber nicht genug Zeit, sich zu vermehrungsfähigen Würmern zu entwickeln, bevor sie ausgeschaltet und »auf natürlichem Weg«, wie es auf der Webseite des Unternehmens heißt, ausgeschieden werden.

Noch weiß niemand, auf welchem Wege genau die Parasitentherapie das Immunsystem zahlreicher Patienten beruhigt – und warum die Wurm-Wirkung bei einigen aber ausbleibt. Es gibt ein paar plausibel klingende Erklärungsversuche. Doch eine Theorie, die schlicht besagt, dass man einem auf Action ausgelegten Darmimmunsystem eben nur etwas zum Spielen (Wurm) geben muss, damit es keinen Unsinn (Angriff auf körpereigene Zellen) macht, genügt den Aufsichtsbehörden sicher nicht, um Würmer als Therapeutikum für große Patientenzahlen zuzulassen. Doch genau das wäre nötig angesichts von Millionen Menschen, die an entzündlichen Darmbeschwerden leiden. Vielleicht ändern die gerade anstehenden Studien mittelfristig daran ja etwas.

Lebendige Stärkung für den Schutzwall

Und vielleicht gibt es auch noch ganz andere Möglichkeiten, das Darmimmunsystem davon abzubringen, jene unsinnigen und krank machenden Kämpfe auszutragen. Mit Hilfe von Bakterien zum Beispiel.

Morbus Crohn kann zwar prinzipiell überall im Verdauungstrakt Entzündungsherde aufbrechen lassen, meist flammen sie aber dort auf, wo die Besiedelung mit Bakterien hoch ist, also am Ende des

Dünndarms und im Dickdarm. Bei Colitis ulcerosa wurde dieser Zusammenhang bisher nicht beobachtet. Auch die Zahl der Darmtumoren steigt mit der Dichte der Mikroorganismen an. Dies sind bisher nur Korrelationen, man weiß also nichts darüber, ob wirklich ein ursächlicher Zusammenhang besteht. Aber diese Befunde sind natürlich für Wissenschaftler und Mediziner interessant und fordern Erklärungsversuche heraus. Auch die Ergebnisse aus Tierversuchen passen ins Bild: Keimfreie Mäuse haben viele Probleme, aber zumindest zählen nach allen bisherigen Beobachtungen chronisch entzündliche Darmleiden nicht dazu. Dabei ist die Darmbarriere bei ihnen ziemlich durchlässig, weil ja die Bakterien, die für deren korrekte Funktion sorgen, auch fehlen. Bei besiedelten Tieren kommen diese Krankheiten dagegen durchaus vor.

Inzwischen hat sich gezeigt, dass sich Entzündungsreaktionen auch gegen darmbewohnende Bakterien richten können, die normalerweise toleriert werden. Die Barriere-Funktion der Darmwand scheint bei Patienten mit entzündlichen Darmleiden zudem eingeschränkt zu sein. Außerdem verändern sich die Mikrobiota in ihrer Zusammensetzung, und die Zahl der Arten und Varianten geht deutlich zurück. Der Kieler Forscher Robert Häsler vergleicht die Veränderung mit dem Artensterben in einem zerstörten Lebensraum. Der Verlust sei für die Patienten besonders gravierend, weil die ausgelöschten Bakterien normalerweise wichtige Schutzfunktionen übernehmen, indem sie zum Beispiel dazu beitragen, dass die schützende Schleimschicht auf den Epithelzellen des Darms erneuert wird. Ergebnisse eines Forschungsprojekts, an dem Häsler beteiligt war, zeigen zudem erstmals, dass die molekulare Interaktion zwischen Mikroben und Schleimhaut »nahezu komplett verloren geht«, so der Kieler Molekularbiologe.

Welche dieser Faktoren die Entzündung auslösen und welche vielleicht nur Begleiterscheinungen sind, ist zwar noch immer unklar, jedoch glauben inzwischen viele Therapeuten, dass schon die Normalisierung eines dieser Faktoren die Beschwerden deutlich lindern kann. Das zeigt sich auch an den vielfältigen Behandlungsoptionen, die mal mehr, mal weniger erfolgreich sind. Sie reichen von Entzündungshemmern und Immunsuppressiva über Antibiotika und Einläufe mit Buttersäure bis hin zu Ernährungsumstellung und Einnahme von Probiotika, wobei

Letztere bei Morbus Crohn bislang noch keinen Nutzen gezeigt haben. Bei der Behandlung von Colitis ulcerosa hat sich unter anderem das Bakterium *Escherichia coli Nissle 1917* recht gut bewährt. Die Jahreszahl gehört zum Namen des Keimes und verrät etwas über seine Geschichte. Er wurde 1917 von dem Freiburger Arzt und Bakteriologen Alfred Nissle aus menschlichem Stuhl isoliert, als er auf der Suche nach einem Heilmittel gegen Durchfall war (siehe Kapitel 18).

Die Darmwand ist mechanischer und immunologischer Schutzwall zugleich. Hält sie nicht dicht, können Infektionserreger leichter in den Körper gelangen, aber auch Nahrungsmittelantigene schaffen den Übergang vom Darmraum in den Körper leichter. Das bringt die Abwehr in Aufruhr, und Entzündungen können nicht nur im Darm aufflammen, sondern auch in anderen Organen. Übergewicht, Diabetes und Herzkreislaufkrankheiten könnten dadurch begünstigt werden, zumindest wird in diese Richtung geforscht (siehe Kapitel 13 und 16). Und wer weiß was noch.

Die Barriere kann durch vieles geschwächt werden. Schädlinge können zum Beispiel Bakterien, die für den Erhalt der schützenden Schleimschicht auf den Epithelzellen sorgen, vertreiben. Auch schlechte Ernährungsgewohnheiten können dafür wahrscheinlich bereits ausreichen. Zumindest in Tierversuchen hat sich der Einfluss der Nahrung eindrucksvoll gezeigt. Mäuse mit der genetischen Veranlagung zu Darmentzündungen, die im Labor des Gastroenterologen Eugene Chang in Chicago mit großen Mengen Milchfett gefüttert worden waren, wurden häufiger krank als Tiere, die fettarmes oder an mehrfach ungesättigten Fettsäuren reiches Futter bekamen. Das sagt für den Menschen aber noch nicht viel aus. Unklar ist, welche Menge Milchfett ein Mensch zu sich nehmen müsste, um den gleichen Effekt zu erleben. Unklar ist auch, ob es beim Menschen genetische Varianten gibt, die das begünstigen oder verhindern. Über welchen Zeitraum ein Mensch sich so ernähren müsste, weiß auch niemand.

Solche Versuche mit Tieren sind jedenfalls eher mit dem Erbsendiät-Experiment, das der Arzt mit dem armen Woyzeck in Georg Büchners gleichnamigem Drama anstellt, vergleichbar: Ein vorgeschädigter Patient (also in diesem Falle eine genetisch für die Krankheit veranlagte Maus) bekommt eine extrem einseitige und unnatürliche Kost (welche normale Maus ernährt sich schon hauptsächlich von Kuhmilchprodukten?). Dass das zu einer extremen Reaktion führt, ist also nicht so überraschend. Aber bei den Tierversuchen gibt es zumindest eine kleine Chance auf Erkenntnisgewinn, vielleicht in Gestalt eines Hinweises auf einen möglichen biochemischen Mechanismus, den man weiter erforschen kann.

Gallenliebe

Milchfett ist nicht ganz einfach zu verdauen. Die Leber muss reichlich Gallensäure produzieren, um die Nährstoffe zu zerlegen. In dieser Umgebung fühlt sich *Bilophila wadsworthia* ausgesprochen wohl und kann sich rasch vermehren, wohingegen andere Bakterien gehemmt werden. Normalerweise macht dieses Bakterium auch bei den Mäusen, die anfällig sind für Darmentzündungen, keine Probleme. Nur wenn es den richtigen Reiz bekommt, dann fängt es an, sich stark zu vermehren und die schützende Schleimschicht auf den Darmzellen zu zersetzen. Sobald die durchbrochen ist, reagiert das Immunsystem, und eine Kolitis, eine Entzündung, entsteht.[140] Chang glaubt, dass auch andere Elemente der typisch westlichen Ernährung (Zucker!) die Mikrobiota in Richtung Ungesund verschieben und weitere Störungen des Immunsystems verursachen können, wenigstens bei Menschen, deren Veranlagung die Entwicklung solcher Leiden begünstigt.

Zumindest zeigt das Experiment mit dem Milchfett, dass die Ernährung einen Einfluss haben kann, auch wenn die Versuchsbedingungen etwas fern der menschlichen Realität waren. Zöliakie ist ein weiteres Beispiel dafür, wie stark Ernährung und Darmgesundheit zusammenhängen. Bei dieser extremen Form der Weizeneiweiß-Unverträglichkeit reagiert das Immunsystem auf Gluten so heftig, dass der Darm selbst stark geschädigt wird. Genetische Faktoren spielen mit in das Krankheitsgeschehen hinein, aber inzwischen hat sich auch gezeigt, dass die Darmbakterien wahrscheinlich einen entscheidenden Einfluss darauf haben, ob die Krankheit ausbricht oder nicht. Ist die richtige Mischung im Darm des Patienten vorhanden, scheinen sie das Immunsystem so zu modulieren, dass es nicht überreagiert, sobald jenes Klebereiweiß, das auch in Gerste und Roggen vorkommt, im Darm auftaucht. In Kapitel 12 wurde auf dieses Thema ausführlicher eingegangen.

Verschiedene Maßnahmen haben sich mittlerweile bewährt, um

eine poröse Darmbarriere wieder abzudichten. Sie funktionieren nicht bei allen Patienten mit entzündeten Därmen, aber sie zeigen allesamt, wie wichtig es ist, den Darm gesund zu halten, damit er seine Barriere-Funktion behält.

Spezialisierte Becherzellen in der Darmwand produzieren den schützenden Schleim. Er besteht aus Proteinen, die bei Kontakt mit Wasser sehr stark aufquellen. Andere Zellen stellen antibakterielle Proteine her, mit denen sich der Darm vor der Besiedelung mit den falschen Mikroben schützt. Aus eingelagerten Stammzellnestern heraus erneuert sich die nach außen gerichtete Zellschicht des Darms innerhalb von wenigen Tagen wieder und wieder. Diese Zellen zählen zu den kurzlebigsten des menschlichen Körpers. Die stete Erneuerung des Darms ist ein Zeichen für den erhöhten Verschleiß im Hochdurchsatzorgan. Die permanenten Wartungsarbeiten sind notwendig, um die Barrierefunktionen der Darmwand aufrechtzuerhalten. Herrscht in der Darm-WG Normalzustand, bekommen die menschlichen Zellen Hilfe durch die Mikroben. Das bereits aus Kapitel 12 bekannte *Faecalibacterium prausnitzii* gilt als ein besonders emsiger Helfer. Aus Ballaststoffen, die kein menschliches Verdauungsenzym knacken kann, stellt es Buttersäure her. Diese einfachste aller Fettsäuren ist Hauptenergielieferant für die Epithelzellen des Darms und gleichzeitig ein mächtiger Entzündungshemmer. Buttersäure bremst die Ausschüttung von Signalmolekülen, die zu Entzündungen führen. Als Nebeneffekt säuert sie den Darminhalt an, was das Leben für Salmonellen und andere Krankheitserreger erschwert.[141]

Was Ursache und was Folge ist, lässt sich noch nicht sagen, aber in jedem Fall ist bei Patienten mit chronischen Entzündungen im Darm sowohl die Menge der Prausnitzii-Bakterien als auch die Buttersäurekonzentration gering. Bislang gibt es *Faecalibacterium prausnitzii* nicht als probiotisches Präparat, deshalb kann auch niemand sagen, ob es funktionieren würde, diesen Keim im verarmten Darm wieder anzusiedeln. Ob das Essen von präbiotischen, das Wachstum von *F. prausnitzii* und anderen Buttersäureproduzenten fördernden Nahrungsmitteln etwas bringen würde, ist bislang lediglich ein auf den ersten Blick überzeugend klingendes Konzept. Nur hat sich gezeigt, dass Reizdarm-Patienten zum Teil sehr empfindlich auf Ballaststoffe in der Nahrung reagieren. Deutlich zeigt sich das bei Kleie, die die Symptome eher verschlimmert. Dabei galten Ballaststoffe eine Zeit lang als die Wunderwaffe gegen Darmleiden.

Die Rolle der Ballaststoffe

Zumindest bei Reizdarm scheint das Gegenteil der Fall zu sein. Nachdem der Gastroenterologe Peter Gibson und die Ernährungsforscherin Susan Shepherd von der Monash University in Melbourne dies vor mehr als einem Jahrzehnt erkannt hatten, entwickelten sie eine ballaststoffarme Ernährungsform, um die Beschwerden zu lindern. Sie nennen ihr Konzept die »Low FODMAP-Diet«, die auf von Bakterien verdaubare Kohlenhydrate verzichtet. FODMAP steht für »Fermentierbare Oligosaccharide, Disaccharide, Monosaccharide und Polyole«, eine Gruppe wasserlöslicher Ballaststoffe, zu denen die Fruktane aus Zwiebeln, Weizen und anderen Gemüse- und Getreidesorten zählen, aber auch Laktose aus Milchprodukten, Fruktose aus Obst, manche Süßstoffe und Stärke aus Hülsenfrüchten. Die Liste der verbotenen Nahrungsmittel ist lang, weshalb es schwierig ist, eine solche Diät durchzuhalten.

Viele pflanzliche Moleküle sind für menschliche Enzyme unverdaulich. Sie wandern deshalb unverändert durch den Dünndarm und dienen Bakterien im Dickdarm als Nahrung. Was normalerweise gut ist, weil es das Bakterienwachstum und den Artenreichtum fördert, führt bei Reizdarmpatienten oft zu Beschwerden. Deshalb empfehlen Gibson und Shepherd ihre Diät auch nur vorübergehend, um die Symptome zu lindern. Es sei hingegen keine ratsame Ernährungsform für all jene, die keine Beschwerden haben, weil sich dadurch die Belegschaft im Darm möglicherweise zum Nachteil verändern könnte. Aus diesem Grund werden Patienten auch angehalten, nach der ersten Symptomverbesserung zu experimentieren, um herauszufinden, welche Mengen sie von welchen Nahrungsmitteln vertragen. Inwieweit Menschen mit chronisch entzündlichen Darmleiden von einer gezielten Ballaststoffreduzierung profitieren, ist noch strittig. In jedem Fall sollte sie nicht während eines aktiven Krankheitsschubes ausprobiert werden.[142]

Es gibt noch einen Weg, um Buttersäure an den Ort des Geschehens zu bringen, wenn es nicht gelingt, die natürlichen Produzenten dort anzusiedeln. Eine Reihe von Tierversuchen und klinischen Studien zeigte, dass Einläufe mit der Fettsäure die Beschwerden von CED-Patienten lindern können. Die Wirkung hält allerdings nur vorübergehend an, eine praktikable langfristige Lösung des Problems ist eine solche Prozedur, die ja ständig wiederholt werden müsste, sicher nicht.

Bitte ein Placeborezept

Vielversprechender ist da die Idee, die gekippte Balance an der Darmwand durch gezieltes Ansiedeln von Bakterien wiederherzustellen. Über zwanzig verschiedene Probiotika wurden bislang in systematischen Studien erprobt, wirklich geheilt haben sie bislang niemanden, wohl aber die Symptome bei manchen Reizdarm- und Colitis-ulcerosa-Patienten gelindert. Bei Reizdarm können offensichtlich insbesondere Bifidobakterien den Darm beruhigen, die Wasseraufnahme regulieren und die Darmbewegung anregen.[143] Ob das die Bakterien alleine hinbekommen haben, wäre noch zu untersuchen. Denn auch Placebos haben mitunter große Wirkung auf gereizte Därme. Und das selbst dann, wenn die Patienten von ihrem Arzt erfahren, dass sie von ihm ein Scheinmedikament bekommen.[144] Aber es gab auch Fälle, in denen die Probiotika zu einer Verschlechterung führten. Schnelle Erfolge sollte man auch nicht erwarten. Wenigstens vier Wochen, so die gängige Empfehlung, sollten Behandlungsversuche dauern, bevor man sie beurteilt.

Wo einzelne Bakterienstämme keine Besserung bringen, könnte die Verpflanzung ganzer Mikrobiota helfen. Prinzip: Ungünstig besiedelten Darm radikal reinigen und mit einer Spende des Darminhalts einer darmkerngesunden Person eine neue Besiedlung versuchen. Wie viele Patienten mit chronisch entzündlicher Darmkrankheit bereits eine solche Stuhlspende von einem Gesunden transplantiert bekommen haben, lässt sich nicht genau sagen. Es können Dutzende, aber auch schon Hunderte oder Tausende sein. Nach allem, was man dazu lesen kann, verlaufen diese Heilversuche weitestgehend ziemlich erfolgreich. Der australische Bakterieotherapie-Pionier Thomas Borody zeigte zum Beispiel, dass von 62 so behandelten Colitis-ulcerosa-Patienten 42 anschließend keine Beschwerden mehr hatten. Warum eine so erfolgreiche Maßnahme nicht längst zum Standard geworden ist, steht in Kapitel 19.

Würmer, Probiotika, Präbiotika, Antibiotika, Nahrung,

Entzündungshemmer, Immunsuppressiva, Buttersäure, Stuhl. Die Liste der Behandlungsoptionen bei Darmproblemen ist lang. Sie wird sicher noch länger werden, je mehr wir verstehen, wie die Bakterien ihre Wirkung entfalten. Vielleicht wird sich ein ganzer Bauchladen spezifischer Therapiemöglichkeiten eröffnen. Vielleicht wird es aber auch einfacher werden, und man wird gar keine Bakteriencocktails oder Wurmkuren brauchen, sondern nur ein paar Moleküle schlucken müssen, die das Immunsystem sanft in die gewünschte Richtung bugsieren und nebenbei den Bakterienhaushalt ebenso. Eine ganze Industrie entsteht gerade, die das Heilen mit Bakterien zum Geschäft macht. Darum geht es in den nächsten beiden Teilen des Buches.

TEIL IV
HEILEN MIT MIKROBEN

18 JOGHURT FÜR EIN LANGES LEBEN

Ist das Ökosystem im Darm beschädigt, sollen Pro- oder Präbiotika es wieder reparieren. Zum Beispiel solche aus fermentierten Lebensmitteln. Wie gut kriegen sie das hin?

»Es gibt bislang keine Studien, die einen ursächlichen Zusammenhang zwischen klinischen Verbesserungen und durch Probiotika ausgelösten Veränderungen der Mikrobenzusammensetzung zeigen.« Dieser harte, unbarmherzige, aber auch begründete Satz steht in einem jüngsten wissenschaftlichen Übersichtsartikel zum Thema Probiotika.[145] Er stammt von ein paar Wissenschaftlern, die sich mit dem Thema sehr gut auskennen. Wir könnten also dieses Kapitel hier zum mit Abstand kürzesten des Buches machen. Wirkung von Probiotika nicht wissenschaftlich nachgewiesen. Ende.

Es ist nicht ganz so einfach, und auch nicht ganz so ernüchternd.

In einem anderen Satz aus demselben Fachartikel, nur ein paar Zeilen weiter unten, heißt es: »Probiotika sind lebende Mikroorganismen, die, wenn sie in der richtigen Menge verabreicht werden, dem Wirt einen Gesundheitsvorteil bringen.« Eine Definition – tatsächlich die Definition, auf die sich ein UN-Expertengremium 2001 einigte – wird also geliefert.[146] Man muss kein linguistisches Genie sein, um zu erkennen: Die beiden Sätze zusammen würden bedeuten, dass etwas, was den Namen Probiotika verdient, bislang gar nicht existiert.

Doch natürlich bedeutet ein fehlender strenger Nachweis nicht unbedingt, dass es den gesuchten ursächlichen Zusammenhang nicht gibt. Er ist nur bisher vielleicht noch nicht gefunden worden.

Einer der Gründe, warum ein solcher streng wissenschaftlicher Nachweis bislang nicht gelungen ist, ist ein ganz profaner: Einen ursächlichen Zusammenhang zwischen Probiotika, von ihnen möglicherweise ausgelösten Veränderungen der Darmflora und dadurch dann möglicherweise ausgelösten Veränderungen im Gesundheitszustand eines Menschen zu finden, ist extrem schwierig. Entsprechende Experimente mit einer ausreichend großen Zahl von Menschen zu machen und dann die »ursächlichen Zusammenhänge« zu suchen und vielleicht gar zu finden, ist kompliziert und teuer. Einer Gruppe von Menschen Probiotika zu geben und sie nach zwei Wochen zu fragen, ob es ihnen besser geht, würde zum Beispiel nicht viel weiter helfen. Denn es kann ja auch an etwas anderem gelegen haben, dass man sich anschließend gesünder fühlt. Man kann es sich sogar auch nur einbilden.

Allerdings ist genau solch ein Szenario – es geht einem schlecht, man isst Joghurt mit lebenden Kulturen, und danach geht es einem besser – für jeden, der es selbst probiert und bei dem es so abläuft, Nachweis genug. Es mag ein Placeboeffekt gewesen sein, oder eine durch die Selbstheilungskräfte des Körpers bedingte Besserung, die auch ohne lebende Kulturen eingetreten wäre. Oder vielleicht lag es an etwas anderem, das zusätzlich zum Joghurt gegessen wurde?

Doch darin steckt auch schon einer der einfachen Ratschläge, die man guten Gewissens geben kann: Die heute frei verkäuflichen Probiotika, oder was eben so genannt wird, sind meistens zumindest ungefährlich (auch da gibt es allerdings Ausnahmen, mehr dazu später in diesem Kapitel). Wer sich Hilfe von ihnen verspricht, muss es – ohne sich gleichzeitig anderen Therapiemöglichleiten zu verweigern – einfach probieren. Am besten tut er oder sie dies natürlich mit Begleitung eines der Sache gegenüber aufgeschlossenen Arztes. Wem es danach besser geht, den kann man nur beglückwünschen. Und es wird ihm oder ihr auch egal sein, ob irgendein Fachmann meint, dass er oder sie vielleicht nur vom Placeboeffekt profitiert.

Ein weiterer Grund dafür, dass es schwierig ist, hier allgemeingültige Wirkzusammenhänge zu finden, ist wahrscheinlich genau der, aus dem es sich lohnt, individuell auszuprobieren und subjektiv nach Effekten zu suchen: Ein und dasselbe Probiotikum bewirkt, wenn es denn überhaupt etwas bewirkt, in verschiedenen Därmen – die unterschiedliche Nahrung verarbeiten, genetisch unterschiedlich ausgestattet und von verschiedenen und unterschiedlich zusammengesetzten

JOGHURT FÜR EIN LANGES LEBEN

Bakterien besiedelt sind –, bei oft auch unterschiedlichen Ursachen der Beschwerden, sehr wahrscheinlich nicht das Gleiche. Die Ära der personalisierten Darmmikrobenmedizin ist bislang noch nicht angebrochen. Deshalb muss, wer für sich das Beste finden will, zuerst zwar gezielt nach dem suchen, was passen könnte, es dann aber auf Versuch und Irrtum ankommen lassen.

Der Ukrainer Ilja Metschnikow starb 1916 mit 71 Jahren. Er übertraf damit die durchschnittliche Lebenserwartung eines in einem industrialisierten Land lebenden Mannes seines Geburtsjahrgangs um mehr als 25 Jahre.[147] Aber er war auch nicht arm, sogar adeliger Herkunft, was schon damals mehr Lebensjahre einbrachte, als dem Durchschnitt beschieden waren. Und so uralt, dass man spontan fragen würde, was denn nun das Geheimnis seines langen Lebens war, ist er nun auch wieder nicht geworden. Metschnikow allerdings war tatsächlich der erste Mensch überhaupt, der mehr oder minder auf die eben angesprochene Weise gezielt an und für sich selbst experimentierte. Er war der Erste, der aufgrund einer wissenschaftlichen Hypothese versuchte, mit etwas, was man später ein Probiotikum nennen würde, seine Gesundheit zu verbessern und sein eigenes Leben zu verlängern.

Metschnikow war nicht irgendein Quacksalber oder Anhänger einer der Anfang des vorigen Jahrhunderts durchaus populären esoterischen Moden. Er war ein Mikrobiologe in leitender Stellung am Pariser Pasteur-Institut. Er stammte aus der Ukraine, und ihm fiel bei Bewohnern eines anderen Schwarzmeer-Anrainerstaates auf, dass sie besonders vital zu sein schienen und oft uralt wurden. Es waren bulgarische Bauern, die ziemlich viel Joghurt aßen und Sauermilch tranken. In diesen Erzeugnissen hatte ein bulgarischer Mikrobiologe namens Stamen Grigorow 1905 ein charakteristisches Milchsäurebakterium gefunden. Dieses »Bulgarische Bacillus«, heute *Lactobacillus delbrueckii* subspecies *bulgaricus* genannt, so war Metschnikow überzeugt, konnte die Bakterien im Darm so beeinflussen, dass sie weniger giftige und den Alterungsprozess anschiebende Substanzen herstellten.

Zur ziemlich genau gleichen Zeit, da Metschnikow auch per Buchpublikation versuchte, seine Sicht von den gesunden Bakterien populär zu machen, bekam er nicht nur zusammen mit Paul Ehrlich den Nobelpreis für seine bahnbrechenden Forschungen zum Immunsystem.[148] Es war auch die Zeit, in der Bakterien immer besser erforscht wurden – und einen immer schlechteren Ruf wegbekamen (siehe Kapitel 6). Und das blieb über Jahrzehnte so.

Indizienprozess um Mikroben

Ganz so allein gelassen, wie es Professor Metschnikow damals hinsichtlich gänzlich fehlender wissenschaftlicher Daten war, ist man allerdings heute nicht mehr mit seinem Joghurtbecher aus dem Supermarkt oder dem Bak-Pülverchen aus der Apotheke. Es gibt einerseits heute noch deutlich mehr dokumentierte jahrhundertealte Erfahrungen, von denen Metschnikow noch nichts wusste. Und außerdem gibt es inzwischen eine Menge wissenschaftlicher Studien. Wenn beides auch bislang nicht ausreicht, um die von der modernen Medizin und ihren Zulassungsbehörden geforderten ursächlichen Zusammenhänge wirklich nachzuweisen, so kann man doch ein paar Schlüsse ziehen. Wenn ganze Bevölkerungen, die traditionell viele durch Bakterien fermentierte Lebensmittel zu sich nehmen, gesundheitlich im Durchschnitt und bezüglich spezifischer Krankheiten besser dastehen als Bevölkerungsgruppen, die das nicht tun – und wenn dann noch versucht wird, andere mögliche Einflussfaktoren auszuschließen, und der Effekt in der Statistik trotzdem bestehen bleibt –, ist das schon ein starker Hinweis. Wenn in einer Studie die Patientengruppe, die Probiotika bekam, danach deutlich gesünder eingestuft wird als die, der ein Placebopulver untergerührt wurde, ist das meist auch kein Zufall.

Aus Studien mit Mäusen, Menschen und anderem Getier bekannt ist jedenfalls, dass einige als Probiotika vermarktete Bakterienstämme zumindest vorübergehend eine Änderung der Zusammensetzung der Darmflora bewirken oder dass sich das, was die Bakterien im Darm tun, ändert.[149] Und, das werden auch die allerkritischsten Experten bestätigen: Es existieren zwar keine justiziablen Beweise, aber Hinweise darauf, dass Probiotika bei manchen Leiden, und zumindest manchen Leuten, helfen können.

Die Probiotika-Frage wird in einem Indizienprozess verhandelt. Versuchen wir uns eine Übersicht über diese Indizien zu verschaffen.

Es gibt eine Reihe von Krankheiten oder Beschwerden, zu denen es Probiotika-Studien gibt. Dazu gehören das Reizdarmsyndrom, infektionsbedingte Durchfallerkrankungen, Darmentzündungen, nekrotisierende Enterokolitis bei Neugeborenen, sonstige Infektionskrankheiten, Allergien, Krebserkrankungen. Und überall finden manche Studien einen Effekt, manche sogar einen ganz deutlichen. Doch manche dieser Studien sind zu klein, zu Placeboeffekt-anfällig, zu schlecht organisiert, zu gesponsert und geplant von Leuten, die an Probiotika glauben oder einfach nur Geld mit ihnen verdienen wollen.

Mediziner und Epidemiologen machen deshalb in letzter Zeit sogenannte Meta-Studien. Das geht so: Man sucht sich alle nur auffindbaren veröffentlichten Untersuchungen zu einer Fragestellung, zum Beispiel »Wirken Probiotika bei Reizdarmsyndrom?«, und prüft sie. Man prüft sie allerdings nicht nur hinsichtlich dessen, was im Ergebnisteil steht, sondern auch hinsichtlich der Qualität und Verlässlichkeit. Wie wurden die Probanden ausgewählt, waren es genug Probanden, gab es eine Kontrollgruppe, die mit Placebo behandelt wurde, wurde ausreichende »Verblindung« sichergestellt (also, dass weder Forscher noch Patienten wussten, wer das Probiotikum und wer nur Placebo bekam[150]), waren eine einheitliche Qualität und Menge des Probiotikums gesichert, könnten die Forscher voreingenommen gewesen sein, haben sie vielleicht ein Interesse daran, dass genau ein bestimmtes Ergebnis herauskommt? Erstaunlich viele Studien fliegen oft schon, weil sie hier große Schwächen zeigen, aus der Metaanalyse raus, bevor überhaupt metaanalysiert wird.

Man könnte jetzt denken, dass pro Thema eigentlich eine Metaanalyse reichen sollte, zumindest so lange, bis wieder einige neue Studien dazugekommen sind. Aber selbst zu so ziemlich allen einzelnen Erkrankungen, bei denen man sich Hilfe von Probiotika erhofft, gibt es gleich eine ganze Reihe davon. Und sie kommen zu unterschiedlichen Ergebnissen.

Fehler und fehlende Empfehlungen

Fangen wir beim Reizdarm an. In einer Metaanalyse von 2010 kommen Paul Moayyedi von der kanadischen McMaster University und seine Kollegen zu dem Schluss, dass Probiotika tatsächlich besser als Placebos wirken.[151] Ein Jahr zuvor war eine Gruppe um Darren Brenner von der Northwestern University in ihrer Metaanalyse zu dem

Ergebnis gekommen, dass selbst die meisten der 16 Studien, die sie eigentlich für gut genug gehalten hatten, schlicht zu klein, von zu kurzer Dauer oder zu schlecht verblindet waren. Sie fanden genau zwei Arbeiten, die ihnen verlässlich genug erschienen und gleichzeitig einen therapeutischen Effekt zeigten. In diesen beiden Studien war interessanterweise dasselbe Bakterium eingesetzt worden. Es heißt *Bifidobakterium infantis 35624*. In einer der beiden Studien wurden sogar mit der Wirkung vielleicht in Zusammenhang stehende Veränderungen von Botenstoffen im Blut beobachtet, was zumindest ein Schritt auf dem Weg dahin war, jenen viel beschworenen Wirkmechanismus aufzuklären.[152]

Auch viele Studien jenseits des Reizdarms gingen durch diesen Prozess, wurden aussortiert und metaanalysiert. Wir ersparen uns aber die ganzen Einzelheiten für die anderen Leiden und ihre möglichen probiotischen Gegenspieler und beschränken uns weitgehend auf das, was hinten rauskam.

Bei infektionsbedingtem Durchfall, der vor allem in armen Ländern nach wie vor zu den wichtigsten Gesundheitsproblemen im Kindesalter zählt, zeigte sich, dass Kinder tatsächlich oft profitierten, zum Beispiel sich einen Tag schneller als unbehandelte Kinder erholten, in anderen Studien auch vier Tage schneller.[153] Auch gegen sogenannte nosokomiale, also im Krankenhaus eingefangene Infektionen mit schlimmem Durchfall als Folge, hat man sich von Probiotika Schutz erhofft. Studienergebnisse hier: mal so, mal so.[154]

Nekrotisiernde Enterokolitis ist eine Krankheit, für die vor allem extrem Frühgeborene anfällig sind. Ihre Därme sind noch nicht voll entwickelt, sie müssen oft künstlich ernährt werden und bekommen häufig auch Antibiotika, alles keine guten Voraussetzungen für die Entwicklung einer gesunden Darm-Lebensgemeinschaft. Probiotika könnten helfen, diesen Nachteil auszugleichen, und sind auch schon in einigen Studien als Vorbeugungsmaßnahme untersucht worden. Eine Metaanalyse solcher Studien, in denen hauptsächlich Kombinationen von *Lactobacillus*, *Bifidobacterium* und einer *Saccharomyces*-Hefe eingesetzt wurden, zeigte tatsächlich, dass sowohl die Erkrankungs- als auch die Todesrate (normalerweise bei erschreckenden 30 Prozent – und wer überlebt, hat fast immer mit schweren Folgen der Krankheit zu kämpfen) zurückging.[155] Auch in einer Studie in Ägypten sorgte sowohl lebender als auch abgetöteter *Lactobacillus rhamnosus* für deutlich bessere Lebenschancen Frühgeborener.[156]

Auf der anderen Seite zeigten drei randomisierte und placebokontrollierte Studien, bei denen ein *Bifidobacterium-animalis*-Stamm eingesetzt wurde, zusammengenommen keinen klaren, statistisch signifikanten Effekt.[157] Offizielle Empfehlungen, bei Frühgeborenen Probiotika einzusetzen, gibt es bislang nicht. »Mehr Forschung ist nötig«, ist das Argument.[158] Auch hier hängt es also an den Eltern – so sie denn überhaupt von dieser Therapiemöglichkeit wissen und die Ärzte auf der Kinderintensivstation aufgeschlossen sind –, dem Kind etwas zu geben oder nicht.[159]

Für Darmentzündungen jenseits des Säuglingsalters, unter anderem Morbus Crohn, sind die bisherigen Studien eher enttäuschend verlaufen, auch wenn es immer wieder Patienten gab, denen Probiotika zu helfen schienen. Bei nicht allzu schwerwiegenden Fällen von ulcerativer Kolitis scheinen die Aussichten besser zu sein. Hier hatten Kombinationen von Spezies der Gattungen *Bifidobacterium*, *Lactobacillus* und *Streptococcus* einerseits und der Kolibakterienstamm »Nissle« Effekte.[160] [161] Sie schienen Krankheitsschübe zu stoppen, und Rückfälle traten tatsächlich durchschnittlich seltener auf als ohne die Behandlung.

Ziemlich viele positive Ergebnisse gibt es zum Einfluss von Probiotika auf sonstige Infektionskrankheiten, bei Kindern und Erwachsenen. Sie scheinen das Immunsystem auf verschiedene Weise positiv beeinflussen zu können, auch wenn der komplette Wirkmechanismus jeweils natürlich unbekannt ist. Jedenfalls, so das Ergebnis einer Metaanalyse von zehn Studien mit insgesamt fast 3500 Teilnehmern, hatten Probiotika-Esser ein geringeres Risiko für Infektionen der oberen Atemwege. Auch grippale Infekte scheinen dann im Durchschnitt glimpflicher zu verlaufen und nicht so lange zu dauern. Bei Infektionen der unteren Atemwege hat sich aber kein Vorteil nachweisen lassen.[162]

Die Studienlage zu Allergien und dem Einfluss von Probiotika spricht dafür, dass eine frühe Gabe der Bakterien das Risiko zumindest für Ekzeme bei Kindern aus Allergiker-Familien senken kann, allerdings nicht unbedingt das, später allergisches Asthma zu bekommen.[163] Auch die Frage, ob erwachsene Allergiker profitieren können, ist wissenschaftlich nicht recht beantwortet, allerdings wird jeder, der im Bekanntenkreis einmal herumfragt, von irgendjemandem hören, dass ihm oder ihr Probiotika geholfen haben. Das kann stimmen, aber auch mit einer umfassenderen Umstellung von Ernährung und Lebensstil zu tun haben oder auch ein Placeboeffekt sein. Auch hier gilt also: Mit Probiotika muss man eben herumprobieren, vielleicht helfen sie ja.

Gegen Infektionen der Vagina, die »bakteriellen Vaginosen«, scheinen Probiotika mit reichlich Laktobazillen, die ja zu den dominierenden natürlichen Bewohnern dieses Lebensraumes gehören, oft wirksam zu sein. Sie werden entweder an Ort und Stelle oder als Nahrungsbestandteil angewandt. Allerdings kommt auch hier eine Gruppe von Fachleuten, die sich durch die bislang veröffentlichten Studien gearbeitet hat, zu dem Schluss, dass die Datenlage für eine offizielle Empfehlung solcher Therapien noch nicht ausreicht.[164]

Zu Risiken und Nebenwirkungen ...

Die Mikroben-Connection bei Krebs haben wir bereits beschrieben. Sie ist vielleicht viel stärker und entsprechend für Vorbeugung und Therapie viel wichtiger, als selbst jene Mediziner, die zumindest schon auf ihre Bedeutung aufmerksam geworden sind, es sich heute ausmalen können. Einige Darmbakterien können offensichtlich Tumorwachstum begünstigen. Und Ratten geht es, wenn sie völlig steril und ganz ohne Darmflora aufwachsen, zwar gesundheitlich insgesamt nicht besonders gut, Darmtumoren aber bekommen sie seltener als Tiere mit besiedeltem Darm.[165]

Vieles spricht dafür, dass die Darmbakterien-Zusammensetzung auch beim Menschen sowohl das Erkrankungsrisiko als auch das Fortschreiten von bereits vorhandenen Tumoren beeinflusst, sowohl im Darm als auch anderswo im Körper. Entsprechend gut wäre es also, das eigene Mikrobiom per Probiotika so beeinflussen zu können, dass die ungefährlichen und vielleicht sogar schützenden Stämme die Oberhand bekommen und behalten.

Die bisherigen Studienergebnisse sind gar nicht mal so ernüchternd. In Tierversuchen zum Beispiel zeigen Joghurt, vergärte Milch und dergleichen praktisch immer die gewünschten Effekte.[166] Bei Menschen sind Studien schwieriger, weil Ärzte Krebspatienten natürlich praktisch nie allein mit Probiotika behandeln werden, sondern eben auch mit Strahlen, Operationen, Chemotherapien. Was es gibt, sind Ergebnisse, die zeigen, dass es mit Probiotika weniger Erbgutschäden in Darmzellen gibt. In einer Studie hatten Menschen, die nach Darmkrebs-Diagnose und Therapie vier Jahre lang *Lactobacillus casei* zu sich nahmen, eine geringere Rückfallrate als eine Gruppe ohne dauerhafte Probiotika-Einnahme. Außerdem zeigte eine große, über zwölf Jahre gehende Studie an 45.000 italienischen Joghurtessern, dass sie weniger Darmkrebs bekamen als die Durchschnittsbevölkerung. Dazu kommen noch ein paar Ergebnisse, die dafür sprechen, dass Probiotika die Neben- und Nachwirkungen von Chemo- und Strahlentherapien lindern können. Insgesamt gibt es aber sehr wenige aussagekräftige Untersuchungen an Patienten – und keinerlei offizielle Empfehlungen der Fachgesellschaften.

Auch für andere Leiden und Diagnosen existieren ein paar Studien. Zum Teil sind sie in den Kapiteln in diesem Buch, die sich diesen Krankheiten und Beschwerden konkret widmen, erwähnt. Beispielsweise könnten Probiotika einen positiven Einfluss auf die Psyche haben. Auch ein blutdrucksenkender Effekt ist beobachtet worden.[167]

Insgesamt ist die Lage so: Es gibt eine Menge positive Hinweise, aber auch einige ernüchternde Ergebnisse. Es gibt eine Menge bekannte mikrobielle Akteure, die im Darminhalt treibend oder an der Darmwand lebend mehr oder minder bekannte Aufgaben übernehmen – und sei es nur als Platzbesetzer, die keinen Raum für Schadbakterien lassen. Und man weiß auch schon das ein oder andere darüber, wie von außen zugegebene Bakterien die Bakterien dort drinnen beeinflussen können. Oder könnten. Aber um mit dem Maß an Sicherheit, das Wissenschaftler brauchen, Empfehlungen geben zu können, werden Probanden in verschiedensten Studien noch eine Menge Laktobazillen, Streptokokken und Ähnliches und auch eine Menge Placebos essen und sich über Jahre beobachten und befragen lassen müssen.

Auch darüber, ob Probiotika immer sicher sind, ob sie nicht vielleicht sogar schaden können, ist längst nicht das letzte Wort gesprochen. So werden etwa nicht nur Antibiotika in der Tiermast eingesetzt, sondern auch Probiotika. Die Hersteller der Tier-Probiotika werben zum Beispiel offensiv mit um zehn Prozent »verbesserter Gewichtszunahme«.[168] Der Verdacht von Industriekritikern, dass die lebenden Kulturen von Danone, Yakult und Co. auch Menschen, oder zumindest manche Menschen, dick machen könnten, ist nicht unlogisch und zumindest bislang auch nicht widerlegt.

Und es gibt zwar wenige, dafür aber umso erschreckendere Hinweise darauf, dass es tatsächlich Probleme geben kann. So starben Patienten mit akuter Bauchspeicheldrüsenentzündung, die zusätzlich zur Therapie Probiotika bekamen, deutlich öfter als jene aus der Vergleichsgruppe.[169] Auch von seltenen Einzelfällen, in denen als Therapie gedachte Bakterien den Darm in Richtung Körperinneres verlassen und dann Infektionen ausgelöst haben, wird berichtet.[170] Probiotika halten sich in solchen Fällen ganz und gar nicht mehr an die oben erwähnte WHO-Definition. Aber das Wort Probiotikum bedeutet ja schlicht auch: etwas, das andere Bakterien zum Wachsen anregt. Das können eben manchmal auch solche sein, die man gerade lieber nicht wachsen sehen würde. Auch dass ungünstige Gene, etwa solche für Antibiotikaresistenzen, von Probiotika-Bakterien auf Pathogene überspringen, ist möglich. »Allein deshalb würde ich, solange ich nicht wirklich krank bin, keine dieser Bakterien zu mir nehmen«, sagt zum Beispiel der Mikrobiologe Ramy Aziz von der Universität Kairo. Besonders vorsichtig sollten auf jeden Fall Leute sein, die ein beeinträchtigtes Immunsystem haben und immunsuppressive Medikamente einnehmen müssen.

Welches bei welcher Krankheit die bakteriellen Nützlinge sind, und mit welchen Maßnahmen – Probiotika, Ernährung oder sogar (andere Bakterien verdrängende) Antibiotika – man gerade sie dazu anregt, in einem nützlichen Maße zu wachsen und nützliche Moleküle mit ihrer Stoffwechselmaschine herzustellen, darüber ist noch immer zu wenig bekannt. Mit den Erkenntnissen darüber, was die eher schädlichen bakteriellen Aktionen bedingt und welche Mechanismen dabei ablaufen, sieht es ganz ähnlich aus.

Gelatinekapsel auf, Bakterien rein, Gelatinekapsel zu

Metschnikow, der Probiotika-Pionier und Immunforscher mit Nobelpreis, war der Meinung, dass der bakterielle Grundzustand im Dickdarm ein übler ist – und das nicht wegen der dort entstehenden Gerüche. Er hielt das Kolon für ein lästiges Überbleibsel der Evolution, voll von Mikroben, die den Körper vergiften. Autointoxikation nannte er das. Alle, die den guten Ukrainer heute als den Urvater der Versöhnung des Menschen mit seinen Mikroben darstellen möchten, muss man bei Gelegenheit daran erinnern. Metschnikow war sogar Versuchen gegenüber aufgeschlossen, Menschen operativ von diesem Schlauch des Übels zu befreien, wie es in England ein Arzt namens Sir William Arbuthnot Lane, der sich ansonsten extreme Verdienste etwa bei der Entwicklung steriler Operationstechniken erworben hat, tatsächlich an Dutzenden Menschen praktizierte (siehe Kapitel 21).

Es war eher die Tatsache, dass es wohl ein bisschen unrealistisch wäre, ganze Völker so zu operieren, die Metschnikow nach weniger drastischen, teuren und erfahrungsgemäß auch oft Komplikationen mit sich bringenden Möglichkeiten Ausschau halten ließ. Die hoffte er dann in jenem bulgarischen Milchprodukt gefunden zu haben. Damit gewann er, weniger überraschend, auch größere Akzeptanz in der Öffentlichkeit. Metschnikow brachte es so jenseits der »Scientific Community« zu einiger Berühmtheit, auch noch über seinen Tod hinaus.

Der von Metschnikow losgetretene Hype einer Bakterientherapie hielt sich eine Weile. In Frankreich untersuchte der Kinderarzt und Metschnikow-Kollege am Pasteur-Institut, Henry Tissier, den Stuhl von Kindern mit Durchfall. Er fand darin kaum jene Y-ähnlich aussehenden und deshalb von ihm *Bacillus bifidus* genannten Keime, die bei gesunden Kindern sehr häufig vorkamen und die er zuerst im Darminhalt von gestillten Säuglingen beobachtet hatte. Tissier schlug vor, kranke Kinder mit Bifidobakterien zu behandeln, um ihre Darmflora und damit den Darm selbst wieder zu heilen.[171] Er praktizierte die Methode auch, doch in größerem Umfange angewandt wurde sie, soweit bekannt, nie.

Zwar waren Mediziner irgendwann überzeugt, dass der damals noch *Lactobacillus bulgaricus* heißende Lieblingskeim Metschnikows gar nicht im Darm leben und deshalb auch dort nicht wirken kann. Aber man fand dann andere Kandidaten, etwa *Lactobacillus acidophilus*, das besser durch den Magen zu kommen schien.[172] Der schon erwähnte Nissle-Stamm von Kolibakterien wurde 1917 bei einem Soldaten entdeckt, der als einziger seiner Kameraden von einer Shigella-Infektion verschont blieb. Alfred Nissle, der Entdecker und Namensgeber, probierte die Keime im Selbstexperiment und setzte sie bald mit einigem Erfolg bei dieser Krankheit und auch zur Bekämpfung von Salmonellen-Infektionen ein. Dafür packte er auf Agarplatten gewachsene Bakterien in Gelatinekapseln, die die Patienten schlucken mussten. Es gibt sie bis heute unter dem Handelsnamen Mutaflor.

In den dreißiger Jahren brachte in Japan ein Doktor Shirota ein Produkt namens Yakult auf den Markt. Es enthielt den von ihm entdeckten Stamm *Lactobacillus casei Shirota* und erfreute sich in Nippon über Jahrzehnte stiller Beliebtheit, bevor es im Zuge der Probiotika-Renaissance der letzten zwanzig Jahre den Weltmarkt überspülte. Erst seit 1996 gibt es Yakult in Deutschland.

Es ist eine der vielen Ironien in der Geschichte unseres Umgangs mit unseren Bakterien, dass diese Ansätze, auf friedliche Weise zu versuchen, die Darmflora positiv zu beeinflussen, mit der Erfindung der Sulfonamid- und dann in den vierziger Jahren der Antibiotika-Medikamente plötzlich überflüssig zu sein schienen. Schließlich waren die Therapien, die zu jener Zeit Bakterien nutzten, ja im Grunde Anti-Bakterien-Therapien. Denn man versuchte mit ihnen ja nichts anderes, als andere Bakterien unschädlich zu machen. Fand man also eine Möglichkeit, einfach alle Bakterien umzubringen, musste man nicht mehr kompliziert versuchen, die Kreise der lebenden Bakterien durch andere lebende Bakterien zu stören.

Nachdem dann auch noch entdeckt wurde, dass Antibiotika Masttiere besser wachsen lassen, wurden die Bakterienkiller zu den unumstrittenen Superstars der Pharmabranche. In Japan trank man weiter Yakult, unter anderem auch deshalb, weil es gut schmeckte. In der Sowjetunion wurde am einen oder anderen Institut die Metschnikow'sche Idee, dass es ja auch gute Bakterien gibt, weiter verfolgt. Es waren aber eher ein paar gallische Dörfer im Römischen Weltreich der keine Gefangenen machenden Keimbekämpfer.

Doch die Wiederbelebung einer etwas differenzierteren Sicht auf Menschen und Nutztiere bewohnende Bakterien keimte in dieser antibiotischen Entwicklung bereits. Das an Masttieren beobachtete Phänomen bedeutete ja auch grundsätzlich, dass die Bakterien in den Innereien eben mehr machen, als nur im besten Falle herumzulungern oder im weniger guten Falle krank zu machen.

Dazu kam, dass der Siegeszug der Antibiotika zunehmend Risiken und Nebenwirkungen offenbarte. Man fand die ersten resistenten Keime. Und auch die Probleme mit *Clostridium-difficile*-Infektionen, die es plötzlich deutlich häufiger gab als je zuvor, fielen in ihrem Zusammenhang mit vorherigen Antibiotika-Therapien deutlich auf.

Bald waren Mikroorganismen als wichtige und notwendige Darmbewohner anerkannt, und auch die Bezeichnung »Probiotika« wurde für »lebende mikrobielle Nahrungsergänzungen, die [...] die mikrobielle Balance verbessern« genutzt.[173] Das galt allerdings erst einmal vor allem für Tiere, speziell Wiederkäuer, bei denen die Mitarbeit von Mikroorganismen bei der Nahrungsverarbeitung nun wirklich nicht zu leugnen war. Dass hie und da vielleicht Bakterien, also *Biotika*, anstelle von Anti*biotika* genutzt werden könnten, um gezielt schädliche Bakterien auszuschalten, ist ein Konzept, das heute als ambitioniert und revolutionär gilt. Es stammt allerdings, wir erinnern uns, von einem am Anfang des vorigen Jahrhunderts in Frankreich lebenden Ukrainer und seinen bulgarischen Befunden.

Gärung, Gärung, Geldvermehrung

Probiotika sind am Anfang des 21. Jahrhunderts ein Milliardenmarkt. Laut Transparency Market Research wurden 2011 weltweit knapp 28 Milliarden US-Dollar umgesetzt. Zum Geldverdienen sind sie auch deshalb gut geeignet, weil sie in den allermeisten Fällen nur dann nachhaltig wirken, wenn sie auch nachhaltig konsumiert werden – was bei Bakterien, die man nur einmal nehmen müsste, die sich dann ansiedeln und einem für immer treu und nützlich ergeben bleiben, etwas anderes wäre. Es gibt Probiotika in Joghurts und Kefir, als Pulver und Tropfen, als Pillen und Kapseln. Es gibt sie für Mensch und Tier. Es gibt die traditionellen fermentierten Lebensmittel, neben denen aus Milch auch solche aus Kraut, Sprossen, Sojabohnen und vielem anderen. Zu den Zucker zu Milchsäure vergärenden Bakterien in Milchprodukten gesellen sich Bakterien, die Milchsäure auch in pflanzlichen Lebensmitteln produzieren, aber auch andere wie der schon erwähnte Nissle-Stamm der Kolibakterien und die auch bereits angesprochene *Saccharomyces*-Hefe. *Lactobacillus*-Arten dominieren die Beipackzettel, aber auch die von Tissier einst gefundenen Bifidobakterien findet man, und Streptokokken, oder auch mal einen echten *Bacillus*.

Den Begriff Probiotika erfunden haben soll der deutsche Rohkostpionier Werner Kollath Anfang der 50er Jahre des vorigen Jahrhunderts. Er definierte sie sinngemäß als jegliche »aktiven Substanzen«, die unerlässlich für ein gesundes Leben sind. Kollath meinte also offensichtlich nicht nur Milchsäurebakterien, sondern etwa auch Enzyme aus ungekochter Kost und vielleicht auch die Bakterien und Pilze, die daran haften.

Es kann durchaus sinnvoll sein, sich nach den Forschungsergebnissen der letzten Jahre einmal zu fragen, was es denn nun konkret sein könnte, das die Darmflora und die Gesundheit eher unterstützt als untergräbt. Das, was als Probiotika vermarktet wird, scheint dazuzugehören, aber auch die Keime, die sich Leute beim Landleben oder beim Zusammenleben mit Haustieren einsammeln, vielleicht auch die, die sie beim Sport mit anderen Sportlern austauschen, oder beim Sex (siehe Kapitel 8).

Dazuzugehören scheinen auch alle möglichen nicht direkt lebendigen Nahrungsbestandteile, vor allem Pflanzenfasern und Kohlenhydratketten. Die haben auch schon einen Namen: Präbiotika. Den bekamen sie aber erst 1995.[174] Ihre Definition ändert sich ständig ein bisschen. Anfangs gehörte dazu, dass sie unverdaulich sind, inzwischen musste diese Formulierung weichen, denn gerade manche Darmbakterien können manche dieser Fasern durchaus verdauen. Heute sind es offiziell »selektiv fermentierte Inhaltsstoffe, die spezifische Veränderungen sowohl in der Zusammensetzung als auch in der Aktivität der gastrointestinalen Flora ermöglichen, welche Vorteile für Gesundheit und Wohlbefinden des Wirtes bewirken«.[175]

Für Marcel Roberfroid, den Vater dieses Konzepts, erfüllen gerade einmal zwei Moleküle diese Definition, das zum Beispiel in größeren Mengen in der Topinambur-Knolle vorkommende Inulin und die aus Milchzucker hergestellten Galakto-Oligosaccharide. Andere Lebensmittelkundler sind ein wenig liberaler und zählen auch lange Zuckermoleküle wie Laktulose, Oligofruktose und Raffinose dazu. Und natürlich kann es sein, dass die strengen oder weniger strengen Definitionen für Präbiotika auch noch einige andere Stoffe erfüllen, bei denen eine entsprechende Wirkung nur noch nicht nachgewiesen ist oder die nur kleine, schwer messbare, aber vielleicht trotzdem wirksame Veränderungen bei den Darmbewohnern bewirken.

Für Roberfroids Top Zwei und auch für einige andere Moleküle gibt es jedenfalls reichlich Hinweise darauf, dass sie die Zusammensetzung der Bakterien im Verdauungstrakt beeinflussen und dass das dann auch gesundheitlich positive Effekte haben kann. Zumindest ändern sich ein paar der Werte messbar, die als Anzeiger für Krankheitsrisiken gelten, zum Beispiel Blutdruck. Auch physiologische Funktionen können sich verbessern, so etwa Immunwerte und die Aufnahmefähigkeit des Darms für Mineralien. Und auch Daten, die dafür sprechen, dass Krankheiten wie etwa Darmkrebs bei Leuten, die viele Präbiotika zu sich nehmen, seltener vorkommen, gibt es. Dazu kommen Versuchsergebnisse, vornehmlich gewonnen mit Ratten und Mäusen, die zeigen, dass die Bakterienzusammensetzung speziell der Darmschleimhaut beeinflusst wird. Das verbessert deren Barriere-Funktion gegen das Eindringen sowohl von Keimen als auch von ungewollten Molekülen. Zudem werden chronische Entzündungen weniger, was gut gegen alle möglichen Krankheiten und vielleicht sogar gegen krankhaftes Übergewicht ist.[176] Gibt man übergewichtigen Menschen Inulin- und Oligofruktose-Präbiotika, lassen sich auch ganz konkrete Änderungen sowohl bei den Darmbakterien als auch bei wichtigen Stoffwechselvorgängen messen, allerdings bekommen sie deswegen nicht gleich eine Model-Figur.[177]

Was genau im lebenden Menschen passiert, welche detaillierten Mechanismen und Wege der molekularen Umsetzung von Stoffen letztlich wirksam sind, weiß man bei Präbiotika aber insgesamt ungefähr so genau oder ungenau wie bei Probiotika. Doch fast wöchentlich kommt Neues ans Licht. Davide Cecchini von der Université Paul Sabatier und seine Kollegen aus Frankreich etwa wiesen im September 2013 gleich dutzendweise Präbiotika-verdauende Enzyme bei typischerweise im Menschendarm vorkommenden, zum Teil noch nicht einmal bekannten Bakterien nach.[178]

Insgesamt eine entscheidende Rolle scheinen kurzkettige Fettsäuren, zum Beispiel die schon mehrfach erwähnte Buttersäure, zu spielen. Sie werden in Anwesenheit von Präbiotika-Molekülen messbar vermehrt produziert. Und sie haben eine Menge zumindest im Labor nachgewiesener positiver Wirkungen, etwa auf ein gesundes Maß an Zellteilung. Selbst entarteten Zellen können sie helfen, sich wieder normal zu verhalten. Allerdings gibt es auch Hinweise, dass sie in bestimmten physiologischen Zusammenhängen auch ungünstige Wirkungen haben können (siehe Kapitel 13).

Im Grunde sind Probiotika die lebenden Agenten eines als gesundheitsfördernd geltenden Mikrobenwandels im Darm, und Präbiotika die nicht lebenden. Sie sollten also, wenn sie im Duett spielen, vielleicht auch effektiver sein als jeder für sich alleine. Auch dazu gibt es Studien, und die bestätigen diese Vermutung. Zum Beispiel, so steht es in einem jüngeren Übersichtsartikel zu lesen, sei es »eine konsistente Beobachtung, dass synbiotische Zubereitungen effektiver darin sind, Risiko-Biomarker für CRC [CRC: colorectal cancer, deutsch: Dickdarmkrebs] zu ändern als einzelne Pro- oder Präbiotika«.[179]

Esst mehr Sauerkraut!

Auch für einen solchen Mix aus Pro und Prä gibt es mit »Syn« also längst ein Biotika-Präfix. Sie sollen synergetisch und deshalb effektiver wirken. Man kann diese Beobachtungen aber auch mit weniger Fremdwörtern interpretieren: Wer mit Hilfe von Bakterien vergärte Lebensmittel mitsamt der Bakterien zu sich nimmt und sich dazu auch noch reichlich Pflanzenfasern einverleibt, der lebt, zumindest wenn man den einschlägigen Studien glaubt, gesünder. Und Hauptgrund dafür ist wahrscheinlich der Einfluss dieser Art von Ernährung auf die Darmflora.

Esst mehr Joghurt und Topinambur und trinkt mehr Sauerkrautsaft und Kefir! So könnte also die Message all der Pro-Prä-Syn-Biotika-Forschung auch ganz schlicht lauten, denn schaden wird das, zumindest soweit bislang bekannt, kaum jemandem, und es gibt viel, das für einen nicht kleinen gesundheitlichen Nutzen spricht.

Aber natürlich wäre es schon gut, wenn man mehr über die konkreten Wirkmechanismen wüsste und wenn man Bakterien, Pflanzenfasern und lange Zuckerketten gezielter einsetzen oder sie in ihrer Wirksamkeit allgemein oder für bestimmte Zwecke sogar verbessern könnte. Denn die »Diskrepanz zwischen therapeutischem Potenzial und dem tatsächlichen klinischen Nutzen«, wie eine Gruppe Lebensmittelwissenschaftler in einer 2013 erschienenen Zusammenfassung des Forschungsstandes[180] den oft ernüchternden Unterschied zwischen pro- und präbiotischer Theorie und Praxis nennen, nervt die Mediziner, die an das Konzept glauben.

Personalisierte Bakterientherapie

Eine bislang allerdings ebenfalls eher theoretische Möglichkeit, jenen klinischen Nutzen zu verbessern, wären individualisierte Therapien, für die man deutlich mehr über die involvierten menschlichen Individuen und für die Therapien infrage kommenden individuellen Bakterienspezies wissen müsste. Es geht aber vielleicht auch ein bisschen einfacher. Denn absolut individuell muss es nicht unbedingt sein. Bei entzündlichen Darmerkrankungen sind zum Beispiel mehr als hundert Genveränderungen im menschlichen Genom bekannt, die oft mit dieser Krankheit einhergehen. Jede davon ist speziell, aber sie lassen sich in nur drei Gruppen einteilen:
- Sie beeinträchtigen die Funktion der Darmschleimhaut.
- Sie bringen die Immunregulation durcheinander.
- Oder sie verhindern, dass die Erkennung und das Unschädlichmachen von Schadbakterien richtig funktionieren.

Weiß man, in welcher dieser Gen-Gruppen ein Patient oder eine Patientin ein Problem hat, kann man zumindest probieren, Bakterien so zu beeinflussen, dass sie genau sein oder ihr Problem lindern. Man könnte es, wenn etwa das erste der drei genannten Probleme identifiziert ist, also gezielt mit einem Synbiotikum versuchen, das die Darmschleimhaut-Barriere stärkende Bakterien wachsen lässt. Und Morbus-Crohn-Patienten mit einer Mutation im für die Schleimhautfunktion wichtigen FUT2-Gen haben auch oft ein aus der Balance geratenes Mikrobiom.[181] Sie könnten von Präbiotika profitieren, die gezielt die fehlenden Bakterien fördern.

Für die Pharmaindustrie besonders interessant wäre es, mit Hilfe von Pro- und Präbiotika nicht im Darm, sondern in der Fabrik jene Komponenten herstellen zu lassen, die sich positiv auf die Gesundheit auswirken – am besten natürlich (für den Aktienkurs, nicht unbedingt für Patienten und Krankenkassen), wenn man das dann auch noch irgendwie patentieren lassen könnte.

Tatsächlich gibt es aber auch noch andere Argumente für einen solchen Ansatz, etwa dass sich die Dosis des bakteriell produzierten Wirkstoffes, die ein Patient bekommt, dann kontrollieren lässt. Kandidaten dafür wären zum Beispiel ein das Immunsystem beeinflussendes Molekül namens p40, hergestellt von *Lactobacillus rhamano-*

sus,[182] oder Polysaccharid A, gemacht von *Bacteroides fragilis*.[183] Eine andere Möglichkeit wäre es, bei manchen Krankheiten wie etwa chronischen Darmentzündungen mit althergebrachten Medikamenten wie Cortison oder Antibiotika erst einmal aufzuräumen und die Entzündung zu stoppen. Direkt im Anschluss könnte man dann gezielt versuchen, mit Hilfe von Probiotika und Präbiotika – oder auch Po-Biotika, also Stuhltransplantationen von Gesunden – den Darm mit echten alten Freunden zu besiedeln, so dass die Schädlinge gar keine Nische mehr finden. Wenn man anstelle von Fäzes anderer Menschen gezielt und hygienisch im Bioreaktor produzierte Bakterienmixe herstellen könnte, die genau die nötigen Eigenschaften in ihren Genen tragen, würde das der Akzeptanz solcher Bakterientherapien bei Zulassungsbehörden, Ärzten und Patienten sicher auch nicht schaden.

Bioprävention und die Probiotika der Zukunft

Die Probiotika der Zukunft, oder wie auch immer sie dann heißen werden – Synbiotika, Bacteriopharmaka, Enterotherapeutika –, werden vielleicht mit denen von heute ohnehin nicht mehr viel gemein haben. Über genetisch gezielt veränderte Bakterien, die entweder im Darm oder im Bioreaktor Substanzen mit verbesserter, schon jetzt bei Bakterien vorkommender oder auch mit ganz neuer Funktion produzieren, diskutieren Forscher längst. Jeffrey Gordon, der hochdekorierte Mikrobiomforscher aus St. Louis, sieht bereits »innerhalb der nächsten fünf Jahre« solche aus Menschendärmen isolierten, wenige gut untersuchte Bakterienarten enthaltenden »Probiotika der nächsten Generation« auf den Markt drängen.

Vielleicht werden jene Probiotika von morgen und übermorgen aber auch gar nicht so spezifisch sein. Eine Forschergruppe um die Medizinerin Elaine Petrof von der kanadischen Queens University sieht zum Beispiel eine Zukunft von »mikrobiellen Ökosystem-Therapeutika«, in der das Konzept der Stuhltransplantation nur ein bisschen verfeinert wird.[184] Wessen Darm-Ökosystem aus der Balance oder krank ist, dem würde es im Äquivalent einer Totaloperation möglichst radikal entfernt und dann durch ein neues, gesundes, fein aber robust austariertes mit allen guten Funktionen ersetzt. Das muss dann vielleicht noch ein bisschen auf die genetischen Voraussetzungen des Wirtes abgestimmt sein, und gescannt auf mögliche neue bakterielle Ärgermacher, angereichert mit ein paar speziellen Funktionen. Doch das komplette neue, im gesunden Spender erprobte Mikrobiom ist zumindest aus der Sicht von Petrof und Co. ein besser gangbarer Weg als komplizierte Einzelinterventionen, bei denen man erst noch (und vielleicht bei jedem Individuum einzeln) herausfinden muss, ob und wie sie funktionieren, ob und wie sie von anderen Teilen des Mikrobioms beeinflusst werden. Sie schlagen schlicht vor, »sich die Mikrobiome außergewöhnlich gesunder Individuen zunutze zu machen«. Das ist, wenn man Petrof folgt, auch sinnvoller als die im Vergleich dazu krude anmutenden Versuche, per Joghurt oder Faserfutter das Darm-Ökosystem wieder in die Balance zu bekommen.

Trotzdem werden künftige Bak-Therapien und Bio-Präventionen eines sicher nicht verzichtbar machen: eine Ernährung, die den Bakterien und dem menschlichen Wirt das vorsetzt, was beide zusammen gut im gemeinsamen Interesse verwerten können. Und bei all den tollen Funktionen von all dem Functional Food von Vollkornhafer über Chicorée bis zum bulgarischen Joghurt, bei all den darin steckenden aufgeklärten und noch aufzuklärenden Molekülfunktionen, bei all den Metaanalysen, sollte man eines nicht vergessen: Essen sollte auch, und vor allem, satt und zufrieden machen. Schmecken. Und wenn es auch dafür bislang nicht genügend Studien geben sollte, die hier die konkreten molekularen Wirkzusammenhänge bis ins letzte Detail aufklären, muss man eben wieder auf den Selbstversuch zurückgreifen. Die Zutaten für solche Experimente finden sich in Küche, Garten, Wochenmarkt und Lebensmittelladen.

Im nächsten Kapitel allerdings geht es um eine bereits erwähnte Möglichkeit, Darmbakterien zu beeinflussen, die man lieber nicht selber ausprobieren sollte.

19 MILLIARDENSPENDE FÜR DIE GESUNDHEIT

Der lebende Inhalt des Verdauungstraktes gilt mittlerweile als eigenes Organ, ein mikrobielles Körperteil. Wenn es versagt, kann eine Transplantation helfen. Doch auch diese unblutige Art von Organspende ist nicht ohne Risiko.

Die meisten Menschen finden Fäkalien einfach nur ekelerregend. Dass die Ausscheidungen Abermilliarden Bakterien enthalten, die gerade noch bei der Verdauung geholfen haben, erhöht die Wertschätzung des Materials wohl auch nur wenig. Tatsächlich verdient unser Darminhalt aber deutlich mehr Respekt. Denn es stellt sich langsam, aber sicher heraus, dass diese Bakterien weit mehr sind als nur Verdauungshelfer. Fäkalien können wirksame Medizin sein. Mit ihnen kann man Leben retten.

Man nennt es Bakteriotherapie, Fäkaltransplantation oder vornehm Mikrobiota-Restaurierung. Das englische Wort *Transpoosion* klingt auch nicht schlecht (Poo ist Kot). Dabei wird schlicht Kot von einem Spender in den Darm eines Empfängers übertragen, um diesen von einer Krankheit zu kurieren. Das klingt wie die krude Erfindung von ein paar Pilze naschenden Alchemisten aus dem Mittelalter, aber es wird derzeit in klinischen Studien auf der ganzen Welt erprobt. Es geht ja auch nicht um den Abfall, der den menschlichen Körper verlässt, sondern um die Milliarden darin lebenden Bakterien.

Bei der Behandlung von *Clostridium-difficile*-Infektionen hat sich die Methode in nur wenigen Jahren vom nur von extrem mutigen Medizinern im Ausnahmefall angewandten verzweifelten Heilversuch zum Therapiestandard in schweren Fällen gewandelt. Mit der gleichen Methode wird in den USA, in Europa und in China auch bereits versucht, Übergewichtigen zu helfen. Es gibt zahlreiche Behandlungsserien bei den schwersten Darmleiden und massenhaft Berichte über Einzelfälle, bei denen Fäkaltransplantationen auch gegen Multiple Sklerose, Depression, Akne, Schlaflosigkeit, Mundgeruch und sogar gegen Autismus geholfen haben sollen.

Man kann versuchen, eine aus dem Gleichgewicht geratene Mikrobengemeinschaft durch stetes Untermischen von einzelnen Bakterienarten wieder in die richtige Richtung zu lenken, so wie es mit Probiotika versucht wird. Man kann auch die Lebensbedingungen für Bakterien durch Präbiotika verbessern. Beides sind subtile Methoden im Vergleich zur Fäkaltransplantation. Bei ihr wird, wenn sie nicht nur technisch, sondern auch biologisch erfolgreich ist, das gesamte Ökosystem ausgetauscht. Oder, wenn man die Darmmikroben-Gemeinschaft, so wie viele Wissenschaftler es inzwischen tun, als mikrobielles Organ ansieht, dann wird das alte, kranke durch ein gesundes Spenderorgan ersetzt, was dann auch den Begriff Transplantation rechtfertigen würde.

In der Praxis bedeutet dies, dass das defekte, kranke Mikrobiom durch eine Antibiotikakur und Darmspülungen weitestgehend ausgelöscht und das neue per Nasensonde in den oberen Dünndarm oder per Endoskop oder Einlauf in den Dickdarm eingepflanzt wird. Wenn alles gut geht, etabliert es sich dort, wächst an, stabilisiert sich, die Mikroben vermehren sich und dem Empfänger geht es danach besser. Voraussetzung sollte natürlich sein, dass die Spender gesund und auf Krankheitserreger getestet sind. Sie sollten auch wenigstens ein Jahr lang keine Antibiotika genommen haben. Und weil auch der Lebensstil – ob wir rauchen, wie viel wir uns bewegen und vor allem, was wir essen – unsere Mikrobiota genauso beeinflusst wie unsere Gene, sollte man bei der Wahl des Spenders auch auf diese Aspekte achten. Hat man sich für einen entschieden, wird dessen Stuhl in einer physiologischen Salzlösung aufgelöst und gefiltert. Das fertige Transplantat gleicht in Aussehen und Konsistenz einem Schokomilchshake. Der Geruch ist jedoch noch immer authentisch.

Uralte Methoden

Es wird inzwischen nicht nur anekdotisch, sondern auch in wissenschaftlichen Publikationen von Patienten berichtet, die monatelang

Qualen hatten. Höllische Bauchkrämpfe, zwanzig und mehr Toilettengänge pro Tag, rapider Gewichtsverlust. Antibiotikabehandlungen brachten die Infektion mit dem aggressiven Keim *Clostridium difficile* immer nur für wenige Tage unter Kontrolle, bevor er wieder im Bauchraum zu wüten begann. Diese Menschen konnten zum Teil nur einen Tag nach der Stuhl-Prozedur die Klinik beschwerdefrei verlassen und erschienen nicht früher als zum Tag der vorher abgesprochenen Nachsorgeuntersuchungen gesund und fit wieder beim Arzt. Billig ist das Verfahren auch noch, jedenfalls im Vergleich zu wochenlangen Krankenhausaufenthalten mit ausgeklügeltem Antibiotikaregime. Allerdings übernimmt die Kosten – im Unterschied zu jenen vielen Kliniktagen mit herkömmlicher Therapie – bislang keine gesetzliche Krankenkasse. Thomas Seufferlein, Magen-Darm-Spezialist am Uniklinikum Ulm und Mitglied des ersten Medizinerteams, das in Deutschland je eine Fallstudie zu einer Stuhltransplantation veröffentlichte, schätzt den nötigen Gesamtbetrag derzeit auf zirka 3.000 Euro: »Der Spender muss relativ aufwändig getestet werden, allein die Virusdiagnostik dürfte um die 500 Euro kosten«, sagt er. Dazu kommen zwei bis drei Tage im Krankenhaus und die spezielle Koloskopie oder Nasensonden-Anwendung.

Tatsächlich ist die Idee, dass im menschlichen Dreck auch Gutes, ja therapeutisch Wertvolles steckt, uralt. Wann Ärzte begannen, Patienten mit menschlichen Fäkalien zu behandeln, lässt sich heute nicht mehr genau feststellen. Die ersten in einem Fachjournal veröffentlichten Fälle datieren auf das Jahr 1958. Doch es gibt mehr als 1.600 Jahre alte Berichte über Therapien mit menschlichem Kot.

Ge Hong war ein berühmter Arzt während der Zeit der chinesischen Jin-Dynastie im 4. Jahrhundert. Von ihm ist die verordnete orale Anwendung von Fäkaliensuspensionen überliefert, mit denen er Patienten von Durchfall und Lebensmittelvergiftung kuriert haben soll. Damals galt sein Tun als Wunderwerk, das Menschen das Leben gerettet haben soll. Die Berichte dazu finden sich in dem ersten chinesischen Handbuch der Notfallmedizin *Zhou Hou Bei Ji Fang*, in dem außerdem die Anwendung von Einjährigem Beifuß zur Behandlung der Malaria beschrieben ist. Die Pflanze enthält den Wirkstoff Arteminisin, der auch heute wieder gegen Malaria eingesetzt wird. »Nach allem, was wir wissen, ist das die erste überlieferte Fäkaltransplantation«, sagt der Gastroenterologe Faming Zhang von der Medizinischen Universität in Nanjing, China, der sich ausgiebig mit der Geschichte der Fäkaltherapie befasst hat.

Später, im 16. Jahrhundert während der Ming-Dynastie, entstanden weitere Fallbeschreibungen, in denen fermentierte, verdünnte oder getrocknete Fäkalien als Arzneimittel eingesetzt wurden, um Durchfall, Fieber, Schmerzen, Erbrechen und Verstopfung zu behandeln. Sie sind im *Bencao Gangmu*, oder »Buch der heilenden Kräuter«, dem bekanntesten Nachschlagewerk der Traditionellen Chinesischen Medizin, festgehalten. Um die Patienten nicht abzuschrecken, benutzten bereits die damaligen Ärzte unverfänglichere Namen für diese Heilmittel wie etwa »gelbe Suppe«.[185]

Eine mutige Reporterin des *Vice*-Magazins hat sich vor einiger Zeit von einem südkoreanischen traditionellen Mediziner einen solchen *Ttongsul*, den sie selbst als »Poo Wine« beschrieb, zubereiten lassen. Der Arzt löst dazu etwas Kot von einem Kind in Wasser auf und lässt den Cocktail für 24 Stunden stehen. Am nächsten Tag wird diese Flüssigkeit mit frisch gekochtem Reis und Hefe angesetzt und dann für sieben Tage bei Temperaturen zwischen 30 und 35 Grad fermentiert. Nach ihrem ersten Schluck sagt die Reporterin: »Es schmeckt wie Reiswein, aber wenn ich ausatme durch die Nase, dann riecht es wie Scheiße.« Der Arzt erwidert: »Das ist alles im Kopf.« Dem helfen vielleicht bei einigen seiner Patienten die etwa neun Prozent Alkohol in diesem Trunk. Der Reporterin allerdings nicht. Sie hatte Mühe, ihn durch die Kehle zu bringen, während ihr Therapeut es offensichtlich genoss. Und kurz darauf, auf der Straße, ging die Flüssigkeit wieder durch die Kehle, dieses Mal in anderer Richtung.[186]

Etwa zur selben Zeit, als die Rezepte für »gelbe Suppen« entstanden, soll auch der italienische Anatom Girolamo Fabrizio mit Fäkaltransplantationen sowohl oral als auch rektal zwischen gesunden und kranken Tieren experimentiert haben. Möglicherweise hatte er sich zu dem, was er »Transfaunierung« nannte, durch die Beobachtung anstiften lassen, dass manche Tiere ihre eigenen Exkremente oder die von Artgenossen verspeisen. Das sind vor allem Pflanzenfresser, deren Verdauungssystem samt den darin beheimateten Mikroben es nicht in einem Durchgang schafft, die härteren Pflanzenteile zu zerlegen.

HEILEN MIT MIKROBEN

Ein Geschenk Gottes

Spätestens kurz vor Ende des 17. Jahrhunderts ist die Fäkaltherapie schließlich auch in der europäischen Humanmedizin angekommen. Es ist nicht überliefert, mit welchem Erfolg. Christian Franz Paullini, ein deutscher Arzt, veröffentlichte im Jahr 1697 sein Buch *Die Heylsame Dreck-Apotheke* mit zahlreichen Rezepten für die innerliche wie äußerliche Anwendung von Kot und Urin. Das Werk entwickelte sich zum Bestseller und wurde mehrfach neu aufgelegt. Paullini bezeichnet darin die menschlichen Ausscheidungen als Geschenk Gottes.[187]

Trotz dieser Begeisterung verschwand die Fäkaltherapie rasch wieder aus dem Methodenspektrum der westlichen Medizin und tauchte erst 1958 wieder auf. Der Arzt Ben Eiseman aus Denver hatte sie erfolgreich bei vier seiner Patienten eingesetzt, deren Därme mit Staphylokokken überwuchert waren. Seither sind mehr als 400 Fälle von Darmleiden dokumentiert, die mit Stuhltransplantationen behandelt wurden. Die tatsächliche Zahl der Behandlungen dürfte sich eher der 10.000er-Marke nähern. Allein der australische Gastroenterologe Thomas Borody, einer der Vorreiter der Bewegung, hat seit Ende der 1980er Jahre wahrscheinlich über 3.000 Patienten mit unterschiedlichen Leiden so therapiert,[188] darunter Menschen mit Arthritis, Akne, Mundgeruch, Schlaflosigkeit und Depressionen. Borody beschreibt »überzeugende Verbesserungen« bei seinen Patienten, er hat allerdings noch nie eine klinische Vergleichsstudie veröffentlich, sondern berichtet aus seinem Erfahrungsschatz.[189]

Der häufigste Grund für eine Mikrobiota-Restaurierung mit dieser Methode ist bislang ein Befall mit *Clostridium difficile*, auch kurz *C. diff* genannt. Im Normalfall kann uns das Bakterium nichts anhaben. Erst wenn die konkurrierenden Arten durch Antibiotika zurückgedrängt werden, kann sich *C. diff* in Massen vermehren und anfangen, sein Gift zu produzieren, das lebensbedrohliche Durchfälle auslöst. Die Keime tauchen oft in Pflegeheimen oder Krankenhäusern auf, und man versucht, sie mit Antibiotika zu bekämpfen. Aber oft kehren sie wieder zurück und sind dann noch hartnäckiger. Auch wenn sie den chemischen Angriff nicht überstehen, so überdauern doch ihre Sporen. Die keimen nach Verschwinden der Antibiotika wieder aus, vermehren sich angesichts der fehlenden Konkurrenz oft besonders gut und bringen neue Gefahr. Bei etwa jedem vierten Clostridiumpatienten kehren die Erreger nach der ersten Behandlung zurück, und jede neue Antibiotikakur danach hat geringere Aussichten, sie zu eliminieren.

Längst wird die Methode auch bei anderen Krankheiten getestet. Dazu zählen Darmleiden wie Colitis ulcerosa oder Morbus Crohn, aber auch chronische Verstopfung und Multiple Sklerose, Parkinson und Alzheimer. Abgeschlossene klinische Untersuchungen gibt es bislang außer zur Behandlung von Clostridiuminfektionen nur mit übergewichtigen Patienten (siehe Kapitel 13). Nach einer Pionierstudie in den Niederlanden, bei der zwar niemand Gewicht verlor, aber zumindest ein Einfluss auf physiologische Werte messbar war, sollen weitere systematische Untersuchungen folgen.

Geplant sind solche unter anderem in Deutschland und in China. Faming Zhang lernte die Methode während eines Gastaufenhaltes am Johns Hopkins Hospital in Baltimore kennen und begann sich nach seiner Rückkehr nach China intensiver damit zu befassen. Er startete zusammen mit seinem Mitarbeiter Bota Cu die ersten Behandlungsversuche bei Patienten mit entzündlichen Darmleiden. Bei einer 50-jährigen Patientin, die zudem an Typ-2-Diabetes litt, zeigte sich nach der Fäkaltherapie nicht nur eine Besserung der Darmbeschwerden, sondern sie musste auch weniger Insulin spritzen. Bei einer anderen Patientin mit Typ-1-Diabetes sank zwar nicht die notwendige Insulinmenge, doch die Begleitbeschwerden ihrer Krankheit wurden erträglicher. Diese beiden Zufallsbefunde bei den beiden Varianten der Zuckerkrankheit brachten Zhang und seinen Kollegen 2013 dazu, Patienten für eine Diabetes-Studie zu rekrutieren. Anfangs war die Teilnahmebereitschaft eher mäßig, aber bald meldete sich eine Reihe Interessentinnen. Es waren vor allem übergewichtige Mädchen, die darauf hofften, durch die Fäkaltransplantation Gewicht zu verlieren. Das hat bislang nur bei Mäusen funktioniert. Und ohne Zuckerkrankheit waren diese Freiwilligen auch nicht qualifiziert für Zhangs Untersuchung.

Studie wegen Erfolges abgebrochen

Obwohl Fäkaltransplantationen bereits seit mehreren Jahren rege eingesetzt werden, sollte es bis 2012 dauern, bis diese Heilmethode zum ersten Mal in einer randomisierten (also mit nach Zufallsprinzip ausgewählten und in Versuchsgruppen eingeteilten Probanden) und placebokontrollierten klinischen Studie getestet wurde. Ursprünglich sollte die Untersuchung des damaligen Arztes in Ausbildung Max Nieuwdorp vom Academic Medical Center in Amsterdam 120 Patienten mit schwer behandelbaren Clostridiuminfektionen umfassen. Sie wurde aber bereits nach Patient Nummer 42 vom verantwortlichen Sicherheitsgremium gestoppt. Die Behandlung wirkte zu gut, befanden die Experten, es sei demnach unethisch, sie Patienten der Vergleichsgruppen weiter vorzuenthalten. Von 16 Patienten, die nach einer Behandlung mit dem Antibiotikum Vancomycin eine Stuhlspende per Nasensonde im Dünndarm platziert bekommen hatten, sprachen 13 innerhalb kurzer Zeit auf die Behandlung an.[190] Bei den drei verbliebenen wurde das Procedere mit Stuhl von einem anderen Spender wiederholt, woraufhin zwei von ihnen gesundeten. Zum Vergleich hatten je 13 weitere Patienten die Standardbehandlung nur mit Vancomycin oder Antibiotika plus Darmspülung bekommen. Insgesamt ging es ein paar Tage nach der Behandlung nur sieben von diesen 26 besser. Nieuwdorps Kollegen waren anfangs skeptisch, einer soll ihn sarkastisch gefragt haben, ob er nicht auch noch die Herzpatienten des Hospitals so behandeln wolle. Inzwischen wollen immer mehr mit ihm zusammenarbeiten.[191]

Die Ergebnisse mögen spektakulär sein, aber die Therapie ist noch weit vom medizinischen Alltag entfernt. Zu viele Fragen sind offen. Etwa die, wie man sicherstellt, dass mit dem Spenderstuhl keine Krankheitserreger übertragen werden. Oft werden enge Familienmitglieder als Spender ausgewählt, aber auch die können Keime mit sich herumschleppen, von denen sie nichts ahnen und die vielleicht auch in einem Labortest nicht auffallen. Jeder behandelnde Arzt lässt die Spenderproben normalerweise auf eine Reihe von Pathogenen testen, aber es gibt noch keine klaren Vorschriften. Und die Meinungen darüber, wie eine optimale Prozedur auszusehen hat, gehen auch auseinander. Einige Ärzte sprechen sich etwa für umfangreiche, aber langwierige Tests aus und wollen die Probe zwischen Spende und Transplantation einfrieren, damit sie möglichst unverfälscht erhalten bleibt. Andere glauben, dass der Stuhl möglichst schnell verpflanzt werden sollte, damit er seine Wirkung nicht verliert.

MILLIARDENSPENDE FÜR DIE GESUNDHEIT

Manche Darmspezialisten beschreiben das, was in diesem Bereich gerade passiert, als den »Wilden Westen der Medizin«. Wo es keine Gesetze gibt und wo man ein Heilmittel oder vermeintliches Heilmittel einfach durch den Gang zur Toilette produzieren kann, kann jeder zum Therapeuten werden und solche Behandlungen anbieten. Die Qualitäts- und Sicherheitsstandards schwanken dabei von hoch bis nachlässig. Längst werden auch in Internetforen Gebrauchsanweisungen getauscht, die beschreiben, wie man Stuhltransplantationen im Do-it-yourself-Stil durchzieht. Vor allem in den USA wird diese Entwicklung seit Mitte 2013 auch durch eine Entscheidung der Behörde für Arzneimittelsicherheit FDA gefördert. Da die Fäkaltransplantation keine zugelassene Behandlungsform ist, muss in den Vereinigten Staaten bis auf weiteres jede Stuhltransplantation zuvor beantragt werden. Die Entscheidung stieß nicht nur auf Zustimmung wie jene des Mikrobiomforschers Jeffrey Gordon, sondern auch auf Unverständnis und Kritik in der Gastroenetrologen-Szene. Viele sorgen sich, dass sie ihre Patienten nun nicht mehr schnell genug versorgen können – und dass die sich deshalb vielleicht nach anderen Optionen umsehen werden. Manchmal käme es auf ein paar Tage an, da könne man nicht mehrere Wochen auf eine Erlaubnis warten, twitterte eine Ärztin. Nicht nur sie fürchtet, dass durch die neue Regelung viele Patienten dazu gedrängt werden, es auf eigene Faust zu versuchen und Spender im Freundes- und Familienkreis oder über das Internet zu rekrutieren. Das notwendige Zubehör für einen Einlauf findet man im Drogeriemarkt, in der Apotheke oder im Internet, wo wie schon erwähnt auch die entsprechenden Anleitungen stehen.

Über die tatsächlichen Gefahren weiß man wenig, sowohl bei Poo-it-yourself als auch bei klinischen Stuhltransplantationen. Bislang gibt es nur sehr sporadische Berichte über Komplikationen. Es ist aber eher unwahrscheinlich, dass dies so bleiben wird. Lawrence Brandt etwa, einer der amerikanischen Pioniere dieser Therapieform, rechnet fest damit, dass es über kurz oder lang wenigstens in einigen Fällen zu schweren Nebenwirkungen kommen wird. »Entweder akut durch Infektionen oder allergische Reaktionen oder durch langfristige Folgen, die sich entwickeln, weil sich die einzigartige Mikrobiota der Empfängerin oder des Empfängers in Richtung des Spenders verschiebt«, schreibt er in einem Kommentar.[192] Fäkaltransplantationen seien nur der erste Schritt auf einer sehr langen Reise zu gezielten Mikrobiota-Behandlungen.

Vor allem das zweite von Brandt beschriebene Risiko fürchtet auch der deutsche Ernährungsmediziner Dirk Haller von der Technischen Universität München. Das Infektionsrisiko hält er für kontrollierbar, wobei man natürlich nur auf bekannte Erreger testen könne. »Aber wenn das alles stimmt, was man den Mikrobiota nachsagt im Moment, dann geht man mit jeder Transplantation auch das Risiko ein, langfristig zum Beispiel in den Stoffwechsel oder in die Psyche eines Menschen einzugreifen.« Wenn zum Beispiel ein Patient, der von einer Clostridiuminfektion geheilt werden soll, Bakterien von einem Kerngesunden bekommt, dann wird er die Clostridien nach derzeitigem Studienstand zwar wahrscheinlich loswerden. Doch jene Bakterien kommen in einen neuen Wirt und haben, außer dass sie Clostridien verdrängen, auch noch eine Menge anderer Eigenschaften. Die können schon für den Spender eine unbekannte tickende Zeitbombe sein und sich zudem im neuen Wirt auch ganz anders als im Spender auswirken. Denn der hat ja ganz andere Erbanlagen, pflegt einen anderen Lebensstil, ist vielleicht nicht gleich alt. Es ist nicht auszuschließen, dass dadurch eine Depression ausgelöst wird, oder Diabetes, oder dass sich Mikroben vermehren, die Tumoren befördern können. »Wenn ich eine potenziell tödliche Infektion behandeln muss, dann sind das unter Umständen akzeptable Risiken«, sagt Haller mit Blick auf die *C.-diff*-Patienten, »aber wenn die Leute versuchen, auf diese Weise zum Beispiel Übergewicht zu behandeln, ist das Risiko dann noch zu rechtfertigen?«

Die Suche nach dem idealen Spender

Vollkommen ungeklärt ist auch die Frage, wie die optimale Spende auszusehen hat. Was ist die richtige Mischung? Gibt es eine universelle Bakterienzusammensetzung, die für jeden Empfänger gleichermaßen funktioniert? Sind viele verschiedene Arten immer besser als wenige? Sind einige Bakterien wichtiger als andere? Wenn ja, welche? Sollten Spender und Empfänger etwa das gleiche Alter haben? Oder ist das egal? Oder ist man vielleicht mit Kot von einem uralten gesunden Mongolen oder Großonkel am besten bedient? Spielt es eine Rolle, ob Spender und Empfänger das gleiche Geschlecht, eine ähnliche Körpergröße, einen ähnlichen ethnischen Hintergrund haben oder nicht? Wie muss die Probe gewonnen werden? Wer ist überhaupt der richtige Spender? Sollten wir versuchen, möglichst von übertriebener Hygiene unbeschadete Mikrobiota zu finden, in denen der westliche Lebensstil mit sauberem Wasser und steriler Nahrung noch keine Spuren hinterlassen hat? Wären vielleicht Schimpansen aus Tansania bessere Spender als Menschen?

Vollkommen abwegig ist letzterer Gedanke nicht. Der Mikrobiologe Jonathan Eisen von der University of California in Davis, einer der bedeutendsten Mikrobenforscher der Welt, wurde einmal in einem Interview gefragt, wen er für den idealen Spender für eine Fäkaltransplantation halte. Er antwortete: »Durch die enge genetische Verwandtschaft von Mensch und Schimpanse glaube ich, dass es vernünftig ist anzunehmen, dass ein gesunder Mensch mehr Gemeinsamkeiten in seinem Mikrobiom mit dem eines Schimpansen hat als mit dem eines kranken Menschen.«[193]

Um zumindest die Frage nach der idealen (oder wenigstens nach der notwendigen) Mikrobenmischung zu beantworten, haben kanadische Forscher einen Bioreaktor konstruiert, der künstlichen Kot herstellt. 2011 begannen sie, ihren Verdauungstrakt aus Gummi und Glas zusammenzubauen, und als er schließlich fertig war, fütterten sie ihren »Robogut« mit der Stuhlprobe einer gesunden 41-jährigen Frau. Außerdem stopften sie unverdauliche Zellulose und Stärke in das luftdicht versiegelte System, das die Bakterien vor Kontakt mit Sauerstoff schützen soll – Bedingungen, wie sie ähnlich auch im Dickdarm herrschen. Zusammen gibt das einen ziemlich übel aussehenden braunen Brei.

Nur 62 verschiedene Bakterienarten konnten Emma Allen-Vercoe von der kanadischen University of Guelph und ihr Team aus der ursprünglichen Stuhlprobe isolieren und im Labor weiter züchten. Wenn, wie anzunehmen ist, die Spenderin normal besiedelt war, haben sich also über tausend Bakterienarten einer Identifizierung entzogen, indem sie sich weigerten, in Petrischalen zu wachsen. Allen-Vercoe und ihre Kollegen testeten die kultivierbaren Mikroben auf ihre Gefährlichkeit und Resistenzen gegen Antibiotika, und zum Schluss blieben 33 übrig, die harmlos genug erschienen, um damit zu experimentieren. Jede dieser 33 Arten wurde einzeln und weiterhin unter

HEILEN MIT MIKROBEN

Sauerstoffabschluss auf einem Nährboden gezüchtet, und schließlich wurden sie allesamt mit Salzlösung zu einem Cocktail vermischt.

Wahrscheinlich wären die Forscher auch ohne den Umweg über den Kunstdarm an jene 33 Arten gekommen, indem sie eine Stuhlprobe der Frau direkt weiterverarbeitet hätten. Die Apparatur aber könnte sich zum Beispiel für gezielte Manipulationen oder Züchtungen noch als sehr nützlich erweisen und hat nun zumindest schon im Prinzip ihre Funktionstüchtigkeit bewiesen. Die Kanadier nannten ihren aus Kunstdarm und Petrischalen gewonnenen Labor-Kot »RePOOPulate«. In Konsistenz, Aussehen und Geruch ähnelt das Produkt dem Original allerdings gar nicht mehr. Es ist wahrscheinlich dichter dran an einem probiotischen Joghurtdrink aus dem Supermarkt als an den Suspensionen, die normalerweise für Stuhltransplantationen verwendet werden. Nur wird RePOOPulate nicht getrunken, sondern per Endoskop an den Wirkungsort verbracht.

Ziel der aufwändigen Vorarbeit war, eine Bakterienmischung herzustellen, die garantiert frei ist von Krankheitserregern und von der jede einzelne Art bekannt und durchgecheckt ist. Damit wollten Allen-Vercoe und ihre Mitarbeiter Fäkaltransplantationen zum ersten Mal zu einer kontrollierten Angelegenheit machen.

Zwei Frauen mit schweren, wiederkehrenden Clostridiuminfektionen waren bereit, das Kotsurrogat zu testen. Patientin Nummer 1 war innerhalb von anderthalb Jahren sechs Mal von C. *diff* heimgesucht worden, nachdem sie Antibiotika hatte nehmen müssen. Nach der Übertragung des Kunstkots in den Dickdarm verschwanden die Probleme umgehend, nach zehn Tagen konnten die Ärzte keine C. *diff* mehr bei ihr finden und auch nicht nach sechs Monaten. Obwohl sie zwischenzeitlich wegen einer Blasenentzündung wieder Antibiotika hatte nehmen müssen, blieb sie von weiterem Durchfall verschont.

Patientin Nummer 2 war 70 Jahre alt, auch bei ihr brach die erste Clostridiuminfektion aus, nachdem sie Antibiotika hatte nehmen müssen. Als die Bakterien sie zum dritten Mal überfielen, half ihr keines der üblichen Medikamente mehr. Nachdem die kanadischen Ärzte auch sie behandelt hatten, verschwand ihr Durchfall innerhalb von drei Tagen. Auch bei ihr kehrte er nicht zurück, obwohl sie mehrfach wegen anderer Infektionen mit Antibiotka behandelt werden musste.

Therapie mit künstlichem Stuhl

So viel zur Wirksamkeit des 33-Bakterien-Cocktails gegen diffizile Clostridien. Aber es gab auch noch ein paar bemerkenswerte zusätzliche Beobachtungen. Die erste Patientin hatte vor der Behandlung eine große Vielfalt von Bakterien beherbergt, was für ihre Erkrankung untypisch ist. Denn eigentlich gelten die Därme von Clostridienpatienten als artenarm. Die Vielfalt sank sogar nach der Behandlung kurzzeitig, aber erreichte bald das Ursprungsniveau. Bei der zweiten Patientin war die Zahl der Arten erwartungsgemäß niedrig, stieg dann mit der Behandlung aber an und blieb auf einem höheren Wert konstant. Die genetische Analyse deutete darauf hin, dass zumindest einige der 33 Bakterienspezies sich neu angesiedelt haben und nicht gleich wieder verschwunden sind, wie es bei den handelsüblichen Probiotika normalerweise der Fall ist.[194]

Nach der Veröffentlichung des Pilotversuchs Anfang 2013 meldete sich die kanadische Gesundheitsbehörde zu Wort und ordnete an, weitere Versuche zu unterlassen. Sie habe den Mix als künstliches Produkt eingestuft, das eine Arzneimittelzulassung brauche, bevor es weiter verwendet werden darf. Nur kurze Zeit später gestatteten die Kollegen von der FDA südlich der kanadischen Staatsgrenze dem Unternehmen Rebiotix in Roseville, Minnesota, hingegen, eine Patientenstudie der Phase II zu starten. Dessen Produkt soll ähnlich funktionieren wie RePOOPulate, aber einige Hundert verschiedene Bakterienarten enthalten. Vor dem Frühjahr 2015 ist aber nicht mit Ergebnissen zu rechnen.

Künstlicher Stuhl könnte eines der bereits erwähnten Probleme der Fäkaltherapie lösen. Damit die sauerstoffempfindlichen Bakterien nicht zu sehr leiden, sollte zwischen Spende und Transplantation möglichst wenig Zeit vergehen. Andererseits sollte Stuhl aber auch gründlichst auf Erreger getestet werden, was wenigstens einige Stunden dauert. Zwar hat sich inzwischen gezeigt, dass sich solche Proben ohne großen Artverlust einfrieren lassen, aber noch eleganter wäre es, den garantiert erregerfreien und luftdicht versiegelten Kunststuhl einfach aus dem Tiefkühlschrank zu nehmen, sobald der Patient vorbereitet ist.

Die 33 Mikrobenarten der kanadischen Frau haben den ersten beiden Patientinnen zwar geholfen, doch niemand weiß warum. Weshalb zum Beispiel kehrte *C. diff* nicht wieder zurück, wohl aber viele von den anderen ursprünglichen Bakterien? Haben ihm die 33 den Zutritt verwehrt, oder eines oder zwei oder drei von ihnen? Es wäre ein großer Zufall, wenn von den mehr als tausend Arten ausgerechnet jene in der experimentellen Mischung gewesen wären, die es mit *Clostridium difficile* aufnehmen können, es sei denn, viele Arten sind dazu gleich gut in der Lage. Warum sind die 33 genauso effektiv wie tausend und mehr bei einer normalen Fäkaltransplantation?

Oder ist der Wirkmechanismus ein ganz anderer? Vielleicht löst die Transplantation auch eine Reaktion des Darms aus, die dafür sorgt, dass sich der schwierige Keim nicht mehr ansiedeln kann. Vielleicht wird also seine Abwehrkraft dadurch stimuliert. Darüber lässt sich derzeit nur spekulieren, so wie insgesamt über die Wirkungsweise der Fäkaltransplantationen.

Der Kieler Infektionsmediziner und Gastroenterologe Stephan Ott bezweifelt, dass die übertragenen Bakterien allein für die bisherigen Erfolge verantwortlich gemacht werden können. Seiner Ansicht nach bleibt von den Mikrobiota gar nichts anderes übrig als »Zellschrott und metabolische Produkte«, wenn man den Spenderstuhl so gewinnt, wie in den bislang veröffentlichten Studien meist geschehen, ganz traditionell auf dem Klo.

Denn sobald die Probe den Körper des Spenders verlässt, verändert sich die Mikrobenzusammensetzung, glaubt Ott. Er hält es für möglich, dass viele Bakterien absterben und den Darm des Empfängers gar nicht besiedeln können. Ein anderes Problem bei der Verwendung von Stuhlproben sei, dass noch nicht klar ist, wo im Darm die entscheidenden Mikroben leben. Die Zusammensetzung unterscheidet sich zum Teil dramatisch, wenn man die Bakterien im Kot mit denen vergleicht, die es schaffen, sich an der Oberfläche des Darms festzuheften. Ott plant deshalb Transplantationsexperimente, für die er Proben per Biopsie aus der Darmwand von Spendern gewinnen und unter strengem Sauerstoffabschluss für die Übertragung auf den neuen Wirt aufbereiten will. Dass die bisherigen Stuhltransplantationen meist sehr erfolgreich waren, sei kein Widerspruch zu seinen Überlegungen, sagt Ott. Die Besserung nach einer Stuhltransplantation könne in vielen Fällen auch durch kurzkettige Fettsäuren und andere Stoffwechselprodukte in der Spende zustande kommen. Die Versuche mit dem kanadischen Kunstkot fügen sich in diese These allerdings nicht besonders gut ein. Doch das muss nicht viel heißen angesichts des heutigen Wissensstands. »Wir machen es, weil es funktioniert«, sagt er, »aber bislang hat niemand verstanden, was da wirklich passiert.«

Dass die bisherigen Stuhltransplantationen trotz ihrer offensichtlichen Schwächen so erfolgreich sind, weist für Ott den Weg in die Zukunft. Wenn nicht allein die Bakterien verantwortlich sind für die Besserung, sondern vielleicht der Darm durch das Prozedere beginnt, wieder Abwehrkräfte aufzubauen, möglicherweise unterstützt von Stoffwechselprodukten, die im Transplantat enthalten sind, dann wäre es nicht auszuschließen, dass sich dieselben Effekte auch erzielen lassen, wenn man nur jene Stoffe verabreicht, die dafür verantwortlich sind. Man könnte also auf Bakterien verzichten und wäre damit das Risiko von Infektionen oder langfristig vielleicht ungünstigen Folgen der neuen Besiedlung los. Niemand weiß bislang, ob das wirklich funktionieren kann und welche Stoffe das dann wären. Wenn diese Fragen erst einmal geklärt sind, kann man vielleicht auch neue Wege finden, um diese Stoffe an den Wirkungsort zu schaffen. Kapseln mit Bakterienwirkstoffen wären denkbar, die sich erst öffnen, wenn sie im Darm angekommen sind. Ott kann sich auch vorstellen, durch gezielte Wirkstoffgaben die im Darm vorhandenen Bakterien dazu zu bringen, die wichtigen Stoffe herzustellen. Über all das würde sich dann natürlich auch die Pharmabranche freuen, denn sie könnte diese Mittel dann produzieren und verkaufen.

Vielleicht ist es aber auch mal wieder komplizierter. Warum sollten sich so unterschiedliche Krankheiten wie Clostridiuminfektionen, Morbus Crohn, Übergewicht und Multiple Sklerose mit derselben Behandlungsmethode therapieren lassen? Vielleicht ist es in einem Fall notwendig, Bakterien einzubringen in ein gestörtes Ökosystem, in einem anderen lässt sich mit kurzkettigen Fettsäuren ein Schaden beheben, und in einem dritten können Wirkstoffe die Bakterien dazu bringen, etwas zu tun, was gut ist für ihren Wirt. In jedem Fall geht es darum, das Ökosystem in uns so zu steuern, dass wir davon profitieren. Wir müssen zu Gärtnern unserer eigenen Mikrobiota werden.

Um bald gute Gärtner-Ratgeber für Amateure und Profis – also

HEILEN MIT MIKROBEN

normale Leute und Mediziner – schreiben zu können, arbeiten immer mehr Wissenschaftler an dem Thema. In diesen Fibeln werden universelle, aber auch sehr individuelle Tipps stehen müssen. Wie Letztere klingen könnten, darum geht es im folgenden Kapitel.

20 DIE BAK-STRATEGIE – PERSONALISIERTE MEDIZIN FÜR JEDES MIKROBIOM

Individuelle Therapien sind noch immer eher Zukunftsvision als Realität. Mikroben und deren Gene könnten hier ganz neue Möglichkeiten eröffnen, auch weil sie viel einfacher zu beeinflussen sind als die menschlichen Erbanlagen.

Die medizinische Kunst steht im Grunde auf drei Säulen: Vorsorge, Diagnose und Therapie. Es ist schon seltsam genug, dass etwa deutsche Krankenkassen Ärzte primär für Diagnosen (also Krankheiten) bezahlen und eher weniger für Therapien (also Versuche, die Gesundheit wiederherzustellen) oder gar Prophylaxe (also Versuche, Menschen erst gar nicht zu Patienten werden zu lassen). Nicht minder seltsam ist, dass sowohl Diagnosen als auch Therapien nur in der Theorie eindeutig und klar sind. Wem ein »grippaler Infekt« attestiert wird, der hat Husten, Schnupfen, Heiserkeit, begleitet von Fieber und Kopfschmerzen, vielleicht auch noch Schüttelfrost und ein paar mehr Symptomen. Aber welcher Erreger den Infekt auslöst, welche spezielle Anfälligkeit oder anderen zusätzlichen Faktoren inner- und außerhalb des Körpers vielleicht mit dazu geführt haben, dass die Krankheit ausgebrochen ist, steht dort nicht. Und natürlich folgt dann auch keine besonders gezielte Therapie (gegen welche einzelnen Erreger, für welchen Teil des geschwächten Immunsystems, gegen welche speziellen Auslöser einzelner unangenehmer Symptome etc.).

Das mag bei einem Hüsterchen, das sich normalerweise innerhalb einer Woche von selbst erledigt hat, kein großes Problem sein. Dass nach wie vor viele Ärzte, ohne aufgrund von Blutproben oder zumindest eindeutiger Symptome tatsächlich zu wissen, dass wirklich ein Bakterium der Auslöser ist, gerne standardmäßig erst mal Antibiotika verschreiben, muss einem trotzdem wie Steinzeitmedizin vorkommen. Es wäre ja kaum etwas gegen eine solche auf Wahrscheinlichkeit basierende Therapie einzuwenden – schließlich sind einfach relativ häufig Bakterien zumindest beteiligt am Krankheitsgeschehen –, wenn es nicht einerseits besser ginge, etwa per genauer Anamnese, genauer Diagnose via Bluttest und Ähnlichem. Und wenn nicht andererseits Risiken wie verschleppte Infektionen mit einem auf die Therapie nicht ansprechenden Erreger und Nebenwirkungen wie etwa Resistenzbildung und Darmflora-Massensterben drohen würden.

Ein Krankheitsbild, viele Ursachen

Vor allem jenseits von Husten und Schnupfen lauert ein großes Problem bei vielen Krankheitsbildern und für viele Patienten. Wem etwa anhand eines einzelnen oder ein paar weniger Laborwerte eine Schilddrüsenunterfunktion attestiert wird, kann Glück haben, wenn ihm oder ihr das dann verschriebene Standard-Schilddrüsenhormon hilft. Er oder sie kann aber auch immer mehr Probleme bekommen, von Über- in Unterfunktionsphasen springen zum Beispiel, inklusive der begleitenden Symptome von Abgeschlagenheit bis Herzrasen – schlicht, weil die Diagnose nicht genau genug war. Eine verrückt spielende Schilddrüse kann es Menschen völlig unmöglich machen, normal am Leben teilzunehmen. Und erst eine viel genauere Diagnostik kann dann auch zu einer erfolgreicheren Therapie führen: Wodurch werden die Probleme ausgelöst, durch eine Autoimmunkrankheit vielleicht? Warum scheint das Standard-Schilddrüsenmittel nicht zu funktionieren – weil es im Körper nicht genügend in die aktive Form des Schilddrüsenhormons umgebaut wird? Haben andere Faktoren, etwa geschädigte Darm-Mikrobiota und Darmwand, vielleicht einen Einfluss?

Ähnlich ist es bei vielen »Diagnosen«, hinter denen häufig ganz verschiedene Ursachen stehen – seien es Erreger oder Gifte, oder molekulare, genetische Veränderungen oder Veranlagungen. Im Grunde betreibt also ein Arzt, der sich Zeit nimmt für den Patienten und dessen Anamnese und der möglichst viele der verfügbaren Mittel nutzt, um die Ursachen einer Symptomatik einzugrenzen, im Rahmen seiner

Möglichkeiten schon das, was nach wie vor als Zukunftsvision verbreitet wird: personalisierte, individualisierte Medizin. Das Schlagwort fällt seit der erfolgreichen Sequenzierung des menschlichen Genoms Anfang des Jahrhunderts vor allem im Zusammenhang mit Erbkrankheiten und Krebs.

Einerseits hofft man auf Gentherapien, mit denen genetische Defekte repariert werden könnten. Andererseits sollen auf die persönliche genetische Ausstattung oder auf die genetischen Besonderheiten eines Tumors zugeschnittene Therapiemoleküle die bis heute dominierenden Chemo- und Strahlenbehandlungen ablösen, die neben Krebszellen auch gesunde Gewebe und Zellen stark in Mitleidenschaft ziehen.[195] Die Krebsbehandlung darauf einzustellen, welche Besonderheiten der Tumor hat, ist jedenfalls aussichtsreicher, als sich, wie bislang, einfach nur danach zu richten, wo der Tumor wächst. Denn den einen Brust- oder Prostatakrebs gibt es nicht.

Therapie mit der Schrotflinte

Möglich ist das im Grunde schon heute. Eine Gruppe amerikanischer Onkologen hat dies bereits vor Jahren exemplarisch gezeigt. Bei zwei Patienten mit Darmkrebs beziehungsweise Melanom gelang es ihnen innerhalb von nur vier Wochen, jeweils das gesamte Tumorgenom zu sequenzieren. Sie fanden Hunderte Mutationen, auch solche, für die entsprechende Medikamente gerade in klinischen Versuchen geprüft wurden. Allerdings stellte sich dann heraus, dass die Patienten in keine der klinischen Studien passten: Ein Mann etwa hatte eine Mutation, die es oft bei Brustkrebs gibt und für die gerade ein Medikament getestet wurde. Er durfte aber, obwohl das Medikament bei ihm wahrscheinlich gewirkt hätte, an der Studie nicht teilnehmen, denn er war keine Frau und litt nicht an Brustkrebs. Auch das ist natürlich absurd.

Aber all diese Absurditäten – von Antibiotika ohne Nachweis von pathogenen Bakterien über Schilddrüsenbehandlungen ohne Ursachendiagnose bis hin zu Krebstherapien nach der Clusterbomben-Methode – sind Teil des Systems. Therapieerfolge bei einem genügend großen Prozentsatz von Patienten – und sei es nur eine um ein paar Monate verlängerte durchschnittliche Überlebenszeit bei einem Tumor – ermöglichen dreierlei: gute Umsätze für Medikamentenhersteller (sogar bessere, als wenn das Mittel bei gleichem Preis nach genauer

Diagnose nur denen verschrieben würde, denen es wirklich nützt, denn das wären dann ja weniger), weniger Arbeit und Aufwand für Ärzte und Diagnostikmaschinerie, und deshalb auf den ersten Blick auch geringere Kosten für das Gesundheitssystem. Die Patienten allerdings sind gezwungen, Lotterie zu spielen – nur wenn sie Glück haben, gehören sie zu denen, bei denen das Mittel auch wirkt. Wenn nicht, wird, meist nach demselben Glücksritter-Prinzip, nach ein paar Monaten und nach Fortschreiten der Krankheit, das nächste Mittel ausprobiert.

Individuelle Gene, individuelle Bakteriengene

In den letzten Jahren war viel von individualisierter, personalisierter Medizin zu lesen. Gemeint waren meist Medikamente, die zugeschnitten sein sollen auf die individuelle genetische Ausstattung einer Person oder die mehr oder minder gemeinsame genetische Ausstattung einer nicht allzu großen Personengruppe. Gemeint war meist eine Möglichkeit in einer nicht allzu nahen Zukunft. Und gemeint war auch immer, dass das nicht billig werden wird.

Es wäre aber wirklich ein großer Fortschritt, wenn Patienten gezieltere Therapien, vielleicht irgendwann sogar nicht nur auf Patientengruppen mit der gleichen Mutation, sondern auf die ganz individuellen Verhältnisse zugeschnittene Medikamente bekommen würden. Und es spricht einiges dafür, dass nach der ersten Runde aus Hype und Enttäuschung jetzt tatsächlich eine Phase beginnt, in der ein paar der immer wieder als »vielversprechend« titulierten Forschungsergebnisse ein paar ihrer Versprechen einlösen. Zumindest in spezialisierten Zentren werden etwa Brustkrebspatientinnen und deren Tumoren heute bereits eingehend auf genetische Charakteristika hin untersucht und danach deutlich spezifischer und gezielter – und meist auch schonender – als noch vor ein paar Jahren behandelt.

Und auch die schon erwähnte Gentherapie könnte nach zahlreichen Enttäuschungen wieder aus der Versenkung auftauchen, schon allein, weil es mit neuen Methoden möglich sein könnte, die Ursachen der Enttäuschungen in den Griff zu bekommen. Beispielsweise will der Pharmariese Novartis zusammen mit dem HNO-Arzt Hinrich Staecker von der University of Kansas damit Gehörlosen einen akustischen Sinn geben, oder zurückgeben.[196]

DIE BAK-STRATEGIE

Aber was hat all das mit Darmbakterien zu tun?
Wenn Darmbakterien alle möglichen Lebensprozesse, Gesundheit, Krankheitsrisiken, Lebenserwartung, Stimmung, geistige Leistung und so weiter beeinflussen, dann sollte sich die Medizin ihnen und ihren Genen ebenso zuwenden wie dem körpereigenen Material. Eine individualisierte Medizin, die sich nicht der individuellen körpereigenen Gene, sondern der von Mensch zu Mensch unterschiedlichen Gene der körpereigenen Bakterien annimmt, ist nicht nur vorstellbar, sondern wahrscheinlich sogar in vielen Fällen realistischer und praktikabler. Denn ein paar Bakterien mit der passenden genetischen Ausstattung im Darm anzusiedeln wird auf jeden Fall einfacher sein, als ein paar Gene im ganzen Körper oder gezielt am Krankheitsherd zu kontrollieren. Und auch die vorhandenen Mikroben und ihre Gene zu analysieren ist nicht schwerer als die körpereigenen Erbanlagen.

Unsere Bakterien und ihre DNA sollten standardmäßig zum Teil einer genauen Diagnostik werden, damit dann auch genauere Diagnosen und gezieltere Therapien möglich sind.

Mediziner sollten Mikrobiom und körpereigene Gewebe als Teile des großen *Superorganismus Mensch* sehen, so wie Grundlagenforscher es längst tun. Damit werden dann, je mehr Forschungsergebnisse und Erfahrungen aus der klinischen Praxis sich anhäufen, zunehmend Therapien möglich sein, die nicht an Schüsse aus einer Schrotflinte erinnern, sondern eher an genau getimte, genau dosierte Blitze aus einer fein justieren Laserkanone.[197] Das ist möglich, es wird aber dauern und nicht nur von Forscherenthusiasmus und Forschungsergebnissen abhängen. Mindestens ebenso entscheidend wird sein, wer bereit sein wird, viel Geld in die Entwicklung von Therapien zu stecken, und ob die großen staatlichen und überstaatlichen Institutionen der Forschungsförderung hier einen Schwerpunkt setzen werden.

Es wäre sicher lohnend zu versuchen, den Prozess zu beschleunigen. Denn um wirklich gezielt das Mikrobiom in Therapien und Prophylaxen einbeziehen zu können, muss man bei Darmbakterien und deren Genen – ebenso wie bei Körper- oder Tumorzellen und deren Genen auch – erst einmal einigermaßen und am besten sehr genau wissen, worauf man zielen soll. Davon ist die Darmmikrobenmedizin, wenn es solch ein Fachgebiet überhaupt schon gibt, derzeit sogar noch deutlich weiter entfernt als etwa die Krebsforschung und -medizin.

HEILEN MIT MIKROBEN

Gewollter Verdrängungswettbewerb

Aber: Es gibt gute Gründe zu erwarten, dass sie schnell aufholen wird. Denn Bakterien, auch wenn sich in jedem Darm Hunderte oder Tausende Stämme tummeln, sind deutlich einfacher zu untersuchen als etwa Tumoren, die ja auch aus verschiedenen, unterschiedlich stark mutierten, unterschiedlich aggressiven Zellpopulationen bestehen. In den letzten Jahren hat sich das Wissen über Menschen besiedelnde Mikroben bereits vervielfacht, weil neue Methoden es möglich gemacht haben, nicht nur einzelne Arten oder Gruppen zu finden, sondern praktisch ein ganzes Mikrobiom und die in ihm sitzenden Gene und viele der möglichen Funktionen zu analysieren. Zudem, wie schon in Kapitel 15 beschrieben, passen viele bakterielle Produkte in längst aufgeklärte Signal- und Stoffwechselwege im gesunden und kranken Körper. Sie stellen sich manchmal als die »missing links« der Stoffwechselforschung heraus – als die zwar vielleicht nicht allerletzten Puzzlesteine, aber doch die, die es ermöglichen, das Gesamtbild zu erkennen.

Bakterien sind wahrscheinlich auch in vielen Fällen deutlich einfacher zu beeinflussen als Körperzellen, Tumorzellen und deren Gene. Will man etwa per Gentherapie Mukoviszidose behandeln, muss man eine Möglichkeit finden, das gesunde Gen oder eines, das die Wirkung des kranken aufhebt, ohne Schaden anzurichten in eine Unzahl von Lungenzellen einzuschleusen. Man muss natürlich auch noch dafür sorgen, dass das Gen auch dort bleibt und sich bei Zellteilungen möglichst sogar mitvermehrt. Zudem muss sichergestellt sein, dass es keinen Schaden anrichtet. Will man dagegen ein Schadbakterium, dessen Gene und dessen Wirkung ausschalten, reicht oft schon ein Antibiotikum. Es ist eine seit Mitte des vergangenen Jahrhunderts abermillionenfach bewährte Methode, die schon Millionen Menschen das Leben gerettet, die allerdings aber eben auch ihre bedenklichen, hinlänglich bekannten Nebeneffekte hat.

Wahrscheinlich ist es aber oft, vielleicht sehr oft, auch möglich, das Schadbakterium durch schon existierende oder noch zu züchtende nützliche Stämme wirksam zu verdrängen. Manchmal muss man dafür offenbar nicht einmal Bakterien schlucken oder sich am anderen Ende einlaufen lassen, sondern nur Kontakt mit Leuten haben, die jene guten Bakterien in sich tragen. Zusätzlich sollte man möglichst noch seine Ernährung ändern, das steigert die Chancen. Die Versuche mit Mäusen in Jeffrey Gordons Labor, in denen die guten Mikroben ansteckend, die schlechten aber nicht ansteckend wirkten, wenn gleichzeitig die richtige Ernährung dazukam, sind wirklich einmal »vielversprechend«.[198]

Und es gibt erste Beispiele, wie genaue Diagnose und darauf abgestimmte bakterielle Therapien funktionieren können. Beispielsweise fanden Nicola Abreu und ihre Kollegen als Auslöser einer chronischen Nasennebenhöhlenentzündung das *Corynebacterium tuberculostearicum*, und es stellte sich heraus, dass zumindest bei Mäusen ein Nasenspray mit *Lactobacillus sakei* diese Erkrankung verhindern kann.[199]

Aber man muss es deutlich sagen: Es gibt bis heute noch keine einzige wirklich gut etablierte, gezielte, gar individuelle Therapie *mit* Bakterien. Selbst die Eliminierung von *Helicobacter pylori* bei Darmgeschwüren – also eine *gegen* ganz bestimmte Bakterien – funktioniert eher mittels einer Schrotschuss-Strategie, der auch viele andere Mikroben zum Opfer fallen.

Schwarze Schafe

Was es gibt, sind Kandidaten. Und ein paar aufgeklärte Mechanismen, die nahelegen, dass sich dort weitere Kandidaten verbergen. Die in Kapitel 16 schon erwähnten Forscher aus Milwaukee, die wahlweise mit Antibiotika oder Probiotika die Gefährlichkeit und Schwere von Infarkten bei Ratten beeinflussen konnten, schreiben jedenfalls, »zukünftige Studien, um herauszufinden, wie individuelle Mikrobiota-Spezies Herz- und Gefäßbiologie beeinflussen, versprechen eine neue Dimension personalisierter Medizin zu eröffnen, wo der Informationsfluss zwischen Mikrobiom und Herz sowohl Diagnose als auch Therapien verbessern kann«.[200]

Man muss bei personalisierter Medizin also nicht unbedingt nur an Krebs denken. Doch auch da sollte es natürlich Möglichkeiten geben. Unter den allgemein als günstig und gesund eingestuften *Bacteroidetes*-Mikroben zum Beispiel ist zumindest ein schwarzes Schaf, das zur Art *Bacteroides fragilis* gezählt wird und an der Entstehung oder am Fortschreiten von Darmkrebs beteiligt zu sein scheint. Die Idee wäre natürlich, zu versuchen, diesen Stamm durch einen anderen derselben Art zu verdrängen oder ihn zumindest nicht mit einem universellen

Antibiotikum, sondern einem genau auf diesen Stamm zugeschnittenen Mikrobizid aus dem Verkehr zu ziehen. Und zu hoffen, dass das dann wirklich einen Effekt hat, also etwa die Teilungsrate der Krebszellen nach unten geht und die Selbstmordrate der Krebszellen nach oben.

Und dass *Clostridium difficile* Schwierigkeiten macht, wissen viele Patienten, die chronisch mit diesen Bakterien infiziert sind, sehr genau. Auch hier könnte man versuchen, es gezielt zu verdrängen, vor allem, wenn man den bislang eher nicht gezielt zu nennenden Fäkaltransplantationen kritisch gegenübersteht.

Ähnlich wäre der Ansatz bei ausgesprochen nützlichen Bakterien. Man müsste schlicht Wege finden, sie bei Leuten, denen sie fehlen und die sie gebrauchen könnten, dauerhaft unterzubringen. Das dürfte schon schwierig genug werden, denn in vielen Studien hat sich gezeigt, dass ein individuelles Mikrobiom meist ziemlich stabil und fremdenfeindlich ist, selbst wenn der Fremde, der neue, gute Keim, in komplett guter Absicht kommt und nur helfen will.[201] Und man muss auch hier natürlich einschränken: Um wirklich auch nur einigermaßen sicherzugehen, dass ein Stamm nur Gutes und nichts Schlechtes macht, wäre jeweils wahrscheinlich ein ziemlich großer Forschungsaufwand nötig.

Doch dass es notwendig ist, neben vielleicht einigermaßen universellen oder zumindest bei vielen Menschen nutzbringenden Einflussnahmen auf Darmmikroben sich auch individuellen Unterschieden und damit verbundenen Optionen in Prävention und Therapie zu widmen, ist Grundlagenforschern wie Medizinern klar. Und das auf allen Gebieten. Bei Übergewicht und metabolischem Syndrom etwa wisse man zwar, dass Nahrungsfasern und Bakterien die Darmflora positiv beeinflussen könnten. Es werde aber, um wirkliche Fortschritte zu erzielen, wichtig sein, »die Effekte individueller Unterschiede im Darmmikrobiom aufzuklären«, und ebenso deren Ansprechen etwa auf Präbiotika, schreiben Greta Jakobsdottir und ihre Kolleginnen von der Universität Lund.[202]

Darum, dass es Bakterien zu geben scheint, die vor der einen Krankheit schützen, die andere aber vielleicht sogar fördern, und um einen Vorschlag für einen zumindest einigermaßen gezielten, sogar zeitlich abgestimmten Eingriff ging es ja bereits in Kapitel 7. Wenn Martin

DIE BAK-STRATEGIE

Blaser recht hat, dass der als Auslöser von Magentumoren längst nachgewiesene Keim *Helicobacter pylori* vor Speiseröhrentumoren schützt, dann müsste man ihn so lange schonen – oder sogar, wenn er nicht vorhanden ist, verabreichen –, wie er nicht viel Schaden anrichten, seine Schutzwirkung aber entfalten kann. Danach aber müsste man ihn gezielt ausschalten.

Von Tumoren kultivierte Bakterien

Eine andere Idee ist es, Tumoren, die oft ganz spezifisch von Bakterien besiedelt sind, die also ihre eigenen Mikrobiome haben, auch mikrobenspezifisch zu behandeln. Auch hier ist zuvor eine Menge Forschung nötig: Welche Tumoren werden von welchen Keimen besiedelt? Sind die Keime für den Krankheitsverlauf bedeutend oder nur eine irrelevante Begleiterscheinung? Beeinflusst eine Behandlung mit Antibiotika oder Mikrobiziden das Verhalten der Tumoren? Ist es denkbar, eventuell krebsfördernde Mikroben durch krebshemmende innerhalb des Tumors zu ersetzen?

Tatsächlich weiß man bei den meisten Krebs-Mikrobiomen bis heute nicht, ob sie eher Mit-Ursache oder eher Folge der Krankheit sind. Teilweise ist das aber wohl gar nicht entscheidend, denn in ersten Untersuchungen hat sich häufig zumindest eines gezeigt: Die Tumormikroben helfen, wenn sie erst einmal da sind, den Tumoren. Sie schütten Entzündungsbotenstoffe aus oder säuern das umgebende Gewebe an, in das eine Geschwulst dann leichter hineinwachsen kann.

Tumorzellen sind dafür bekannt, dass sie es im Laufe ihrer Entwicklung – ihrer Evolution innerhalb eines Menschen oder Tieres – immer besser schaffen, ihre Umgebung, ja gegen Ende den gesamten Organismus, zu ihren Gunsten zu manipulieren. Sie rekrutieren Blutgefäße, nehmen das Immunsystem als Geisel, veranlassen die Leber, für sie massenhaft Nahrung zu produzieren, stellen den Stoffwechsel des Wirtes insgesamt auf ihre Bedürfnisse um, und so weiter. Es wäre also alles andere als abwegig zu vermuten, dass sie sich auch Mikroben zunutze machen. Und deshalb wäre es auch nicht abwegig, nach Therapien zu suchen, die diese mikrobielle Hilfe unterbinden oder sogar in ihr Gegenteil umkehren. Warum soll es nicht möglich sein, ein trojanisches Bakterium zu finden oder zu entwickeln, das sich dann vielleicht erfolgreich an der individuellen Achillesferse eines Tumors zu schaffen macht?

All das gehört aber einmal mehr in die Kategorie »vielversprechend«. Vielleicht sogar noch eher in die Kategorie »interessante Idee«. Eine andere Art personalisierter Medizin, die Darmmikroben einbezieht, ist allerdings in einigen Fällen bereits heute möglich, wenn auch, soweit wir wissen, nirgends routinemäßig praktiziert. Die in Kapitel 10 beschriebenen, von Mensch zu Mensch unterschiedlichen Interaktionen zwischen Medikamenten und Bakterien und ihren Produkten muss man als Therapeut nur kennen, um die Therapie entsprechend anzupassen. Wer Darmbakterien hat, die Paracetamol zu einem gefährlichen Gift umwandeln, dem sollte der Arzt vielleicht lieber Ibuprofen oder ein ganz anderes Schmerzmittel verschreiben. Über einen entsprechenden Stuhltest wäre das zu bestimmen. Bei dem würde noch nicht einmal nach dem speziellen Bakterium gesucht, sondern nach dem für die unerwünschte Funktion verantwortlichen Gen. Und natürlich könnte ein solcher Test auch gleich noch nach anderen auf die Gesundheit Einflüsse ausübenden bakteriellen Genen suchen. Es ginge sogar noch deutlich einfacher per Stoffwechselprofil aus einer Urinprobe. Das zeigt weder einzelne Bakterienarten noch deren aktive Gene an, sondern – nach dem von Helmut Kohl geprägten Wichtig-ist-was-hinten-rauskommt-Prinzip – was wie in welchem Maße an relevanten Substanzen umgesetzt wird. Es offenbart also schlicht, ob die entsprechenden Bakterien ihre entsprechenden Fähigkeiten gerade zur Anwendung bringen oder nicht.[203]

Abwarten und Joghurt essen

Nach dem gleichen Prinzip könnte man auch Patienten finden, deren Darmbakterien mit Medikamenten etwas eher Nützliches tun, die also zum Beispiel den therapeutischen Effekt verbessern. Das in Kapitel 10 erwähnte Zonegran ist hier ein Extrembeispiel. Denn Zonegran wirkt ja selbst überhaupt nicht, Darmbakterien sind essenziell, um es in seine aktive, krampflösende Form umzuwandeln. Und natürlich wäre es immer gut, vorher zu wissen, ob die Bakterien eines Patienten das draufhaben oder nicht.

Und nach dem gleichen Prinzip ließe sich auch bestimmen, ob die eine oder andere Ernährungsweise für jemanden gut ist, oder schlecht,

DIE BAK-STRATEGIE

oder unbedeutend. Beispiel Soja und Prostata: Wer sich per bakteriell aus Sojabestandteilen produzierten Equols gegen die Krankheit schützen will, der wäre gut beraten, sich erst einmal darauf testen zu lassen, ob seine eigene Darmflora das Zeug überhaupt wie gewünscht umsetzen kann. Wenn nicht, könnte er mit Hilfe eines Facharztes für Mikrobiom-Diagnose und -therapie, den es vielleicht einmal geben wird, versuchen, diese Keime in sich anzusiedeln und sie dann regelmäßig mit Sojaprodukten zu füttern. Wer jenen fiesen, Krebs fördernden Stamm von *Bacteroides fragilis* in sich trägt, könnte das ebenfalls per Mikrobiom-Analyse herausfinden und dann versuchen, ihn durch andere *Bacteroides*-Stämme zu verdrängen – schließlich gelten die meisten *Bacteroides*-Bakterien als sehr hilfreiche Keimlein. Natürlich wären auch personalisierte, individuelle Medikamente, die gezielt gegen bestimmte Keime vorgehen, oder sie fördern, denkbar.

Bislang wird all das nirgends routinemäßig gemacht. Manches, etwa in individuellen Därmen nach Mikroorgansimen mit nützlichen Funktionen zu suchen, wäre längst machbar. Anderes ist nicht so einfach – etwa ungünstige Mikoorganismen gezielt mit Hilfe anderer Keime zu verdrängen oder günstige anzusiedeln. Jedem Mediziner, Heilpraktiker oder sonstigen Therapeuten, der etwas anderes behauptet, sollte man mit Skepsis begegnen.

Das wird sich aber ändern. Bis dahin müssen wir abwarten, Joghurt mit Bakterien und Topinambur mit Fasern essen und hoffen, dass es hilft – und Mediziner, Grundlagenforscher und Politik dazu drängen, die Forschung auf diesem Gebiet ein bisschen zu beschleunigen.

Das wäre auch schlicht deswegen gut, weil man als Patient oder als Krankenkasse dann etwas sicherer sein könnte, dass es sich lohnt, für eine Bakterientherapie oder Ähnliches Geld auszugeben. Denen, die damit Geld verdienen wollen, würde das auch helfen, wenn sie denn keine Scharlatane sind. Unter anderem darum geht es im letzten Teil des Buches.

TEIL V
FOLLOW THE MONEY

21 SPÜLEN, ENTSCHLACKEN, SANIEREN, KASSIEREN

Entgiftungskuren und Darmspülungen sollen den überlasteten Verdauungstrakt sanieren. Damit wird bereits eine Menge Geld verdient. Ob sie je jemandem geholfen haben, daran darf man zweifeln. Und sie können nicht nur dem Geldbeutel gefährlich werden.

Wem schon einmal ein gebrochener Knochen im Körper mit einer Schraube wieder zusammengeflickt wurde, der sollte gelegentlich einen Augenblick lang Sir William Arbuthnot Lanes gedenken. Doktor Lane war einer der Pioniere der modernen Chirurgie, und nicht nur Leute mit Trümmerbrüchen haben ihm einiges zu verdanken. Doch sein Tatendrang war nicht immer von Vorteil für seine zahlreichen Patienten.

Lane, damals noch ohne Sir, kam am 4. Juli 1856 im schottischen Fort George auf die Welt. Mit 16 brachte ihn sein Vater nach London ins staatliche Guy's Hospital, wo der Junge seine medizinische Ausbildung begann. Dort verbrachte er auch den größten Teil seines Arbeitslebens. 1892 startete er eine Revolution, die ihm den Beinamen »Vater der Orthopädie« einbrachte.

Zu jener Zeit gab es bereits anekdotische Berichte über komplizierte Knochenbrüche, bei denen die Ärzte versucht hatten, die Fragmente mit Silberdraht wieder in der richtigen Position zu fixieren, damit die zertrümmerte Gliedmaße ihre Funktion wiedererlangen konnte. Lane hatte viele Menschen gesehen, deren Knochen nach einem Bruch nicht gerichtet worden und schief zusammengewachsen waren – und für den Rest des Lebens Beschwerden bereiteten. Das sollte ein Ende haben. Er begann die zerborstenen Knochen zusammenzuschrauben, mitunter setzte er auch Metallplatten ein.

Viele von Lanes Kollegen waren empört darüber, dass der junge Arzt aufwändige Operationen veranstaltete, nur um Knochen zu flicken, die sie selbst nur geschient hätten. Andere taten es ihm nach, richteten aber eine Menge Schaden an, weil sie es nicht wie er verstanden, steril zu arbeiten. Lane hatte wie wenige zu jener Zeit verinnerlicht, dass es auf penibelste Reinlichkeit ankommt, wenn man einen Menschen aufschneidet. Er entwickelte rigide Protokolle, die festschrieben, wie das Operationsfeld mit Jod und sterilen Tüchern vorbereitet werden musste. Die Schwester, die den Faden für die Naht in die Nadel fädelte, musste dazu sterilisierte Pinzetten benutzen. Er ließ sich OP-Besteck mit extralangen Griffen anfertigen, um sicherzustellen, dass kein Teil, den eine Hand berührt hatte, mit der Wunde in Berührung kam.

Er wurde darin so gut, dass er sich bald in den Bauchraum vorwagte, wo es zwar keine Knochen, aber durchaus einiges andere zu reparieren gab.

Nachdem der deutsche Mediziner Robert Koch 1876 zum ersten Mal lückenlos nachgewiesen hatte, dass Bakterien für die Entstehung von Krankheiten verantwortlich gemacht werden können, kam der Verdacht auf, dass auch die Untermieter im Darm eine Gefahr für den Menschen darstellen müssten. Sie sollten in der Lage sein, eine »intestinale Toxämie« auszulösen, eine Art Selbstvergiftung des Körpers, die bei Verstopfung – oder, wie Lane es nannte: »chronisch intestinaler Stauung« – einsetzt. Dagegen halfen nach damaliger Auffassung nur Darmspülungen – oder das Skalpell. Lane glaubte, dass der Dickdarm und dessen lebendiger Inhalt bloß evolutionäre Überbleibsel seien, überflüssiger Ballast der Vorzeit, ohne den es jedem Menschen besser ginge. Also raus damit, ganz oder teilweise. Tatsächlich begann Lane damit, Menschen mit hartnäckiger Verstopfung ihre Dickdärme zu amputieren.

Der Chirurg als Superstar

Nach einiger Zeit schaffte Lane eine vollständige Kolektomie in nur einer Stunde, und in den allermeisten Fällen erfolgreich, wenn man den Quellen von damals glauben kann. Seine Patienten legten Gewicht zu und begannen wieder »vor Gesundheit zu strotzen, ihre Farbe änderte sich, sie überwanden ihre Apathien und hatten wieder Freude am Leben«, berichtet ein Zeitgenosse.[204] Langzeitbeobachtungen sind allerdings keine bekannt. Ein anderer Berichterstatter damals begeistert sich über das handwerkliche Geschick Lanes, der in der Zwischenzeit zum Chirurgen des britischen Königshauses aufgestiegen war. An einem Vormittag habe er das Gaumensegel eines fehlgebildeten Säuglings rekonstruiert, einen Unterkiefer entfernt, einen gebrochenen Arm zusammengeschraubt und einen Dickdarm entfernt.[205] Er war der Starchirurg seiner Zeit, mit einem Ruhm, wie ihn nach ihm höchstens noch Ferdinand Sauerbruch oder Christiaan Barnard genießen sollten. Die Zeitschrift *Vanity Fair* porträtierte ihn in einer ihrer ersten Ausgaben 1913. Es heißt, er hätte George Bernard Shaw zu einem der Charaktere seines Schauspiels *The Doctor's Dilemma* (Der Arzt am Scheideweg) von 1906 inspiriert. Und Arthur Conan Doyle, Erfinder des fantastischen Sherlock Holmes und selbst studierter Arzt und Chirurg, erklärte, dass Lanes Beobachtungsgabe und die Persönlichkeit Vorbild waren für einige der Gaben des genialen Detektivs.

Aber Lane hatte nicht nur Fans. So leichthändig er operierte, so leichtherzig war er auch bei der Sache. Nicht nur aus heutiger Sicht scheint eine Resektion des Dickdarms etwas unangemessen, um eine Verstopfung zu kurieren. Kollegen unterstellten ihm Missbrauch seiner ärztlichen Verantwortung. Doch der Streit zwischen ihm und seinen Widersachern hatte keine Zeit zu eskalieren, weil mit dem Ersten Weltkrieg andere medizinische Probleme drängender wurden. Aus dem Krieg ging Lane gewissermaßen geläutert hervor. Noch immer sah er in Verdauungsstörungen ein großes Problem, dem er aber nunmehr mit einer gesunden Ernährung beikommen wollte und nicht mehr unbedingt mit Chirurgenstahl.

Im nächsten Krieg, 1943, im Alter von 87 Jahren, wurde Lane im wegen der deutschen Bomberangriffe verdunkelten London von einem Auto überfahren.

Die Idee von der Selbstvergiftung des Körpers, wenn es mit dem Abfluss nicht mehr richtig klappt, ist nicht erst im 19. Jahrhundert aufgekommen. Bereits Hippokrates soll überzeugt gewesen sein,[206] dass so das Gleichgewicht der vier von ihm postulierten Lebenssäfte durcheinandergerät. Und vor ihm hatten sumerische, chinesische und ägyptische Ärzte bereits ähnliche Theorien entwickelt. Sie hatten Abführmittel sowie Einläufe verordnet, um die

Kontaktzeit des vermeintlich giftigen Materials mit den Darmwänden zu verkürzen. Als »Panchakarma« ist die Entgiftung auch fester Bestandteil der ayurvedischen Behandlungspraxis.

Im Laufe der Geschichte wurde der Darm »von oben attackiert mit Abführmitteln, von unten mit Duschen und von vorne durch den Chirurg«, klagte der britische Gastroenterologe Arthur Hurst 1921 in einem Vortrag vor Kollegen darüber, wie sich der Mensch an seinem Verdauungsorgan zu schaffen machte.[207]

Heute, hundert Jahre nachdem die Lösung von Verstopfungsproblemen auf die rustikale Lane'sche Art ihre Blütezeit hatte, sind Sanierungsarbeiten im Verdauungstrakt wieder en vogue. Was gegenwärtig unter dem Stichwort »Darmsanierung« angeboten wird, ist allerdings wissenschaftlich kaum besser begründet als die damaligen Radikalmaßnahmen, und manchmal ähnlich gefährlich. Heutige Angebote reichen von Darmspülungen (in spezialisierten, oft von Heilpraktikern geführten Praxen bis zum Do-it-yourself mit Hilfe eines Youtube-Clips zu Hause) über Bauchmassagen und Fastenkuren hin zu Nahrungsergänzungsmitteln. Echte wissenschaftliche Belege für eine Wirksamkeit der empfohlenen Methoden existieren bislang nicht.

Darmwaschanlagen und Schlauchpflegesets

Wer eine Suchmaschine bemüht und nur einmal interessehalber »Darmsanierung« dort eingibt, gewinnt schnell den Eindruck, als existierte das Internet ausschließlich als Vermarktungsplattform für diese Form der vermeintlichen Gesundheitspflege. Auch scheint es eine ganze Entschlackungs- und Entgiftungsindustrie zu geben. Beim Online-Händler Amazon ein ähnliches Bild: Allein über 90 deutschsprachige Bücher über korrekte Darmpflege finden sich dort, zuzüglich einiger Hundert Treffer für Nahrungsergänzungsmittel und Darmwaschanlagen plus Zubehör für die Säuberung des Verdauschlauches.

Bei einem derart großen Angebot muss auch die Nachfrage enorm sein. Jeder und jede hat gelegentlich Verdauungsprobleme, das ist leider ziemlich normal. Bei wenigstens zehn Prozent der Bevölkerung kehren Beschwerden wie Durchfall, Verstopfung, Bauchschmerzen und Blähungen regelmäßig zurück, was Ärzte dann oft als Reizdarmsyndrom klassifizieren, sobald sie alle anderen möglichen Ursachen ausgeschlossen haben. Tödliche Verläufe dieses Leidens sind nicht be-

SPÜLEN, ENTSCHLACKEN, SANIEREN, KASSIEREN

kannt, doch die Lebensqualität der Patienten wird zum Teil extrem stark eingeschränkt. Bis diese Diagnose gestellt ist und die Patienten versuchen, mit Hilfe ihres Arztes eine Lösung zu finden, vergehen oft Jahre voller Selbstversuche und Darmsanierungsexperimente. Oder umgekehrt, wenn der Arzt nicht zufriedenstellend helfen kann, liest man vielleicht in einem Forum, wie ignorant doch die »Schulmedizin« sei und welche tollen alternativen Heilungsmöglichkeiten es gebe. Manche Patienten machen auf diese Weise eine Odyssee über viele Mediziner und andere Therapeuten durch und setzen ihre ohnehin schon angeschlagenen Verdauungsorgane immer neuen, oft unsanften Heilversuchen und Eingriffen aus.

Schon vor einiger Zeit haben die beiden amerikanischen Gastroenterologen und Marineärzte Ruben Acosta und Brooks Cash 297 Fachartikel zusammengetragen, in denen es um die segensreiche Wirkung von Darmduschen ging. Kein einziger davon, so ihr Fazit, war in der Lage, irgendeinen Nutzen nachzuweisen.[208] In zahlreichen Fällen sei es jedoch zu Komplikationen gekommen.[209] Neben wenig überraschenden Verletzungen an Körperöffnungen und Schleimhäuten zählen Übelkeit bis hin zu Erbrechen und Schmerzen zu den häufigsten Nebenwirkungen. »Durch die Darmentleerung verliert der Körper viel Wasser, und der Mineralstoffhaushalt gerät durcheinander«, erklärt Peter Galle, Direktor der Medizinischen Klinik und Poliklinik der Universität Mainz und Vorstandsmitglied der Deutschen Gesellschaft für Verdauungs- und Stoffwechselkrankheiten (DGVS). Das könne zu einem starken Abfall des Blutdrucks und sogar Nierenversagen führen. Insbesondere bei bekannten Darmleiden wie Morbus Crohn und Colitis ulcerosa, aber auch bei Herz- oder Lebererkrankungen oder vorhergehenden Darmoperationen und logischerweise auch bei schlimmen Hämorrhoiden, können Spülungen großen Schaden verursachen. »Wir haben in unserer Klinik jedes Jahr einige Patienten, die sich in kritische Situationen gebracht haben«, sagt Galle. Dazu käme noch der finanzielle Schaden durch den Kauf von nutzlosen Leistungen, Büchern und Kits. Für Galle gibt es genau einen Anlass, den Darm zu reinigen, also mit Abführmitteln zu entleeren: wenn eine Darmspiegelung bevorsteht. »Ansonsten gibt es keinen medizinischen Grund.«

Bei einer typischen Darmspülung werden bis zu zehn Liter Flüssigkeit, mal normales Wasser, mal Wasser mit Wirkung versprechenden

Zusätzen, Kaffee zum Beispiel, von unten her eingepumpt. Das passiert meist mit wechselnden Temperaturen, denn das soll den Darm anregen. Man darf sich natürlich nicht wundern, wenn all das ihn eher aufregt. Denn dieses als Naturheilverfahren propagierte Gewäsch hat mit dem, was in einem Darm natürlicherweise passiert, gar nichts zu tun. Im Grunde erinnern diese Verfahren nur an den Hygienewahn der Post-Robert-Koch-Moderne, nur mit zwei Unterschieden: Es werden einerseits nicht von außen die äußeren Oberflächen gewaschen und geschrubbt, sondern von innen die inneren. Andererseits ist äußeres Waschen und Putzen in einem gewissen Maße ja unbestreitbar sinnvoll, sonst würden Hund, Katze, Meise, Maus und Co. nicht regelmäßig Zeit in ihre Toilette investieren. Tiere mit spezialisierten Hochdruck-Darmspülungsorganen hat die Evolution aber, soweit bekannt, bislang nirgends hervorgebracht.

Allerdings, das kann man etwa in unzähligen Internetforenbeiträgen nachlesen, berichten viele Menschen von einem Gefühl der deutlichen Erleichterung hinterher.

Das zu hören überrascht Mediziner wie etwa Peter Galle nicht. Während der Spülung entstehe viel Druck im Darm. Wenn der nachlasse, sei das eine Erleichterung »so ähnlich, als ob der Zahnarzt aufhört zu bohren«.

Den – zumindest kommerziellen und von vielen Darmgeplagten gefühlten – Erfolg solcher Prozeduren allein mit der Formel »Es ist so schön, wenn der Schmerz nachlässt« zu begründen, ist sicher ein wenig kurz gegriffen. Dazu kommen wahrscheinlich noch oft ein hübscher Placeboeffekt und das Gefühl der Erleichterung, welches auch jede nennenswerte natürliche Darmentleerung mit sich bringt und auf das jemand, der an Verstopfung leidet, eher verzichten muss. Und vielleicht hilft eine Darmspülung tatsächlich manchen Leuten auch jenseits all dieser Scheineffekte. Vielleicht aber auch nicht. Fakt ist, dass solche echte Hilfe bislang trotz einiger Bemühungen für keinen Menschen, für kein Leiden, für kein Symptom auch nur ansatzweise wissenschaftlich nachgewiesen ist, die Gefahren aber durchaus.

Der Trick mit dem Fußbad

Zu Entschlackungs- und Entsäuerungsangeboten und anderen Formen der Darmsanierung von oben gibt es genauso wenig stichhaltige

SPÜLEN, ENTSCHLACKEN, SANIEREN, KASSIEREN

Literatur. Die Anbieter solcher Detox-Kuren, Tees oder Pillen versprechen, dass sie den Körper von Giften befreien, die er im Alltag aufnimmt, sei es durch Fastfood, Alkohol, Rauchen oder in Form von Medikamenten, als Rückstände von Pflanzenschutzmitteln in der Nahrung oder anderen Umweltschadstoffen. Sie stellen die Behauptung in den Raum, dass unsere Körper nicht mehr selbst mit den Abfallprodukten des Lebens im Wohlstand zurechtkommen und deshalb immer wieder ein großes Reinemachen brauchen.

Schlacke ist eigentlich zähflüssig gewordene Asche aus Verbrennungsprozessen, die sich im Verbrennungsraum sammelt und ab und an ausgeräumt werden muss, damit die Maschine funktionstüchtig bleibt. »Aber dieses Bild ist vollkommen falsch«, sagt Galle, »der Darm ist kein Schornstein, sondern ein komplexes System und nicht zuletzt auch ein Lebensraum für viele Organismen, den wir gerade erst beginnen zu verstehen.« Trotzdem werden Zeitschriften, die sich negativ oder nur skeptisch zu Entschlackungsprogrammen äußern, von Lesern gerne einmal mit Fotos aus dem eigenen Klo belehrt. Bildunterschrift: »Wenn das keine Schlacke ist ...«

Eine sachliche Argumentation ist das nicht, sie eignet sich eher für den Spülknopf. Aber auf sachliche Beiträge darf man bei diesem und ähnlichen Themen ohnehin kaum hoffen.

Dabei ist nicht einmal alles Nonsens, was selbst ernannte Darmsanierer propagieren: Kein Zucker, hochgradig verarbeitete Nahrungsmittel meiden, kein weißes Mehl – das würde wohl auch jeder noch so konservative Ernährungswissenschaftler unterschreiben.

Die Mayr-Kur, benannt nach ihrem Erfinder Ernst Xaver Mayr, ist nur eines von zahlreichen Programmen, die angeboten werden, um »die Verdauungsfunktionen wieder zu normalisieren«, wie es auf der Webseite einer Mayr-Klinik heißt, die gerne von Filmstars und anderen Prominenten aufgesucht wird. Auch werde der Säurehaushalt wieder ausgeglichen und »der Magen-Darm-Trakt auf schonende Art und Weise gesäubert, entlastet und entgiftet«. Mit der Folge, dass »die Pfunde purzeln und durch die optimale Sauerstoffversorgung die Haut sichtbar straffer, rosiger und faltenfreier [wird]. Die Stimmung hebt sich, man hat mehr Energie.« Die Methode helfe bei Arteriosklerose, Altersdiabetes, Gicht, Rheuma, Migräne und »Fettstoffstörungen« [sic]. Für keine dieser Behauptungen gibt es belastbare Belege, was die

Kunden aber nicht davon abhält, wenigstens 1.000 Euro für eine Behandlungswoche zu bezahlen. Manche Häuser bieten sogar noch immer parallel zur Schonkost Detox-Fußbäder an, bei denen Salze und elektrischer Strom zum Einsatz kommen. Illustrierte berichten regelmäßig beeindruckt darüber, wie sich das Wasser im Fußbad dunkel verfärbt, sobald das Gift durch die Hautporen im Fuß den Körper verlässt. Es ist ein Effekt, den jeder mit einer Batterie, zwei Eisennägeln als Elektroden und einem Schälchen Salzwasser – aber ganz ohne Füße – zu Hause nachstellen kann.[210]

Andere Darmsanierer haben sich bereits der molekularbiologischen Methoden bemächtigt, um ihr Angebot von anderen abzusetzen. Man soll ihnen Stuhlproben schicken. Tut man dies, natürlich gegen ein stolzes Entgelt, dann bekommt man ein Gutachten zurück, mit Empfehlungen. »Wenn jemand mit einem solchen Brief zu mir kommt, weiß ich meistens schon, was drinsteht, bevor ich reingeschaut habe.« Das sagt Axel Enninger von der Gesellschaft für Pädiatrische Gastroenterologie und Ernährung. Und es werde praktisch immer die gleiche Therapie angeboten. Nämlich Probiotika, und da natürlich möglichst ganz bestimmte Produkte. Die gibt es dann auch gerne bei einer Firma, die zwar einen anderen Namen, aber die absolut identische Geschäftsadresse wie das Analyse-Institut hat.

Enninger sagt, er habe einige Jahre lang regelmäßig bei solchen Anbietern nach der wissenschaftlichen Basis für die Empfehlungen gefragt, aber nie eine Antwort erhalten. Zudem hält er die teure Analyse des eigenen Mikrobioms durch diese Art selbst ernannter Darmdienstleister für wenig aussagekräftig. »Es ist doch klar, dass dieser Stuhl, den ich mit der Post quer durch Deutschland schicke, bei seiner Ankunft im Labor nicht mehr die Arten enthält, die ursprünglich in das Probenröhrchen gefüllt wurden«, sagt der Kinder-Gastroenterologe vom Klinikum Stuttgart. Schließlich geht es um lebendes Material, das zudem aus einem 37 Grad warmen Ökosystem ohne jeden Sauerstoff kommt. Stuhlproben für Studienzwecke werden jedenfalls normalerweise in luftleeren Tüten und tiefgekühlt verschickt, damit sich die mikrobielle Bevölkerung darin so wenig wie möglich verändert.

Saubere Leber, gefährliche Pilze

Auch eine Reinigung der Leber soll Wunder wirken. Verordnet werden dann abführendes Bittersalz, Grapefruitsaft und Olivenöl, und man solle bitte morgens in die Toilettenschüssel schauen. Abgeleitet wurde das Procedere von einem Beitrag in dem renommierten Medizinjournal *The Lancet* aus dem Jahr 1999. Der durch das Laxativum ausgelöste Durchfall bringt angeblich Gallengries hervor, fetthaltige Ablagerungen aus den Kanälen, die die Leber durchziehen. Tatsächlich bestehen die oben auf dem Wasser schwimmenden Kügelchen aber nicht aus körpereigenem Cholesterin, sondern entstehen aus dem Saft-Öl-Gemisch.[211] Das ist längst mehrfach belegt worden. Dennoch gibt es im Internet noch reichlich Rezepte für diese Prozedur, gerne unter Überschriften wie: »Frühjahrsputz für den Körper«. Tatsächlich wirkt der empfohlene Mix mild abführend. Und es kann ja durchaus sein, dass frischer Grapefruitsaft und natives Olivenöl gut tun oder gar echte gesundheitsfördernde Wirkungen entfalten. Mit dem grünen Zeug in der Kloschüssel und der Sauberkeit der Leber hat das dann aber nichts zu tun.

Pilzbefall ist ein anderes Problem, das Möchtegern-Darmsanierer gerne bekämpfen. Im Stuhl von acht von zehn Gesunden lassen sich Pilze nachweisen. Meist gehören sie der Gattung *Candida* an, die auch auf der Haut wächst. Es gibt eine umfangreiche, oft sehr akademisch klingende Literatur, die überwältigend zu belegen scheint, dass stille Pilzinfestationen für viele Darmleiden, aber auch Stimmungsschwankungen, Heißhunger und Akne verantwortlich sind.

Überwältigend ist aber eher die schiere Masse. Auch qualitativ überwältigend ist hingegen die Datenlage, die widerlegt, dass diese Pilze bei nicht anderweitig gesundheitlich stark geschwächten Menschen im Darm irgendeinen Schaden anrichten. Nach Auswertung von fast 200 Fachartikeln kam jedenfalls eine eigens eingesetzte Kommission des Robert-Koch-Instituts zu der Einschätzung, dass weder klinisch-epidemiologische Untersuchungen noch Behandlungsstudien einen Hinweis auf die Existenz eines Candidasyndroms geben.[212] Hefepilze gelangen mit der Nahrung in den Verdauungstrakt, und es gibt gute Gründe anzunehmen, dass sie unverändert und ohne groß Einfluss zu nehmen durch den Körper wandern. Sie sind da, aber sie tun – wenn man den wissenschaftlichen Daten und nicht den Gurus glaubt – nichts. Sie verursachen kein Symptom und auch kein Syndrom.

Echte Pilzerkrankungen des Verdauungstraktes sind eher selten und begleiten dann meist schwere andere Leiden wie etwa Krebs. Sie sind dann, im Gegensatz zu jenem Syndrom, auch klar diagnostizierbar. *Candida* kann für Leute mit stark geschwächtem Immunsystem zu einem ernsthaften Problem werden, der Pilz ist zum Beispiel Auslöser der häufigsten Pilzinfektionen im Mund von Aids-Patienten. Normalerweise aber sind sie Teil des dynamisch ausbalancierten menschlichen Ökosystems und werden durch die Immunabwehr und wahrscheinlich auch durch Bakterien kontrolliert.

Für viele Therapeuten ist der Pilz aber ein einträgliches Geschäft. Weil die vermeintlichen Symptome so allgemein beschrieben sind, dass sich fast jede Regung des Körpers mit Pilzbefall erklären lässt, lassen sich viele Patienten auf einen Stuhltest ein, der in den meisten Fällen nicht von den Krankenkassen bezahlt wird. Und weil sich bei den meisten Menschen etwas findet, lassen sich auch gleich noch eine Menge Pilzkuren verkaufen, ohne dass jemals ein Zusammenhang nachgewiesen worden wäre.

Das sind nur einige Beispiele aus dem Schattenreich der Darmsanierungen und sonstigen Eingeweidekuren. Darmsanierung, Entschlackung, Entgiftung – manche meinen auch, ganz gezielt Toxine aus dem Körper holen zu können, und sprechen dann von »Ausleitung« –, es sind allesamt Begriffe, die überhaupt nicht medizinisch definiert sind, jeder versteht etwas anderes darunter. Den einen geht es um Gift, den anderen um Keime, den Nächsten um Säure, wieder anderen um alles zusammen plus spirituelle Reinigung. Natürlich gibt es Krankheiten, die vom Darm ausgehen, doch denen ist mit Angeboten aus dem Internet oder aus Anzeigen auf den hinteren Seiten jener kostenlosen Magazine, die man in Bioläden und Reformhäusern bekommt, eher nicht beizukommen. Jedenfalls fehlen verlässliche Nachweise völlig.

Letztlich werden mit den hier nur ausschnittsweise besprochenen dubiosen Angeboten und zweifelhaften Methoden im Grunde sinnvolle Ansätze diskreditiert. Axel Enninger etwa sagt, der Gedanke, einen gestörten Darm mit Bakterien kurieren zu wollen, sei grundsätzlich eine gute Idee. »Es scheint unstrittig, dass die

SPÜLEN, ENTSCHLACKEN, SANIEREN, KASSIEREN

Zusammensetzung unsere Gesundheit beeinflusst. Nur kann noch niemand sagen, in welche Richtung gelenkt werden muss und wie man das anstellt.« Und wahrscheinlich wird manchem Kranken durch die Ernährungstipps, die er zusätzlich zur vermeintlichen Darmreinigung und Entschlackung bekommt, geholfen. Durch die Umstellung auf ballaststoffreiche Kost oder Lebensmittel, die für den Menschen unverdauliche, aber für Mikroben attraktive Moleküle liefern, siedeln sich dann vielleicht hilfreiche Bakterien an. »Das kann man probieren, solange man darauf achtet, dass die Ernährung nicht einseitig wird«, mahnt Enninger, »das kann sonst gefährlich werden.« Bei anderen schlagen möglicherweise sogar die empfohlenen pro- oder präbiotischen Lösungen an. Anderen hilft der Placeboeffekt. Vielen aber nützt von alledem bislang nichts.

Zwei Welten treffen aufeinander. Die Wissenschaft, die versucht, die Abläufe im Darm zu verstehen und passende Heilmethoden zu entwickeln, und ein Wildwuchs an manchmal gut gemeinter, aber meist rein kommerzieller und im Grunde die Hilfesuchenden verachtender Scharlatanerie. Nach den Darmspülungen fürchten manche Ärzte, dass sich die Anbieter solcher Methoden bald auf Fäkaltransplantationen verlegen könnten. In den Internetforen für Darmkranke werden solche Therapien bereits für den Hausgebrauch diskutiert. Es dürfte nur eine Frage der Zeit sein, bis Darmsanierer daraus ein Geschäftsmodell entwickeln. Hier könnten ohne ärztliche Begleitung, ohne ausgiebige Labortests von Spender und Empfänger, die unerwünschten Wirkungen dann noch schwerwiegender ausfallen als bei Waschtagen und Pilzjagden im Verdauungsorgan.

Anderswo ist das Geschäft mit lebenden Mikroben und ihren versprochenen Wunderwirkungen schon voll im Gange. Um ein Beispiel der japanisch-bajuwarischen Art geht es auf den folgenden Seiten.

22 EM: 80 MIKROBEN FÜR DIE WELT

Ein Professor aus Japan hat einen Bakterienmix gefunden, der angeblich alles kann: die Umwelt kurieren, Menschen und Tiere heilen, kurz: die Welt retten. Aber wie effektiv sind jene »Effektiven Mikroorgansimen« wirklich?

Einen Besuch bei Christoph Fischer im Chiemgau vergisst man so schnell nicht. Das liegt sicher auch am Geruch. Diesem Geruch irgendwo zwischen süß und eklig. Der Duft, der über dem ganzen Dorf zu hängen scheint, sagt: Hier verwest irgendetwas, und ganz falsch ist das auch nicht. In imposanten Apparaturen zieht Fischer Mikroorganismen heran. Aber nicht irgendwelche, sondern »Effektive Mikroorganismen«, kurz: EM.

Es ist warm in der Produktionshalle, Bakterien mögen es so. Zwei riesige, blitzblank polierte Fermenter ragen zur Decke, daneben stehen noch ein paar kleinere, in denen Fischers Mitarbeiter verschiedene Mikroben kultivieren. Noch mehr Platz nehmen nur die Tanks ein, in denen die fertigen Mixturen lagern: Futtermittelzusätze, Bodenverbesserer, Haushaltsreiniger, Gülle-Aufbereiter, Pflanzenstärker, Insektenabwehrer, Wassersanierer, Raumklimaharmonisierer, Staubbinder, Holzschützer, Schimmelvertilger – und noch viel mehr verbirgt sich hinter der Abkürzung EM.

Der Entstehungsmythos dieser Mischung aus nicht näher benannten etwa 80 verschiedenen Bakterien- und Pilzarten lautet so: In den 1980er Jahren war der japanische Agrarforscher Teruo Higa auf der Suche nach einem Mittel, mit dem sich ausgelaugte Böden revitalisieren ließen. Der Professor von der University of the Ryukyus auf der Insel Okinawa hatte lange Zeit erfolglos mit verschiedenen Mikroben experimentiert und irgendwann im Frust die gesammelten Abfälle der

Pilz- und Bakterienkulturen im Garten ausgegossen, in der Hoffnung, dass der nährstoffreiche Mix wenigstens als Dünger taugen würde. Als es dann aber begann, ganz prächtig zu sprießen in seiner Parzelle, kam ihm der Gedanke, dass einzelne Mikroorganismen nicht ausreichen, um Böden wieder zu beleben, dass dies nur von ganzen Lebensgemeinschaften erledigt werden könne. Der Kübel voller Mikroben, verteilt in seinem Garten, hatte demnach nicht bloß einfach als Dünger fungiert, sondern das dort verloren gegangene Gleichgewicht wiederhergestellt.

Als Erklärung für seine Beobachtung ersann er eine Theorie, oder besser: Philosophie, nach der sich alle Mikroorganismen in eine von drei Kategorien einsortieren lassen sollten. Die erste sorgt für Aufbau und Wachstum in der Natur, die zweite steht für Abbau und Fäulnis. Die dritte Gruppe sind Organismen, die Higa als Opportunisten bezeichnet, die jeweils mit der stärksten Gruppe gemeinsame Sache machen. Krank sei der Boden dann, wenn die Destruktiven dominieren. Überwiegen die guten Mikroben, geht es dem Boden gut, und laut Higa ist es genauso bei Tieren – und auf und im Menschen.

Im Grunde war es ähnlich wie bei Samuel Hahnemann, der seine verdünnten Heilwässerchen über holprige Straßen transportieren musste und danach den Eindruck hatte, dass die Schüttelei deren Wirkung noch einmal potenzierte: Fertig war die bis heute praktizierte Form der Homöopathie samt Theorie. Bei Higa reichte die Anekdote von den Bakterienabfällen und dem reichen Ertrag im japanischen Garten, um über dreißig Jahre hinweg eine inzwischen unüberschaubar umfangreiche Produktpalette unter dem Markenschirm »EM« entstehen zu lassen. Higas EMRO-Stiftung (für EM Research Organisation) vergibt weltweit die Lizenzen für das Gebräu und exportiert es. Über Regionalgruppen, Facebook, Internetforen und EM-Ausbilder wird die Idee verbreitet. Es gibt Vereine und Zeitschriften und meterweise Bücher zum Thema, die meistens von Leuten geschrieben sind, die mit dem Verkauf von EM-Produkten Geld verdienen. Es gibt Geschäfte, die sich auf EM-Produkte spezialisiert haben, und viel wird über das Internet vertrieben.

In Deutschland werden EM nach dem Düngemittelgesetz als Bodenhilfsstoff eingestuft. Gemäß Higa-Marketing kann der Mikroben-Mix aber noch viel mehr. Zum Beispiel umgekippte Gewässer klären und tote Böden wieder fruchtbar machen. Er soll Haushaltsreiniger ersetzen, Gülle weniger stinken und giftiges Ammoniak-Gas ausdünsten lassen. Kranke Tiere sollen durch EM gesunden, und auch der Mensch könne dank EM sein Mikrobiom wieder in die Balance bringen. Wunden würden schneller heilen und der Darm wieder besser funktionieren.

Das klingt nach einem echten Wundermittel. Doch es ist wie bei vielen anderen Wundermitteln auch – die Verheißungen können einer eingehenden und systematischen Überprüfung nicht standhalten. Es gibt viele Studien, die versuchen, die Behauptungen zu belegen. Sie lassen sich in etwa so zusammenfassen: Die Studien, die einen Effekt der effektiven Mikroorganismen belegt haben wollen, sind methodisch, um es vorsichtig zu formulieren, angreifbar – oder aber die demonstrierte Wirkung hätte auch von anderen Mikroben, etwa einfachen Milchsäurebakterien, wie sie zum Beispiel in Sauerkrautsaft leben, erzielt werden können.

Einzig in der Landwirtschaft scheinen EM eine bodenverbessernde Wirkung zu entfalten. Der Effekt ist allerdings auch zu beobachten, wenn die ausgebrachte EM-Lösung zuvor so mit Hitze und Druck behandelt wurde, dass alle Mikroorganismen darin sterben. Es ist also naheliegend, dass die Nährlösung der Mikroben wie Dünger im Boden wirkt – was ja auch Higas ursprünglicher Grund gewesen war, das Zeug auf die Beete zu kippen, und als Theorie einer Überprüfung sicher besser standgehalten hätte. EM-Düngung funktioniert dann besonders gut, wenn der Boden besonders karg ist. Auch das traf auf den ersten Versuchsfeldern Higas zu, auf denen der Professor erstaunliche Wachstumsschübe beobachtet hatte. Andere Untersuchungen wie etwa die von Monika Krüger, Direktorin des Instituts für Bakteriologie und Mykologie an der Universität Leipzig, zeigen, dass EM das Stallklima verbessern können und sich die Zahl der potenziell schädlichen Keime in der Herde reduziert. Das bekommen aber einfache Milchsäurebakterien auch hin.

»Nicht alles auf der Welt lässt sich erklären«

Christoph Fischer kennt diese Kritik. Er kenne aber auch genügend Forscher, die in renommierten Labors arbeiten und die Verheißungen nicht einfach als Märchen abtun. Und: »Nicht alles auf der Welt lässt sich mit den etablierten wissenschaftlichen Konzepten erklären.« Damit liegt er sicherlich richtig, doch schließt er dabei ausdrücklich »belebtes« oder »informiertes« Wasser und »feinstoffliche Überlagerungen« ein. Und dann bringt er noch jenes Totschlagargument, mit dem auch Homöopathiebefürworter die Überlegenheit der subjektiven Erfahrung Tausender Nutzer über wissenschaftliche Untersuchungen immer wieder zu belegen versuchen: »Wenn EM nutzlos wäre, warum sollten dann über 800 Bauern aus der Region diese benutzen?« Und wie bei der Homöopathie lautet wohl auch hier die Antwort: EM wirken nicht, aber sie nützen.

Zunächst einmal nützen sie den Produzenten wie etwa dem EM-Entwickler Higa und seinem Unternehmen EMRO, dem deutschen Ableger Emiko, aber auch den vielen anderen Herstellern wie etwa dem Allgäuer Christoph Fischer, der auch nur einer von vielen in Europa ist. Fischer schätzt allein den Markt in Deutschland auf ein Volumen von 20 Millionen Euro, und er wachse von Jahr zu Jahr kräftiger. »Wir haben bisher noch nicht einmal zwei Prozent der Bevölkerung erreicht.«

Auch die Bauern, die EM in ihren Ställen und auf ihren Feldern nutzen, scheinen etwas davon zu haben. Die meisten berichten von einem besseren Klima im Stall, aber auch von weniger Infektionen. Unklar ist, ob das an den Bakterien liegt, die sie versprühen. Es könnte auch sein, dass, wer seine Tiere mit Bakterien umsorgt, insgesamt etwas achtsamer ist im Umgang mit ihnen. Fest steht aber, dass sie nach einigen Jahren EM-Nutzung in ihrem Betrieb die Waren, die sie über Fischers Handelsplattform vertreiben, mit dem Siegel »EM-Kostbarkeit« schmücken dürfen. Die Kunden zahlen den damit verbundenen Aufpreis offenbar gern, auch wenn in den Nudeln oder im Honig gar keine effektiven Mikroorganismen zu finden sind.

Der unheimliche Erfolg der Bakterien ist angesichts der dünnen Belege für ihre Wirksamkeit in etwa so schwer zu erklären wie das anhaltend gute Geschäft mit Homöopathie – die es ja auch nicht nur für Menschen gibt, sondern auch für Tiere, Gärten und Gewässer.

Vielleicht hilft ein »EM-Basiskurs«, das Phänomen besser zu verstehen.

München im Frühsommer 2013: Ein auf EM-Produkte spezialisiertes Geschäft hat zu einem zweistündigen Seminar eingeladen, Voranmeldung ist erwünscht, die Zahl der Plätze ist begrenzt. 15 sind gekommen, um sich zu informieren, zwölf Frauen und drei Männer. Die meisten von ihnen mit weißen Haaren. So früh am Nachmittag haben Menschen, die nicht im Pensionärsalter sind, normalerweise auch gar keine Zeit. Vorne steht die Kursleiterin. Randlose Brille mit eckigen Gläsern. Jeans, braune Faserpelzjacke, darunter ein gemustertes T-Shirt, Outdoorsandalen. Sie stellt sich als Kräuterpädagogin vor, die auch Führungen für die Naturschutzorganisation BUND macht. Sie beginnt mit einem Exkurs in den Boden, erklärt, wie der aufgebaut ist und dass die obere Schicht in der Landwirtschaft durch Pflügen und Chemie zerstört werde.

Es sind noch keine fünf Minuten vergangen, da macht sie schon klar, dass EM »selbstverständlich« nicht gentechnisch verändert wurden. Dann der EM-Entstehungsmythos, der bestimmt viel weniger Eindruck in der Runde hinterlassen würde, wäre Higa nicht Professor. Und während sie aufzählt, was man mit EM alles Tolles machen kann, außer seine Blumen zu gießen, lässt sie zwei verschiedene Proben in Bechern durch die Reihen kreisen. Die erste riecht nach saurer Melasse, die zweite Flüssigkeit erinnert an gärenden Apfelsaft oder an den Geruch im Gärhaus von Christoph Fischer – von dem auch tatsächlich das Produkt stammt.

Nach weniger als dreißig Minuten ist die Seminarleiterin dazu übergegangen, die einzelnen Produkte aus dem EM-Sortiment vorzustellen. Sie erklärt, wie der Anti-Elektrosmog-EM-Keramik-Aufkleber arbeitet, »weil das ist wichtig, dass man das versteht«. Es hat etwas mit »Schwingungen« und »Ordnung« zu tun, nichts, was man anderswo nachlesen könnte als in Büchern, deren Verfasser auf irgendeine Weise Kapital aus diesen Behauptungen schlagen. Und fast zu jedem Produkt fällt vier Frauen aus dem Publikum, die bereits im Glauben an die Wunderkraft der effektiven Mikroben leben, noch mindestens eine weitere Anwendung ein, die so nicht auf dem Beipackzettel steht. Sie berichten, wie sie EM-Lösungen in juckende Hautpartien einmassieren und wie man sie gegen Schuppen einsetzt, wie sie damit Messer schärfer machen, Fenster streifenfrei putzen, Lippenherpes in den Griff bekommen und sie sogar zusammen mit Hygiene-Spüler in die Waschmaschine füllen, was die Wäsche dann angeblich »ganz weich«

macht. Das immerhin hält die Dozentin für keine gute Idee. Ob sie sich um die Wäsche sorgt oder um die Mikroben, lässt sie jedoch offen. Ansonsten hält sie sich zurück, während das Publikum Erfahrungen austauscht. Sie selbst dürfe keine Aussagen zu gesundheitlichen Effekten der Mikroorganismen machen, erklärt sie, das deutsche Heilmittelwerbegesetz verbietet so etwas. Sie darf deshalb die innere Anwendung oder Auftragen auf die Haut nicht empfehlen, erklärt aber vielsagend: »EM soll auch zu Mündigkeit und Experimentierfreudigkeit ermuntern.«

Die abgefahrensten Produkte hat sie sich aber für den Schluss aufbewahrt. Um die Trinkwasserqualität zu verbessern, schlägt sie vor, das Wasser in einer Karaffe mit ein paar »EM-Pipes« darin stehen zu lassen, die dafür sorgen würden, dass die »Wassercluster, die in den Leitungen entstehen, aufgebrochen werden«. Ein Tütchen mit einer Handvoll Keramikröhrchen darin kostet 10,70 Euro. Dann weist sie auf die Teekannen, Becher und Schalen hin, die die Regale an den Wänden des Seminarraums füllen. Alles aus EM-Keramik. Die Bakterien würden beim Brennen der Formen zwar abgetötet, doch der Nutzen bleibe auf wundersame Weise erhalten, sodass zum Beispiel Obst, das in EM-Schalen liegt, länger frisch bleibe, sagt die Dozentin. Higa habe ein Verfahren entwickelt, durch das »die Ordnungsstruktur der Mikroben erhalten bleibt«. Das widerspricht zwar so ziemlich jeder Logik und auch allen Erkenntnissen, die die Menschheit seit dem Zeitalter der Aufklärung über die stoffliche Welt gesammelt hat. Dennoch hält es keinen der zum Abschluss der Veranstaltung mit einem EM-Spray eingenebelten, quasi getauften, EM-Jünger davon ab, sich gleich vor Ort mit Bakterienlösungen und Töpferwaren einzudecken.

Das auf Wolke 7 fliegende Klassenzimmer

Im Keller von Christoph Fischers Haus kann man die meisten dieser Produkte auch finden – und noch sehr viel mehr. Fischer betreibt über seine Webseite einen Versandhandel, sein Keller ist das Logistikzentrum. Hier lagern als »EM-Kostbarkeit« ausgezeichnete Nudeln neben nach Mondphasen hergestellten Ölen und Kompostierbehältern. Lindenblütenhonig aus »EM optimierter Bienenhaltung« von der Herreninsel im Chiemsee – »Geschleudert bei Neumond«. Da steht »Wolke 7«, ein »Energetik-Spray«, das laut Fischer auch die aufgekratzteste Schulklasse beruhigt.

Wenn man die naheligende Frage nach dem »Was ist da drin?« stellt, sagt Fischer nur: »Die Leute kaufen es nicht wegen der Inhaltsstoffe, sondern weil es wirkt.« Neben dem Spray liegen EM-Keramikstäbe. Wenn man ihn fragt, wie die funktionieren, sagt er: »Meine Erklärung, und die ist vollkommen unbeweisbar, lautet: Wenn EM reingetan wird, dann entsteht Ordnung, und die Ordnungsstruktur geht auf die Keramik über.«

Erstaunlicherweise kaufen Menschen diese Dinge – Menschen mit Computer, Internet-Anschluss und Paypal-Konto. Zwei Frauen stehen in dem niedrigen Raum und verpacken die online bestellte Ware in Recyclingmaterial, damit sie den Transport schadlos überstehen. Insgesamt arbeiten inzwischen 14 Menschen in Fischers Unternehmen.

Er verkauft nicht nur eigene Produkte, sondern hat auch andere Hersteller im Sortiment. Higa vertreibt seine EM zwar über internationale, kartellartige Vermarktungsnetze, aber allein kontrollieren kann sein Netzwerk den Markt nicht mehr. Einen Patentschutz gibt es nicht, und so kann jeder, der will und die notwendigen Anlagen dafür hat, einen eigenen Bakterienmix produzieren.

Das Leben mit den Mikroben begann für Fischer 1995. Auf alten Fotos ist ein Zementmischer zu sehen, in dem er die ersten Experimente machte. Mit einer Art Fäkaltransplantation aus einer gesunden Güllegrube brachte er eine umgekippte wieder ins Gleichgewicht. Als er zum ersten Mal von EM hörte, wandelte er sich 1999 zum Higa-Jünger und besuchte ihn sogar zwei Mal in Japan. Doch bald fühlte er sich durch das Geschäftsgebaren des inzwischen in über vierzig Ländern aktiven Konzerns zu stark eingeschränkt und begann EM auf eigene Faust zu züchten.

So wie er die Geschichte erzählt, schimmert ein wenig David-gegen-Goliath-Pathos durch. Heute bekommt er die sogenannten Ur-Lösungen von einem Zulieferer in Österreich. In seinen Fermentern vermehrt Fischer diese Kulturen nur noch so weit, dass sie vertriebsfertig sind. Genauso entsteht eine Bakterienmischung, für die er erst kürzlich eine Zulassung als Futtermittelzusatz bekommen hat, die man laut Produktbeschreibung aber genauso gut zur Gewässersanierung einsetzen könnte. Eine Molkerei in der Region stellt für ihn ein Molkegetränk her, auf dessen Packung zwar ein »EM« als Logo prangt, es sind aber natürlich keine EM drin, denn eine Zulassung als Lebensmittel haben sie nicht. Seine Kinder trinken die Mischung aus Schaf- und Ziegenmolke, Getreide, Zitrone und Kamille angeblich gerne, wenn die Party in der Nacht zuvor wieder etwas zu wild war. Ansonsten würden sie sich nicht für sein Geschäft interessieren, sagt er.

Für die Forschung ist das Phänomen EM schwer zu fassen. Einerseits ist es nachvollziehbar, dass Bakterien in der Landwirtschaft eine nutzbringende Wirkung entfalten können, das haben bereits verschiedene Versuche gezeigt. Im Boden wuseln unzählige Mikroben, und ohne sie wären Pflanzen zum Beispiel nicht in der Lage, Stickstoff aufzunehmen, den sie zum Wachsen brauchen. Auch sonst leben Pflanzen in einem komplexen symbiontischen Netzwerk mit allen möglichen Pilzen und anderen Mikroorganismen. Allerdings zeigt der Großteil der Untersuchungen wie bereits erwähnt kaum positive Effekte für EM-Produkte, und schon gar keine, die nicht auch irgendwelche anderen »M«s erwirken könnten, auch ohne dass sie besonders »E« wären.

Es ist ja auch schwierig, etwas zu untersuchen, wenn man gar nicht weiß, was man eigentlich untersuchen soll. Higas genaues Rezept ist geheim. Die Nachahmerprodukte ähneln dem Original, aber sind sicher nicht identisch. Es ist nicht klar definiert, was zu einer EM-Mischung gehören muss. Jeder kann jede Mikroben-Mischung EM nennen, es ist kein geschützter Begriff. Man kann sich nicht einmal darauf verlassen, dass alle Produkte aus dem Hause Higa jene 80 Mikroben, die der Professor einst in seinem Bakterien-Urmatsch ausgemacht haben will, enthalten. Das Nahrungsergänzungsmittel Emikosan enthält lediglich Milchsäurebakterien. Das »EM-X Gold« klingt sehr mikrobenhaltig, enthält aber gar keine Mikroorganismen, sondern nur ihre Ausscheidungen. Wer soll da durchblicken? Und: Was soll man testen?

Kontrollbehörden ist so etwas ein Graus. »Wissenschaftlich ist das nicht greifbar«, sagt etwa Juliane Bräunig vom Bundesinstitut für Risikobewertung in Berlin. Sie ist die Geschäftsführerin der dort ansässigen Kommission für Biologische Gefahren. »Ich will nicht behaupten, dass da Pathogene in Umlauf gegeben werden, aber was mir nicht gefällt, ist, dass nicht draufsteht, was drin ist.« Was sie am meisten stört, ist, dass man im Internet haufenweise Videos finden kann, die einem zeigen, wie man EM zu Hause selbst vermehren kann. »Dabei ist vollkommen klar, dass ich da etwas anderes anziehe, als ursprünglich in der Mischung war.«

Die Lösungen, die man kaufen kann, scheinen bisher zumindest keinen Schaden angerichtet zu haben. Doch wenn man Bakterien unter nicht genau kontrollierten Bedingungen vermehrt, dann verschiebt sich die Artenzusammensetzung in der Mixtur unweigerlich. Und es können sich durch die Luft leicht gefährliche Keime dazugesellen, sporenbildende Bakterien zum Beispiel, die Toxine bilden können.

Brüning möchte das Thema jedenfalls im Auge behalten. Im März 2012 hat sich die Kommission zum ersten Mal mit dem Thema befasst. »Die Kommission sieht ein Potenzial für Gefahren in EM-haltigen Produkten und konstatiert, dass der Verbraucher geschützt werden muss«, steht dazu im Protokoll der Sitzung. Seither ist aber noch keine systematische Untersuchung gestartet worden. »Vielleicht müsste auch die amtliche Überwachung mal prüfen, ob die gesetzlichen Vorgaben in diesen Läden eingehalten werden«, sagt Bräunig. Zum Beispiel, dass es keine gesundheitsbezogene Werbung gibt.

Aber das müssen die Geschäfte gar nicht selber machen. Das Internet bietet genügend Platz. Auch für den Austausch der besonders Wagemutigen, die EM in ihr Wasserglas träufeln. Doch selbst hartgesottene Anhänger der Wundermikroben bringen das nicht so ohne weiteres über sich. Der Geruch ist einfach zu übel.

Es gibt allerdings auch Mikrobenmedizin-Geschäftsmodelle, wo nicht nur Professor draufsteht, sondern auch eine Menge echter Wissenschaft drin ist. Die sind bislang kommerziell weniger erfolgreich, aber das könnte sich ändern. Um deren interessanteste Beispiele geht es auf den folgenden Seiten.

23 DIE DARM-AG

Die Biotech-Industrie hat sich vom Platzen der Blase zur Jahrtausendwende noch immer nicht richtig erholt. Doch ein neuer Goldrausch hat bereits begonnen. Bakterien sind »the next big thing«.

Die Zeit um die Jahrtausendwende. Das menschliche Erbgut war noch nicht einmal ganz entziffert. Es lag vor den Wissenschaftlern wie ein Stück unerforschtes Land, von dem man ahnt, dass sich da irgendwo eine sehr dicke Goldader hindurchzieht. Zu dieser Zeit schossen die Wetten auf das Geschäft mit den Genen zum ersten Mal ins Unermessliche. Damals dürfte es kaum einen Biologiestudenten gegeben haben, der nicht wenigstens eine Geschäftsidee auf eine Mensa-Serviette gekritzelt hätte. Es waren die Boom-Jahre der Biotech-Industrie. Das neue Wissen um die Erbanlagen beflügelte die Phantasie. Was sich damit alles anstellen lassen würde! Krankheiten heilen! Geld verdienen! Die Investoren standen Schlange, um selbst noch die verrückteste Idee zu finanzieren. Biotech-Börsenboom. Unternehmensgründungen massenweise.

Die meisten von ihnen gibt es heute nicht mehr, manche existieren mehr oder minder weiter, aber unter anderen Namen, weil sie mit anderen Start-ups fusionierten oder rechtzeitig von einem Großkonzern aufgekauft wurden.

Die Biotech-Unternehmer der Blasenjahre wollten Wissen in Geld verwandeln. Man glaubte, dass man bald verstehen würde, wie der menschliche Körper und das Leben überhaupt funktionieren. Gentests, neue Medikamente, neue Behandlungsmethoden, maßgeschneidert für die Gene des Patienten, Ernährung abgestimmt auf die persönliche Genetik, das waren die Verheißungen damals. Immerhin ein paar Versprechen wurden bis heute eingelöst. So lässt sich durch Gentests inzwischen bei einigen Krebsleiden eingrenzen, welche Therapierichtung eingeschlagen werden sollte. Auch bei manchen Depressiven lässt sich durch die Analyse einiger Gene auf die voraussichtliche Wirksamkeit verschiedener Antidepressiva schließen. Und bei Epileptikern kann ein Gentest vor den Nebenwirkungen mancher Medikamente warnen, die nur bei Patienten mit einer seltenen Mutation auftreten.

In vielen Fällen hat aber Ratlosigkeit die Gewissheiten von einst abgelöst. Der Eindruck macht sich breit, dass die Möglichkeiten, das menschliche Genom auf diese Weise nutzbar zu machen, stark überschätzt wurden. Die Euphorie musste schmerzhaft einer Einsicht weichen: Allein mit der Sequenz aus all den längst zum Teil der Ikonographie der Gegenwart gewordenen Ts, As, Cs und Gs lässt sich wenig anfangen, wenn man nicht versteht, wie genau die Natur den biochemischen Code des Erbmoleküls Desoxyribonukleinsäure in Leben übersetzt.

Bakterientherapie als Wirtschaftskraft

Im Jahr 2013 wächst wieder Hoffnung. Fünf Jahre sind seit dem Start des amerikanischen Human Microbiome Projects vergangen – dieses Mal laufen die Wetten also nicht auf menschliche Gene, sondern auf Mikroben und deren Erbanlagen. Das Humangenom ist zwar noch immer nicht wirklich verstanden, das Mikrobiom noch viel weniger, aber trotzdem verkaufen sich Ideen wieder sehr gut. Als wären die Bakterien auch ein Heilmittel für die Biotech-Branche. Es geht um die Entwicklung von Probiotika, die Krankheiten heilen, um Tests, die festlegen sollen, welcher Patient von welcher Behandlung profitiert, um Mikrobiom-angepasste Ernährung, um Wirkstoffe, die bakterielles Wachstum fördern oder bremsen, um Antibiotika, die nur die bösen Keime töten, die guten aber am Leben lassen.

»Das Potenzial, die Mikrobiota zu beeinflussen, ist enorm, und genauso ist es der Markt«, sagte der belgische Mirkobenforscher Jeroen Raes von der Vrije Universiteit in Brüssel im Frühjahr 2013 in einem Interview mit dem Fachblatt *Nature Biotechnology*.[213] »In 15 Jahren werden wir alle personalisierte probiotische Cocktails trinken«, lautet seine Vorhersage, und er regt an, dass alle Gesunden eigene Stuhlproben einfrieren, um später im Leben Material zu haben, mit dem sie behandelt werden können.

DIE DARM-AG

Noch weiß zwar niemand, wie ein normales, unbeschadetes Mikrobiom auszusehen hat, doch mit dem Hype um die Darmbakterien steigt die Zahl der Patente in diesem Bereich, und Start-ups entstehen überall auf der Welt. Zwischen 2002 und 2012 hat sich die Zahl der Fachpublikationen zu diesem Thema mehr als verzehnfacht, die Zahl der jährlichen Patentanmeldungen ist etwa um den Faktor sechs gewachsen.[214]

Und die Geldsummen, um die es potenziell geht, sind auch nicht geschrumpft. Blockbuster werden in der Branche Arzneimittel genannt, die in einem Jahr mehr als eine Milliarde Dollar umsetzen. Allein der ökonomische Schaden in Europa durch Infektionen mit dem Keim *Clostridium difficile* addiert sich laut aktuellen Schätzungen zu jährlich drei Milliarden Euro.[215] Kein Wunder also, dass um diesen Markt gekämpft wird. Wenn Therapien, die auf das Mikrobiom abzielen, wirklich irgendwann in großem Maßstab funktionieren sollten, dann wird es viele Blockbuster geben.

Nach wie vor sind es jedoch die etablierten Nahrungsmittelkonzerne, die die meisten Schutzrechte beantragen, berichtete Bernat Olle vom Bostoner Investmentunternehmen PureTech Ventures im Frühling 2013 in *Nature Biotechnology*, das dem neuen Biotech-Boom einen Schwerpunkt gewidmet hatte. Angeführt wird die Rangliste von Tochterfirmen der internationalen Food-Konzerne Nestlé und Danone. Große Pharmaunternehmen fehlen hingegen bislang unter den Top-Patent-Anwärtern, schreibt Olle. Als wesentliche Innovationen wollen die Nahrungsmittelkonzerne vor allem verschiedene nichtverdauliche Ballaststoffe schützen lassen, mit denen sich das Wachstum von nützlichen Bakterien gezielt fördern lassen soll. Aber auch probiotische Bakterien, die meist zu den altbekannten, einfach kultivier- und verarbeitbaren Gattungen von Milchsäure- oder Bifidobakterien gehören, finden sich in den Portfolios.

Die kreativen Ansätze überlassen die Großkonzerne aber weitgehend kleinen Start-up-Unternehmen. Eine Auswahl:

Rebiotix (USA) arbeitet an einer Art künstlichem Stuhl, der Fäkaltransplantationen kontrollierbarer machen soll. Deshalb spricht man bei Rebiotix auch nicht mehr von Fäkaltransplantation, sondern von Mikrobiota-Restaurationstherapie, MRT. Das Unternehmen entwickelt einen im Labor gezüchteten Bakterienmix. Die Mischung mit dem noch nicht von Marketingexperten optimierten Namen RBX2660 (vielleicht bald NeoPoo, OptiStool, oder doch eher BacPack?) wird seit Oktober 2013 in einer klinischen Studie an Patienten mit wiederkehrenden *Clostridium*-Infektionen erprobt. Die ersten Resultate gibt es wohl im Sommer 2014. Bevor sich das Unternehmen auf diese Strategie verlegte, firmierte es bis Februar 2013 als MikrobEx und bot Ärzten transplantationsfertigen Spenderstuhl für die Bakteriotherapie von Patienten mit *Clostridium*-Infektion an. Es war offensichtlich ein nicht sehr erfolgreiches Geschäftsmodell, vielleicht auch weil die amerikanische Arzneimittelbehörde eine regulatorische Hürde vor die Fäkaltransplantationen gerückt hat.

Mit nur einem einzelnen Bakterienstamm will das US-Unternehmen **Viropharma** versuchen, die Rückkehr der *Clostridium-difficile*-Bakterien nach dem ersten Befall zu erschweren. Es soll den Platz besetzen, den der Keim sonst einnehmen würde und so das Einnisten verhindern. In einer ersten Studie hat das bei etwa der Hälfte der Patienten geklappt.

Das ebenfalls amerikanische Unternehmen **Osel** versucht, wiederkehrende Harnwegsinfekte bei Frauen mit der Hilfe von Lactobazillen zu bekämpfen. Die ersten klinischen Untersuchungen lieferten die erhofften Resultate. Dasselbe Präparat soll auch die Erfolgsaussichten bei einer künstlichen Befruchtung steigern, doch die Datenlage dafür ist noch sehr dünn. Gleichzeitig will Osel das alte japanische Probiotikum *Miya-BM* auf den europäischen und amerikanischen Markt bringen. Es besteht aus dem Buttersäure-produzierenden Bakterium *Clostridium butyricum MIYAIRI 588*, das gegen Durchfall helfen soll, der bei manchen Patienten nach der Einnahme von Antibiotika auftritt. Die Entwickler hoffen außerdem auf eine Wirkung gegen Reizdarmsyndrom und andere Darmleiden, bei denen Buttersäure bekanntermaßen helfen kann.

Das britische Unternehmen **GT Biologics** konzentriert sich mit seinem wahrscheinlich aussichtsreichsten Kandidaten momentan auf die Behandlung von Morbus Crohn bei Kindern. Die Forscher dieser Firma wollen den Darmbewohner *Bacteroides thetaiotaomicron* benutzen, um die chronische Entzündung zu dämpfen. Das Bakterium produziert antientzündliche Moleküle.

Auch **Vedanta Biosciences** (USA) will es mit Bakterien versuchen, die Entzündungsreaktionen im Darm unterdrücken. Das 2010 gegründete Start-up erprobt einen Mix aus Mikroben, die normalerweise im Darm siedeln und die regulatorischen Abwehrzellen des Immunsystems stimulieren. Momentan gehören ausgerechnet *Clostridium*-Bakterien zu ihren besten Kandidaten, allerdings nur solche, die keine zerstörerischen Gifte produzieren und ihren Wirt nicht krank machen.[216] Zunächst geht es um die Behandlung von Entzündungen im Darm, später sollen Autoimmunerkrankungen folgen.

Gentechnisch veränderte Milchsäurebakterien

Eine Reihe von Unternehmen, unter ihnen auch große Konzerne, versucht es allein mit Immunsystem-modulierenden Wirkstoffen. Sie sollen die Anwesenheit harmloser Bakterien simulieren, die im gesunden Menschen das Immunsystem beschäftigen und dafür sorgen, dass es sich nicht gegen harmlose Dinge wie Lebensmittelbestandteile oder körpereigene Strukturen richtet.

Andere bevorzugen auch auf dieser Suche nach Allergien und Autoimmunreaktionen vermeidenden Mitteln eher die lebendigen Optionen. Seit 2007 arbeitet etwa das Gelsenkirchener Unternehmen **Protectimmun** an Mitteln, die der Entstehung von Allergien vorbeugen sollen. Die Idee baut auf der Beobachtung auf, dass Kinder, die auf Bauernhöfen leben, seltener Atemwegsallergien entwickeln als Altersgenossen ohne regelmäßige Aufenthalte in Kuhställen. Die Forscher des Unternehmens arbeiten zusammen mit Wissenschaftlern von der Universität Bochum an Medikamenten, die dem Immunsystem von Neugeborenen Stallkontakt vorgaukeln. Ein verheißungsvoller Kandidat ist derzeit das harmlose Milchsäurebakterium *Lactococcus lactis*, das irgendwann zusammen mit weiteren Immunmodulatoren in Nasentropfen verabreicht werden soll.

Nicht alle Unternehmen wollen sich auf das beschränken, was man ohnehin im gesunden menschlichen Darm finden kann. **Actogenix** aus Belgien modifiziert das Erbgut von *Lactococcus lactis* so, dass die Bakterien antientzündliche Wirkstoffe produzieren und im Darm ausschütten. Die Mikroben interagieren dabei nicht selbst mit dem Immunsystem. Sie sind nur Produktionsstätten und Transportvehikel, die der Patient einfach schlucken kann, anstatt sich die Wirkstoffe spritzen lassen zu müssen. In einer ersten klinischen Studie haben die Actobiotics genannten Bakterien zumindest keinen Schaden angerichtet und bei einigen Patienten sogar die Beschwerden gemindert. Bei Mäusen mit einem Diabetes-artigen Leiden konnten modifizierte Bakterien das Krankheitsbild deutlich bessern.[217] Die Idee hinter dieser Strategie ist, dass man den per Gentechnik umprogrammierten Bakterien beibringen kann, nahezu sämtliche biologischen Botenstoffe des Körpers zu produzieren.

Ähnlich geht **Vithera Pharmaceuticals** in den USA vor. Das Unternehmen verändert gutmütige Darmbewohner gentechnisch so, dass sie das Protein Elafin herstellen, das Entzündungen hemmt. Menschliche Darmzellen produzieren diesen Schutzstoff selbst. Vitheras Bakterien sollen in Mangelsituationen oder im Entzündungsfall helfen. Gleichzeitig arbeitet das Unternehmen an Bakterien, die Hühner vor Salmonellenbefall schützen sollen.

Enterologics (USA) hat sich darauf spezialisiert, Knowhow von anderen Unternehmen oder Forschern einzukaufen und weiterzuentwickeln. Mit Bakterien des Typs *Escherichia coli M17* wollen die Forscher dieser Firma Patienten helfen, denen der Dickdarm wegen chronischer Entzündungen entfernt werden musste. Dort, wo der Dünndarm vom Chirurgen in einer Schlaufe an den Enddarm genäht wird, entstehen bei vielen Patienten nach einigen Jahren erneut Entzündungen. Das Bakterium soll sie eindämmen. Bei Versuchstieren funktioniert das bereits sehr gut. Das Unternehmen muss aber noch abklären, ob die Bakterien beim Menschen nicht auch Schaden anrichten könnten.

Keim-Geheimnisse, Geschäftsgeheimnisse

Zu den ersten Unternehmen, die Diagnosen aus dem Mikrobiom lesen wollen, gehören **Enterome** (Frankreich) und **Metabogen** (Schweden). Mit Sequenziermaschinen suchen sie nach genetischen Signaturen in Stuhlproben, die auf Krankheiten oder Krankheitsrisiken hindeuten. Sie fahnden nach Dysbiosen und hoffen, irgendwann einmal Empfehlungen abgeben zu können, wie das gestörte mikrobielle Gleichgewicht wiederhergestellt werden kann. Die derzeit spannendsten Fragen sind, ob sich solche Krankheitssignaturen auch in großen Patientengruppen sicher finden lassen, ob sie Folge oder Ursache der Erkrankung sind und ob das Wissen um die verschobenen Mikrobiota dann auch zu besseren Behandlungen führt. In jedem Fall sollte es möglich sein, Patienten anhand ihrer Bakterien mehr oder weniger grob in Gruppen einzuteilen, die unterschiedlich auf verschiedene Therapien ansprechen, sagt der Heidelberger Mikrobengenetiker Peer Bork, einer der Gründer und Aufsichtsratsmitglied von Enterome. Auf welche Krankheiten sich das Unternehmen spezialisiert, will Bork nicht verraten, nur so viel: Es handelt sich um Volksleiden, deshalb könnte viel Geld dahinterstecken. Das Angebot wird sich auch nicht an Privatleute richten, sondern an Ärzte und Krankenhäuser. Und der Test wird sicher nicht billig sein. Bork schätzt die Kosten auf »ein paar Tausend Euro«.

Second Genome (USA) versucht nicht, lebende Organismen in Therapeutika zu verwandeln, sondern will das zweite Genom des Menschen – die Gene aller Mikroben im Verdauungstrakt – durch »Mikrobiom-Modulatoren« steuern. Im Grunde ist das nur ein neuer Marketing-Begriff für das inzwischen vielleicht etwas abgenutzte Wort Präbiotikum. Es geht darum, die Bakterienmischung durch das richtige Nährstoffangebot in eine gesunde Richtung zu schubsen und so Leiden wie Diabetes, chronische Darmentzündungen oder auch Infektionen zu kurieren. Die Aufgabe ist extrem anspruchsvoll und die Liste der potenziellen Wirkstoffe entsprechend noch nicht besonders lang. Trotzdem stieg der Arznei- und Reinigungsmittelkonzern Johnson & Johnson im Juni 2013 mit einer finanziellen Beteiligung bei Second Genome ein (und im Herbst desselben Jahres begann der Industrieriese eine Kooperation mit Vedanta Biosciences). Klinische Studien gibt es bislang keine. Wie viel Hoffnung aber in diesen Ansatz gesteckt wird, zeigt sich auch in der Namensliste des wissenschaftlichen Beraterteams, dem viele amerikanische Spitzenforscher angehören.

Und schließlich gibt es noch Unternehmen, die versuchen wollen, Bakterien zu bekämpfen, ohne dabei auf Antibiotika mit ihren Resistenzproblemen und Breitbandwirkung auf das Mikrobiom zurückzugreifen. Bernat Olle listet ein paar davon in seinem Artikel auf: Am weitesten ist das US-Unternehmen **Optimer Pharmaceuticals**, das im Oktober 2013 von Cubist Pharmaceuticals geschluckt worden ist. Der Wirkstoff Fidaxomicin soll gegen *Clostridium*-Infektionen helfen, dabei aber nicht flächendeckend auch alle guten Bakterien töten. Eine Reihe solcher selektiven Antibiotika sind derzeit in der Entwicklung. **AvidBiotics** (USA) etwa will für diesen Zweck Proteine einsetzen, mit denen sich Bakterien normalerweise gegen Konkurrenten schützen. Das französische Start-up **Da Volterra** hingegen versucht sich in Schadensbegrenzung bei Patienten mit *Clostridium*-Infektionen. Der am weitesten entwickelte Wirkstoffkandidat wird seit dem Frühjahr 2013 an Patienten getestet. Er soll im Darm überschüssige Antibiotikamoleküle einfangen, bevor sie die gutmeinenden Bakterien flächendeckend vernichten.

Bugs are Drugs

Die großen Pharmakonzerne forschen zwar, aber bislang noch ziemlich zurückhaltend – zumindest soweit bekannt. **UCB** etwa, Hersteller des Blockbuster-Heuschnupfenmittels Ceterizin, lässt menschliche Mikroben auf ihre Wirkung in Labormäusen testen und sucht nach von Darmbakterien produzierten Stoffen, die einen Gesundheitsnutzen haben könnten. Bei **GlaxoSmithKline** versucht man zu verstehen, wie Krankheiten mit veränderten Mikrobenmischungen in Zusammenhang stehen.[218] Second-Genome-Vorstand Peter DiLaura sagt, dass für die Industrie die Datenlage noch nicht überzeugend genug ist, um daran glauben und darein investieren zu wollen, dass sich durch die Manipulation des Mikrobioms eines Tages Krankheiten heilen lassen und sich irgendwann auch Geld verdienen lässt.[219]

Die Frage nach der Heilung, oder zumindest: Besserung, lässt sich einfacher beantworten als die nach dem Geld.

Die Erfolge von Fäkaltransplantationen im Kampf gegen hartnäckige *Clostridium*-Infektionen zeigen, dass man ein Mikrobiom einfach durch ein anderes ersetzen kann. Cut-Copy-Paste gewissermaßen. Die Langzeiteffekte solcher Eingriffe sind noch unbekannt, wozu auch mögliche Risiken zählen. Aber diese Methode zeigt einerseits, wie einflussreich die Mikroben sind, und andererseits, dass wir sie beeinflussen können. Das Konzept *bugs as drugs* – Mikroben als Therapeutika – scheint zumindest prinzipiell zu funktionieren.

Wie sich ein Geschäft daraus machen lässt? Bislang verdienen vor allem Nahrungs- und Nahrungsergänzungsmittelhersteller mit probiotischen Joghurts, Drinks, Pulvern, Tropfen und Kapseln, deren

Nutzen für den Konsumenten – oder Patienten – in den meisten Fällen bislang nicht objektiv und anerkannt nachgewiesen ist, was auch erst einmal so bleiben dürfte.

Geldgeber für teure Wirksamkeitsstudien zu finden wird vielleicht zur größten Herausforderung, denn patentierbar werden die Bakterien wahrscheinlich nicht sein – und deshalb uninteressant für die Pharmaindustrie. John Bienenstock von der McMaster University in Toronto, der die biochemischen und neurologischen Verbindungen zwischen Darm und Hirn erforscht, glaubt jedenfalls, dass bis auf weiteres und wie gehabt vor allem Nahrungs- und Nahrungsergänzungsmittelhersteller ein Geschäft wittern und auf rigorose Tests eher verzichten werden.

Das kann Fluch oder Segen bedeuten. Ob das eine oder andere, das wird nicht selten reiner Zufall sein. Wird ein tatsächlich wirksamer Bakterienmix gefunden, der auch noch keine oder zumindest keine schwerwiegenden Nebenwirkungen zeigt, wird er schnell und im Vergleich zu einem neuen Pharma-Medikament billig zur Verfügung stehen. Wenn das Wirkversprechen sich aber nicht erfüllt, werden Verbraucher im besten Falle umsonst Geld für die Bakterien ausgeben. Im ungünstigsten werden Menschen an unvorhergesehenen Wirkungen der Mikroorganismen erkranken oder zu Tode kommen. Und weil Ärzte die Einnahme von frei verkäuflichen Nahrungsergänzungsmitteln schlecht oder gar nicht dokumentieren, wird es schwirig sein zu erkennen, woran die Leute plötzlich sterben.

»Wenn ich heute einen probiotischen Joghurt esse und frage, ob der gut für mich ist oder nicht und warum, dann heißt die Antwort: Ich weiß es nicht«, so Bienenstock. Und auch für darmbakterielle Therapien dürfte die alte Weisheit »keine Wirkung ohne Nebenwirkung« gelten, ganz abgesehen davon, dass Bakterien vielleicht noch dosierbar wären – das, was sie im Darm dann machen, aber wohl eher nicht mehr. Schließlich leben sie, und sie können sich vermehren, sie könnten viel oder wenig von ihrem Wirkstoff herstellen, vielleicht auch unter gewissen Bedingungen viel zu viel davon. Auch deshalb ist es momentan eher unwahrscheinlich, dass wir bald Mikrobiota-Modulatoren im Supermarkt werden kaufen können. Zumal es noch nicht einmal Richtlinien für die Zulassung solcher Produkte gibt.

FOLLOW THE MONEY

Hochdruck in der Pipeline

Bislang arbeiten die Unternehmen mit lange bekannten Bakterien. Wirklich spannend dürfte es werden, wenn aus den Daten der verschiedenen internationalen Mikrobiomprojekte neue Kandidaten aufscheinen. Bislang kennen wir nur den kleineren Teil unserer Mitbewohner, die in großen Mengen im Darm leben und die sich einfach im Labor nachzüchten lassen. Die Mehrheit hat noch keine Namen. Doch in den Stuhlproben, die analysiert werden, schwimmt auch ihr Erbgut, und oft erwischen die Sequenziermaschinen einen DNA-Schnipsel, der bis dahin vollkommen unbekannt war. Er könnte zu einer neuen Art gehören, oder zu einer Unterart einer lange bekannten Mikrobe. Jedes neue Bakterium könnte eine neue biotherapeutische Spezies sein, oder ein bedeutendes Stellglied im Ökosystem Mensch, das sich mit Wirkstoffen regulieren lässt.

Das Mikrobiom jedes Menschen enthält tausend oder mehr Bakterienarten, verschiedene Menschen haben zum Teil auch unterschiedliche Bakterienspezies. Und wie viele Stämme und Varianten es insgesamt gibt, ist ebenso wenig bekannt wie die Zahl verschiedener bakterieller Stoffwechsel-Gene und Genfunktionen, die die menschliche Physiologie vielleicht beeinflussen können. Im Grunde ist jede dieser Bakterienvarianten, oder gar jedes dieser Gene, eine mögliche Bug-Drug. Im Unterschied zur Wirkstoffkandidaten-Pipeline mancher Start-up-Biotechs ist die innermenschliche Pipeline zwischen Magen und Po also gut gefüllt. Es ist nur noch viel zu wenig bekannt, womit, und welches die wirklich vielversprechenden Kandidaten sind.

Der »Trendbericht 2013« des Frankfurter Zukunftsinstituts nennt unsere Bakterien die »unerforschten Türsteher gewaltiger Märkte«. Nach Schätzungen der Marktforscher von Transparency Market Research wird sich allein der weltweite Umsatz mit Probiotika im Jahr 2018 auf 45 Milliarden Dollar summieren, wobei der Großteil im asiatisch-pazifischen Raum und in Europa umgesetzt werden soll.[220]

Wenn sich nur teilweise bewahrheitet, was man heute dem Mikrobiom nachsagt, dann sind diese Märkte extrem verlockend. Aber die Türsteher sind bislang auch eher wortkarg, bockig und versperren jenen Marktzugang mit ziemlich breiten Schultern. Bislang kommt man, auch wenn man noch so forsch ist, an ihnen nicht vorbei. Mit Forschung aber irgendwann wahrscheinlich schon.

AUSBLICK

»*Ehre deine Symbionten*«
Jeffrey Gordon

Die Erkundung des Lebensraums Darm ähnelt noch immer einer Expedition, wie sie der junge Alexander von Humboldt 1799 nach Lateinamerika startete. Es ist die Erkundung einer Welt, von der man zwar weiß, aber von der man nicht viel weiß. Es ist eine Welt, die in Anekdoten beschrieben ist, aber kaum mit wissenschaftlichen Methoden vermessen. Eine neue Welt. Nur staksen die Forscher heute nicht mehr mit Schmetterlingsnetz und Botanisiertrommel durchs hohe Gras, sondern schieben Artefakte aus der in uns verborgenen Welt in ihre Sequenzierautomaten. Heraus kommt bei beiden Vorgehensweisen ein Fundus von bis dahin unbekanntem oder kaum bekanntem Leben. Und die Frage, wie all das untereinander und mit seiner Umwelt zusammenhängt.

Viel von dem, was Humboldt und sein Kollege Aimé Bonpland nach Europa brachten, lagert in den Magazinen von Museen und ist mehr als 200 Jahre später immer noch nicht vollständig wissenschaftlich aufgearbeitet. Das, was Mikrobenforscher gegenwärtig in Därmen finden, landet heute in Gen-Datenbanken. Doch auch diese Funde müssen erst einmal aufgearbeitet werden, was hoffentlich etwas schneller gehen wird. Weniger anspruchsvoll ist es nicht: Von mehr als 60 Prozent der Bakterien in uns wissen wir zwar, dass es sie gibt, doch niemand kennt sie, denn sie lassen sich im Labor nicht züchten. Alles, was man bislang von ihnen hat, sind kurze, noch nie gesehene Erbgutsequenzen, die auftauchen, wenn die DNA eines kompletten Mikrobioms analysiert wird. Es ist, als ob ein Paläoanthropologe irgendwo im Rift Valley in Kenia einen Hominiden-Eckzahn findet und von die-

AUSBLICK

sem dann versuchen muss, auf den kompletten dazugehörigen Urmenschen und dessen Lebensweise zu schließen.

Es ist kein Zufall, dass die Erforschung des menschlichen Mikrobioms erst jetzt, am Anfang des 21. Jahrhunderts, richtig beginnt. Nach der Entzifferung des ersten menschlichen Genoms waren viele Sequenziermaschinen in den Labors der Humangenetiker plötzlich abkömmlich geworden. Der Biotechpionier Craig Venter, der zuvor die Analyse der menschlichen Gene in ein medienwirksames Wettrennen zwischen seinem Unternehmen Celera Genomics und dem internationalen Forscherkonsortium HUGO[221] verwandelt hatte, begann nun, die freien Kapazitäten zu nutzen, um das mikroskopische Leben in den Meeren zu erforschen. Er segelte um die Welt, zog Wasserproben und begann die Artenvielfalt der Ozeane zu katalogisieren. Was damit begann, war allerdings keine reine Arbeitsbeschaffungsmaßnahme für gelangweilte Forscher und leere Sequenziermaschinen. Vielmehr setzte sich langsam die Erkenntnis durch, dass der reine Fokus auf Menschen-, Mäuse- und hie und da auch andere Vielzellergene einen großen und wichtigen Teil des Lebens um uns vernachlässigt.

Und in uns. Deshalb entschieden sich andere Forscher, die Mikrobenzusammensetzung im menschlichen Stuhl zu untersuchen. Die beiden Mikrobiologen David Relman und Stanley Falkow von der kalifornischen Stanford University riefen im Mai 2001 zum »Zweiten Humangenom-Projekt« auf und meinten damit die Entzifferung nun auch der Gene sämtlicher Mikroorganismen, die den Menschen bevölkern. Der Aufruf erschien nur drei Monate nach der Pressekonferenz, auf der das erste Humangenom präsentiert worden war.[222]

Was früher für die Mikrobiologie das Mikroskop war, sind heute diese Sequenziermaschinen. In den letzten Jahren hat sich ihre Geschwindigkeit vervielfacht. Tausend Forscher brauchten zehn Jahre, um das erste Genom eines Menschen mit seinen etwa 3 Milliarden Bausteinen auszubuchstabieren. Das schafft heute ein moderner DNA-Analyse-Apparat alleine in ein paar Stunden. Die Maschinen zählen zu den wichtigsten Werkzeugen, mit denen inzwischen Forscher auf der ganzen Welt unsere innere Welt erkunden. Das notwendige Geld dafür kommt zumeist vom Staat. Die amerikanischen Gesundheitsinstitute[223] investierten allein 170 Millionen Dollar in ihr Human Microbiome Project, zusätzlich gibt es das europäische MetaHIT-

AUSBLICK

Konsortium, die Canadian Microbiome Initiative, das Internationale Human Microbiome Consortium und eine Reihe von Projekten von privaten Investoren und Stiftungen. Insgesamt sind bis zum Jahr 2013 bereits 289 Millionen Dollar in die Erforschung der menschlichen Mikrobenvielfalt geflossen.[224]

Wenn man Forschungserfolg in Papierstapeln messen würde, dann wären diese Investitionen außerordentlich fruchtbar gewesen. Die Zahl der wissenschaftlichen Publikationen über das menschliche Mikrobiom, die pro Jahr erscheinen, hat sich zwischen 2002 und 2012 mehr als verzehnfacht. Und auch die Zahl der Medienberichte ist rasant angestiegen.[225]

Das Reich der Körpermitte

Eine jener Expeditionen ins Reich der Körpermitte hat im Jahr 2011 besonders viel Aufmerksamkeit bekommen. Peer Bork vom Europäischen Molekularbiologischen Labor EMBL in Heidelberg und seine Kollegen glaubten, drei große Obergruppen von »Darmtypen« (oder, ein bisschen wissenschaftlicher formuliert: Enterotypen) gefunden zu haben, in die die ganze Menschheit eingeteilt werden kann. In Zeitungen stand dann gleich zu lesen, dass das so in etwa den Blutgruppen entspricht und vielleicht noch viel wichtiger ist als diese.

Bis zum Tag der Veröffentlichung hatte der Genetiker Bork ein vergleichsweise ruhiges Forscherleben gehabt, Anträge hier, Fachartikel da, dazwischen Konferenzen und Besprechungen mit seinen Mitarbeitern. Das änderte sich schlagartig und nachhaltig. Zwei Tage nach der Veröffentlichung der Ergebnisse, so erinnert sich Bork, saßen bereits zwei koreanische Ärzte bei ihm im Büro und wollten mehr wissen. Dann kamen Reporter, dann immer mehr Wissenschaftler, die mit ihm zusammenarbeiten wollten.

Dann kam die Realität.

Kollegen aus anderen Labors versuchten, die Ergebnisse zu reproduzieren, kamen aber wieder und wieder nur auf zwei verschiedene Darmtypen. Andere fanden wieder drei. So ging es hin und her. Inzwischen gibt es mehr als dreißig Fachartikel zu der Frage, in wie viele Darmtypen sich die Menschheit einteilen lässt. Mittlerweile ist klar, dass bei der Antwort entscheidend ist, welche mathematische Methode man zur Analyse der Daten anwendet. Die Algorithmen werden

AUSBLICK

immer besser, und eine klare Antwort rückt näher. Es zeichnet sich ab, dass es tatsächlich höchstens noch zwei Enterotypen zu sein scheinen, charakterisiert dadurch, dass der eine viele Bakterien der Gattung *Prevotella* hat und der andere eher wenige. Wie bedeutsam oder gesundheitsrelevant das ist, ist unklar.

Für Bork ist das ein Beispiel dafür, wie man in einer heißen Phase das Wenige, das man weiß, nimmt und vielleicht überinterpretiert – oder nicht besonders sorgfältig interpretiert. Aber auch das sei ein wichtiger Teil des Erkenntnisprozesses, sagt er.

In der Euphorie passieren Fehler. Oder vielleicht fairer: Es werden unterschiedliche Interpretationen derselben Beobachtungen entwickelt, und mit der Zeit, wenn das Verständnis und die Werkzeuge etwas besser sind, stellt sich heraus, dass die eine oder die andere Interpretation wahrscheinlich so nicht richtig ist.

Das muss man immer im Hinterkopf behalten, wenn man über Mikroben liest – oder schreibt. Oder wenn man von irgendwem einen Ratschlag zum vermeintlich richtigen und gesunden Umgang mit dem eigenen Mikrobiom bekommt. Oder wenn einem ein Produkt oder eine Dienstleistung zur Optimierung der Darmbakterien angepriesen wird.

Jede zweite veröffentlichte Studie ist zumindest teilweise mit Fehlern behaftet, das hatte Bork bereits im Studium von seinem damaligen Immunologie-Professor eingetrichtert bekommen. Der Epidemiologe John Ioannidis setzt diese Quote sogar noch viel höher an.[226] Dabei geht es gar nicht um absichtlich gefälschte Ergebnisse, sondern im Wesentlichen um überzogene oder erwartungsgesteuerte Interpretationen von Resultaten. Es wäre nicht nur für Peer Bork eine große Überraschung, wenn alles, was über das menschliche Mikrobiom veröffentlicht wurde und wird, wirklich zutreffen sollte. »Momentan wird alles mit Mikroben assoziiert«, sagt der Genetiker, »ich denke mal, das ist ein bisschen übertrieben.«

»Hype-Zyklus«, so nennen Marktforscher die verschiedenen Phasen, durch die eine jede neue Technologie hindurch muss. Laut Bork durchläuft auch die Mikrobiomforschung diesen Zyklus und dürfte sich noch immer unterhalb des »Gipfels der überzogenen Erwartungen« befinden, wie der höchste Punkt der Anfangseuphorie im Jargon der Marktforscher genannt wird. Nach dem Zenit droht das »Tal der Enttäuschungen«, bevor es dann wieder aufwärts geht, nachdem Verbraucher, Forscher und Investoren ihre überzogenen Erwartungen korrigiert haben. Das Potenzial, das das Mikrobiom nach diesem vorhersehbaren Absturz bieten wird, schätzt Bork dennoch als »gewaltig« ein. Andere Mikrobiomforscher, etwa Jeffrey Gordon von der Washington University in St. Louis, hoffen, den tiefen Absturz vermeiden zu können, schlicht dadurch, dass sie schon jetzt versuchen, den Überschwang zu bremsen. Dass die Hype-Kurve bald flacher wird, könnte man schon daraus folgern, dass die ganz großen Finanzspritzen für das Forschungsfeld nach der ersten Welle inzwischen ausbleiben.

»Man kann noch immer mit einfachen Beobachtungen auch in hochrangigen Fachjournalen publizieren«, sagt Bork, aber das werde sich bald ändern. Mit »einfachen Beobachtungen« meint er Studien, die zeigen, dass die Mikrobenzusammensetzung bei einem Kranken anders aussieht als bei einem Gesunden, oder dass eine Bakterienart bei venezolanischen Urwaldbewohnern, aber nicht bei Berlinern vorkommt, oder Ähnliches in der Art. Oder was sich im Mikrobiom von Probanden verändert, wenn sie zum Beispiel testweise viel Zucker essen oder einen Joghurt oder ein Lebensmittel weglassen oder ein Medikament nehmen. Assoziationsstudien werden solche Untersuchungen genannt, im Jahr 2013 erschienen mehrere davon in jeder Woche. Sie liefern immer irgendwie interessante Befunde, aber im Grunde sind sie nicht sehr verschieden von der Feststellung, dass in Südamerika andere Schmetterlinge leben als in Europa. Es wird etwas beobachtet, und das Beobachtete wird beschrieben. Was das Beobachtete aber bedeutet, ist damit nicht erklärt. Wenn man Ergebnisse von Forschung irgendwann sinnvoll nutzen will, bringt es nicht viel, nur zu wissen, wer wo in welchem Ökosystem auftaucht und wie er heißt.[227] Man muss vielmehr verstehen, welche Rollen die jeweiligen Organismen in ihren Ökosystemen spielen, die Bakterien im Darm oder die Falter auf einer Wiese.

Wer seid ihr, und wenn ja, was macht ihr?

Was also führt dazu, dass sich die Mikroben-Zusammensetzung im Darm verändert, wenn ein Mensch krank wird? Lässt sich die Krankheit bekämpfen, indem man versucht, wieder Normalität im Darm

AUSBLICK

herzustellen? Und wie stellt man das an? Dazu muss man sehr genau verstehen, was die Bakterien im Darm so treiben und wie das, was dort passiert, auf den restlichen Körper wirkt. Genau hierin könnte ein Grund für die sich derzeit in den erwähnten schmaler werdenden Geldströmen schon abzeichnende Ernüchterung liegen. Denn wie ungleich schwieriger dies sein wird als nur zu beschreiben, was da lebt im Darm, hat man in Laboren, Biotech-Chefetagen und bei Risikokapitalgebern längst begonnen einzusehen.

Die Ernährungswissenschaftlerin Hannelore Daniel von der Technischen Universität München klingt ziemlich genervt, wenn sie von jenen immer mehr werdenden Assoziationsstudien spricht. »Es wird darin so wahnsinnig viel orakelt«, nur selten würden Mechanismen benannt, »man lebt auf der Ebene von Assoziationen, also füllt man in den Fachjournalen die Lücken mit Spekulationen.« Für sie ist diese Art der Forschung ein Schritt zurück in die Vergangenheit. Die modernen Werkzeuge der Genetik, die Sequenziermaschinen, könnten zwar zeigen, wie schön bunt die Artenvielfalt im Darm ist. »Jetzt aber brauchen wir eine neue Art von Studien«, sagt Daniel und meint damit die Aufklärung der Mechanismen, die im Ökosystem Mensch ablaufen. »Jetzt beginnt die wirkliche Arbeit.« Das Problem sei, dass kaum jemand in der Lage ist, überhaupt an den dringenden Fragen zu arbeiten. Es fehlt an Mikrobiologen, die die Kunst der Bakterienkultur beherrschen und nicht nur Sequenzierrobotern Befehle einprogrammieren können. Und es fehlt an Experten, die sehr präzise den Energiehaushalt von Versuchstieren, aber auch von Menschen, vermessen können.

Es fehlen sogar die Labors, die entsprechend ausgerüstet sind. Daniel selbst bereut zum Beispiel sehr, dass sie vor mehr als zehn Jahren die physiologischen Messapparaturen, die erfassen können, wie viel Nahrung ein Mensch tatsächlich in Energie verwandelt, aus ihrem Labor entfernen ließ. Damals erschien diese Art der Forschung nicht mehr zeitgemäß. Heute werden solche Anlagen, gewissermaßen aufpolierte Dinosaurier der physiologischen Forschung, tatsächlich wieder angeschafft. Die Nationalen Gesundheitsinstitute der USA etwa investieren wieder in diese Apparate und die mühselige Arbeit mit ihnen. Das sei der richtige Weg, um endlich zu verstehen, was die Bakterien wirklich im Darm machen, glaubt Hannelore Daniel.

AUSBLICK

Es ist schwierig, die Effekte der Mikroben zu messen, denn in der Regel sind sie nicht so deutlich wie etwa bei einer Infektion mit *Clostridium difficile*. Der Einfluss einzelner Arten oder auch Gattungen im großen Konzert der normalen Bakterienpopulation dürfte vielmehr meist sehr subtil sein. Am Energiehaushalt lässt sich das veranschaulichen. Wenn etwa die Anwesenheit eines Bakterienstammes im Darm dafür sorgt, dass dem Menschen nur 20 Kilokalorien pro Tag mehr zur Verfügung stehen – das entspricht etwa der Energie in einem Stück Würfelzucker –, dann kann sich diese zusätzliche Energie im Laufe von vierzig Jahren zu einem Fett-Depot von mehr als zehn Kilogramm unter der Haut summieren. Es ist ein sehr theoretisches Beispiel, weil der durchschnittliche Energieverbrauch eines Menschen ja nicht gleichbleiben muss und sich mit dem Alter nachgewiesenermaßen deutlich verändert. Auch die Ernährung kann variieren, und vielleicht gibt es auch Steuerungsmechanismen, die manchen genau jene 20 Kilokalorien früher satt werden lassen. Aber es zeigt, dass auch kleine, mit heutigen Mitteln kaum messbare Einflüsse über mehrere Jahrzehnte hinweg potenziell sehr große Wirkung entfalten können.

Das Beispiel zeigt auch, dass eine enorm empfindliche Messtechnik nötig ist, um solch winzige, aber vielleicht bedeutsame Veränderungen aufzuspüren. Dabei muss es nicht unbedingt nur um den Energiehaushalt gehen, auch bakterielle Botenstoffe etwa könnten in geringen, kaum messbaren Mengen große Wirkungen entfalten. Tierversuche sind hier nur bedingt hilfreich. Sie können Forscher auf die richtige Spur bringen, wie sie es in vielen Fällen bereits getan haben, sei es beim Einfluss der Bakterien auf das Verhalten von Mäusen oder auf die Entwicklung von Tumoren, auf den Energiehaushalt oder auf Herzleiden. Sie sind aber nicht gut geeignet, die Größenordnung des bakteriellen Einflusses beim Menschen einzuschätzen. Ziemlich wahrscheinlich fällt der bei Mäusen oft größer aus als bei Menschen, weil sie im Verhältnis zu ihrem Körper ein größeres Verdauungssystem und damit relativ größere Mikrobiota mit sich herumtragen. Auch deshalb sollte man zurückhaltend sein und nicht direkt von Mäusen auf Menschen schließen. Viele scheinen das zu vergessen, wenn sie über die Auswirkungen der Mikrobiota spekulieren.

All das macht die Erkundung des Ökosystems Mensch nicht eben einfach und die Entwicklung von Mikroben-Medizin erst recht kompliziert. Was nicht heißt, dass man es nicht versuchen sollte. Denn im Vergleich etwa zu den Genen in menschlichen Körperzellen, die über Krankheit und Gesundheit mitentscheiden, werden Bakterien und ihre Einflüsse auf jeden Fall leichter zu beeinflussen sein – wenn man erst einmal genau weiß, was sie machen und können.

Unsere Mikroben beeinflussen uns jeden Tag. Und wir sie. Durch Ernährung, die Umwelt, in der wir freiwillig oder unfreiwillig leben, unser Maß an Wohlstand, unseren Lebensstil, Medikamente. Die vielleicht beste Möglichkeit, diese gegenseitige Einflussnahme verstehen zu lernen, ist es, Menschen und ihre Mikroben über lange Zeit hinweg zu beobachten. Deutschland etwa, sagt Jeffrey Gordon, würde sich ideal als »Mikroben-Observatorium« eignen, schlicht aufgrund all der sozialen und ökonomischen Veränderungen seit der Wiedervereinigung und der »vielen kulturellen Traditionen«, die hier auf engem Raume zusammenkämen und sich dynamisch veränderten.

Bund fürs Leben – ein neues Menschenbild

Noch steht die Forschung am Anfang, noch ist vieles Spekulation. Fest steht allerdings schon jetzt, dass wir uns mit einem neuen Menschenbild arrangieren müssen. Unser Selbstbild bekommt ein paar Details hinzugefügt, ein paar Milliarden, um etwas genauer zu sein. Wir, das sind nicht mehr nur unsere eigenen Zellen, sondern auch alle anderen Organismen, die auf und in uns leben. »Ich«, das ist nun eine Zusammensetzung vieler verschiedener biologischer Arten, die zusammenleben und sich gemeinsam entwickelt haben. Es wäre aber ein Fehler, darin einen Verlust unserer Individualität oder gar Identität zu sehen. Im Gegenteil, die Bakterien machen uns, vereint in einem Bund fürs Leben, erst zu dem, was wir sind, zu Menschen. Sie sind, in den Worten Jeffrey Gordons, »unser mikrobielles Selbst«.

Sicher könnten wir irgendwie auch ohne sie. Aber es ginge uns nicht gut. Eine Idee von dem, was dann mit uns passieren würde, bekommt man, wenn man sich Mäuse anschaut, die im Labor vollkommen keimfrei aufwachsen. Sie müssen nicht nur mehr essen, um auf ein normales Körpergewicht zu kommen. Sie verhalten sich auch anders als besiedelte Tiere, ihr Immunsystem funktioniert nicht richtig. Ihr Gehirn entwickelt sich nicht so, wie es normal wäre.

Wir sind gemacht, um mit Mikroben zu leben. Wir haben es schon

AUSBLICK

immer getan, schon als unsere Vorfahren noch als kleine Zellhaufen durch den Ur-Ozean trieben. Mikroorganismen ergänzen unsere Körper um Funktionen, sei es bei der Verdauung oder bei der Abwehr von Krankheitserregern. Ohne sie und die vielen Zusatzgene, die sie in die Symbiose mit einbringen, stünden wir ziemlich verloren da.[228]

Schon der Verlust von einigen von ihnen hat Folgen. Was passiert, wenn hilfreiche Mitbewohner verschwinden, zeigt sich in der Zunahme von Leiden, die allesamt als Zivilisationskrankheiten bezeichnet werden: Übergewicht, Diabetes, Allergien, Autoimmunerkrankungen. Das zumindest sehen immer mehr Ärzte und Wissenschaftler so. Die Hinweise, dass es tatsächlich so ist und dass sogar Herzkreislauf- und Krebsleiden mit Bakterien oder ihrem Fehlen zu tun haben können, verdichten sich immer mehr.

Was Bakterien brauchen

Wie also lässt sich das Bakteriensterben aufhalten? Die moderne Medizin kann und darf nicht auf Antibiotika verzichten. Ärzte könnten die Keimkiller jedoch mit mehr Bedacht verordnen. Das würde auch das Problem der Resistenzbildungen etwas entschärfen. Es könnten neue Wirkstoffe entwickelt werden, die nur noch gezielt einzelne Bakterienarten ausschalten. Aber in die vor-antibiotischen Zeiten will gewiss kaum jemand zurückkehren.

Die einfachste Möglichkeit, Einfluss auf die Wohngemeinschaft im Darm zu nehmen, ist neben dieser Vermeidung unnötiger chemischer Attacken noch immer die Ernährung. Die Frage, was Bakterien für uns tun, ist untrennbar mit der Frage verbunden, was wir für die Bakterien tun. Was wir für sie tun sollten, und auf welche Weise, das lässt sich zwar im Detail heute noch nicht beantworten. Naheliegend ist aber, ihnen das zu geben, woran sie seit vielen Hunderttausend Jahren gewöhnt sind. Und das sind nicht Zucker, Weißmehl und Konservierungsstoffe, sondern möglichst wenig verarbeitete Nahrungsmittel. Denn die evolutionäre Entwicklung unseres Verdauungstraktes kann mit den Innovationen der Nahrungsmittelindustrie schon lange nicht mehr Schritt halten. Für den amerikanischen Anthropologen Jeff Leach entspricht die ideale Ernährung deshalb etwa dem, was Menschen in der Steinzeit gegessen haben. Das wäre vor allem Grünzeug, Knollen und Wurzeln, ein paar Beeren, Nüsse und Fleisch beziehungs-

AUSBLICK

weise Fisch. Ob das wirklich ideal ist für die Mikroben, weiß er allerdings auch noch nicht. Wahrscheinlich freuen sich die Bakterien auch schon über weniger radikale Ernährungsumstellungen. Also Vollkornbrot statt Weißmehlbrötchen wählen, vom Spargel nicht nur die Spitzen essen, sondern auch die dicken Enden, an deren harten Fasern sich die Bakterien abarbeiten können wie Hunde an einem Kauknochen. Genauso vom Brokkoli nicht nur die Röschen dämpfen, sondern ruhig auch den Strunk kochen. Ballaststoffe, sagt Leach, können nicht schaden. Jedenfalls dann nicht, wenn man nicht an einer Erkrankung leidet, bei der Ballaststoffe zu Beschwerden führen.

Viel Gemüse. Alles andere auch, aber in Maßen. Zucker meiden, Weißmehl ebenfalls und auch alle anderen Formen von hoch verarbeiteten Nahrungsmitteln. Wem diese Empfehlungen bekannt vorkommen, braucht sich nicht zu wundern. Es sind die Faustregeln für das, was momentan als »gesunde Ernährung« bezeichnet wird. Es sind Empfehlungen, die all die Aktivitäten der Darmbewohner schon längst mitberücksichtigen – auch wenn es niemandem bewusst war und bis heute niemand die Details kennt. Wer sie also ohnehin beherzigt, kann sich schon einmmal halbwegs sicher sein, eine Menge für seine bakteriellen Mitbewohner zu tun.

Jeff Leach schwört besonders auf Zwiebeln und mit ihr verwandte Pflanzen, weil die darin enthaltenen Fruktane seiner Auffassung nach für die Gesundheit wichtige Bakteriengruppen fördern. Knoblauch würde zudem das Wachstum von potenziellen Schädlingen hemmen. Wem das nicht schmeckt, findet vielleicht andere Gemüsesorten, die ebenfalls reich an Fruktanen sind, und tut seinen Bakterien damit etwas Gutes, oder versucht es zumindest einmal. Das ist ja, und sei der Mangel an hieb- und stichfesten wissenschaftlichen Ergebnissen noch so groß, das Gute: Man kann einfach ausprobieren und so herausfinden, was einem persönlich guttut. Wenn nicht irgendwelche Vorerkrankungen bestehen, die Experimente mit der Ernährung verbieten, und man sich nicht auf zu einseitige Kost verlegt (also nicht nur Zwiebeln essen!), kann man nach Lust und Laune experimentieren.

Ähnliches gilt auch für die Zufuhr von Bakterien. Epidemiologische Daten zeigen, dass Bevölkerungsgruppen, die häufig fermentierte Lebensmittel zu sich nehmen, im Schnitt gesünder sind als andere. Das muss nicht unbedingt an den Bakterien liegen, die diese Menschen mit

Joghurt, Kefir, Sauerkraut oder der asiatischen Variante Kimchi konsumieren. Vielleicht sind es genau diese Lebensmittel, vielleicht nur zum Teil, vielleicht ist aber auch der Lebensstil dieser Leute insgesamt ein gesunder. Vielleicht bewegen sie sich zum Beispiel mehr, oder nehmen andere gute Sachen zu sich. Aber es ist extrem unwahrscheinlich, dass man sich mit Joghurt, Kefir oder Kimchi Schaden zufügt, deshalb spricht nichts dagegen, es mit solchen Lebensmitteln zu versuchen. Aber sicher genügen dafür nicht ein oder zwei Tage. Vier Wochen lang sollte man schon wenigstens seine Ernährung umstellen, bevor man irgendwelche Schlüsse zieht. Zwar kann man mit den Sequenziermaschinen der Genetiker deutlich schneller Veränderungen der Mikrobiota nachweisen, das bedeutet aber noch lange nicht, dass diese Veränderungen auch einen spürbaren Effekt haben. Falls es überhaupt einen gibt.

Unsere eigenen Gene können wir nicht verändern. Aber wir sollten versuchen, uns die Erbanlagen, die die Bakterien mit in die Symbiose einbringen, zunutze zu machen. Jedes Mikrobengen könnte ein Ansatzpunkt sein, um Menschen gesünder zu machen. Und es braucht nicht einmal Gentechnik, um auf sie Einfluss zu nehmen, wenn es auch ein paar Zwiebeln oder ein Glas Kefir tun.

So wenig, oder so viel, zu dem, was jeder heute konkret ändern kann, um es den eigenen Mikroben vielleicht ein bisschen angenehmer zu machen.

Bakterien und Persönlichkeit

Es wird wie gesagt nicht einfach sein, Genaueres über Hege und Pflege der Mikrobiota herauszufinden und darüber, wie wir sie für unsere Zwecke optimieren können. Die Erforschung der Schnittstellen zwischen so unterschiedlichen biologischen Systemen wie Menschen und Mikroben braucht naturgemäß Experten und Fachwissen aus vielen Disziplinen. Das Ökosystem Mensch werden nicht Darmspezialisten allein ergründen können. Sie müssen mit Mikrobiologen genauso zusammenarbeiten wie mit Hormonexperten, Genetikern und Biochemikern. Ökologen müssen ihr Wissen beisteuern. Es braucht jemanden, der das alles irgendwie zusammenfügt, zu dem neuen Bild des Menschen.

AUSBLICK

Und irgendwann werden auch Ethiker, Anthropologen und Philosophen gebraucht werden. Denn wenn Bakterien so wichtig für uns sind, wie es sich derzeit abzeichnet, dann müssen wir uns auch die Frage stellen, inwieweit wir uns selbst verändern, wenn wir unsere Mikroben verändern. Psychologen sind involviert, wenn Menschen ein Organ oder einen anderen Körperteil von einem Spender transplantiert bekommen. Es mag bizarr wirken, dasselbe für die Empfänger eines Fäkaltransplantats zu fordern, aber solange wir nichts wissen über die langfristigen Folgen einer solchen Behandlung, sollten wir nicht ausschließen, dass sie Auswirkungen haben kann, die über die reine Darmgesundheit hinausgehen. Vielleicht verändern die neuen Mikrobiota die Persönlichkeit eines Menschen. Daran schließen sich Fragen an wie: Wie sind Probiotika zu bewerten, die vielleicht tatsächlich die Stimmung aufhellen? Lässt sich die Leistungsfähigkeit von Menschen durch die richtige Mikrobenmischung steigern, und wenn ja, ist das ethisch vertretbar? Wie wird zumindest versucht sicherzustellen, dass dann alle, egal ob arm oder reich, gut gebildet oder nicht, gleichen, gerechten Zugang zu solchen »Enhancern« bekommen?

Und wem gehört eigentlich das Mikrobiom? Angenommen, ein Forscher findet ein Bakterium, das den Blutdruck zuverlässig bei vielen Patienten senken kann, zufällig in der Stuhlprobe eines Freiwilligen, der sein Mikrobiom in dieser Form der Wissenschaft zur Verfügung gestellt hat: Kann der Entdecker die Mikrobe patentieren lassen und vielleicht in einem Joghurt oder verpackt in einer Kapsel verkaufen? Muss der Spender dann Tantiemen bekommen? Oder gehören die alten Freunde zur Allmende der Menschheit und jeder kann sie nutzen? Letzteres klingt zunächst wie die logische und beste Lösung. Aber vielleicht verbaut das den Weg zu solchen Funden auch. Denn Unternehmen investieren weniger bereitwillig in Forschung und in neue Produkte, wenn sie sich nicht auch Schutzrechte für ihre Innovationen erhoffen können.

Bakterien und Privatsphäre

Andere Fragen als die nach den biologischen Eigentumsverhältnissen sind aber vielleicht noch drängender. Neben den Teilnehmern an klinischen Studien gibt es eine rasant wachsende Zahl von Freiwilligen,

AUSBLICK

die bei Bürgerprojekten wie *American Gut*, *uBiome* und *myMicrobes* mitmachen.[229] Sie schicken Stuhlproben ein, bezahlen einen Betrag zwischen 89 Dollar und 1.000 Euro für je nach Preis mehr oder weniger genaue Analysen ihrer Mikroben und geben in Fragebögen auch noch eine Menge Informationen über sich preis: Lebensgewohnheiten, Erkrankungen, Medikamente, Krankheiten in der Familie und so weiter. Sie tragen so dazu bei, dass es mehr Informationen gibt über Menschen und ihre Mikroben und welche Bakterien zusammen mit welchem Lebensstil oder welchen Krankheiten auftreten.

Das Interesse an diesen Angeboten ist enorm. Das könnte auch daran liegen, dass sich Menschen mit Darmbeschwerden Hilfe davon versprechen. Dabei erklären alle drei Anbieter unmissverständlich, dass sie keine Diagnosen stellen können, dazu ist der derzeitige Stand des Wissens nicht fundiert genug. Immerhin können die Teilnehmer sich selbst und ihre Bakterien über die passwortgeschützten Web-Plattformen der Anbieter mit anderen Menschen und deren Mikrobiota vergleichen. Wie wertvoll die so gesammelten Daten für die Forschung sind, ist eine Diskussion, die Experten führen müssen. Es ist jedenfalls bekannt, dass beim Ausfüllen von Fragebögen sehr viel geschönt wird. Auch handhaben die drei Anbieter die biologischen Proben sehr verschieden. MyMicrobes lässt die Stuhlspenden tiefgefroren verschicken, die beiden anderen Anbieter verzichten auf diese Konservierungsmaßnahme und lassen sich die Proben in geruchsdicht verschlossenen Plastikröhrchen mit der normalen Post kommen.

Für die Forscher, die hinter diesen Projekten stehen, ist die freiwillige Mitarbeit der Spender unbezahlbar. Für die Teilnehmer ist ihr Engagement allerdings auch mit Risiken verbunden, die in ganz ähnlicher Form bereits im Zusammenhang mit privaten Gentests diskutiert werden. Der wohl bekannteste Anbieter für solche Genom-Analysen ist das amerikanische Unternehmen 23andMe. Man schickt ihm etwas Spucke in einem Plastikröhrchen, überweist 99 Dollar, und die Genetiker des Unternehmens lesen daraus Erbinformationen des Kunden aus. Über eine Webseite kann man dann nachschauen, ob man etwa ein erhöhtes Risiko hat, an Alzheimer oder Brustkrebs zu erkranken. Ende 2013 wurde das Unternehmen allerdings von der zuständigen amerikanischen Behörde FDA aufgefordert, solcherlei Diagnosen nicht mehr zu erstellen, bis es die Zuverlässigkeit seiner Vorhersagen belegen könne. Was schwierig werden dürfte, denn in den allermeisten Fällen ist die Aussagekraft von solchen Gentests sehr dürftig.[230]

Man kann sich aber leicht vorstellen, wie tief der Schrecken bei jemandem fährt, der nach einem Gentest liest, dass er angeblich ein erhöhtes Darmkrebsrisiko hat, selbst wenn ihm gleichzeitig erklärt wird, dass die Aussagekraft des Tests sehr gering ist.

Ein Mikrobiom-Test ist genauso wenig für Nervenschwache geeignet. Wie soll man auf den von einem Computer ausgespuckten Befund, dass man eine erhöhte Zahl von Proteobakterien beherbergt, die mit chronischen Entzündungen, Herzleiden und Krebs in Verbindung gebracht werden, reagieren, wenn nicht mit Panik?

Der persönliche Umgang mit den Informationen ist aber auch nur ein Aspekt. Was bedeutet es etwa, wenn solche sehr privaten Informationen bekannt werden? Ausschluss aus der Versicherung wegen besonderer Risiken? Kündigung durch den Arbeitgeber, weil Krankheiten zu erwarten sind? Zurzeit muten solche Fragen etwas hysterisch an. Aber man muss sich darüber im Klaren sein, dass man eine Menge von sich preisgibt, wenn man seine Bakterien analysieren lässt. Auch wenn alle Anbieter versichern, dass sie es mit dem Datenschutz ernst meinen: Wenn die Daten einmal erhoben worden sind, kann es passieren, dass sie in die Hände von Menschen geraten, die besser keinen Zugriff darauf haben sollten. Und so gering ihre Aussagekraft im Augenblick auch sein mag, das bedeutet nicht, dass sich das nicht in dem kommenden Jahren sehr rasch und sehr deutlich ändern könnte.[231]

Der innere Gärtner

Die Erforschung des menschlichen Mikrobioms ist eine der großen biologischen Herausforderungen des Jahrhunderts. Sie betrifft nicht nur jeden einzelnen Menschen, sondern auch die Menschheit als Ganzes. Das neue, ständig wachsende Wissen um die Mitbewohner ist eine Chance. Es liegt an uns, wie wir diese Chance nutzen. Wir, das ist jeder Einzelne. Wir, das ist auch die Gesellschaft. So wie sich Ethiker und Philosophen seit Jahrzehnten mit den Implikationen, Chancen und Risiken der Molekularbiologie, Gentechnik und Genomik beschäftigen, wird auch eine Mikroben-Ethik, eine Mikroben-Anthropologie nötig sein. Und nicht nur Experten dürfen sich dem Thema widmen,

AUSBLICK

sondern möglichst breite Schichten der Bevölkerung sollten es tun, auch jenseits des jeweils eigenen Bauches. Mikroben in und auf uns und unser Umgang mit ihnen – all das muss Teil von biopolitischen Überlegungen und Entscheidungsprozessen werden. Wir sollten uns nicht nur in Nabelschau jeder für sich und in eigenem Interesse mit den Bakterien befassen, sondern den Blick heben und weiten: Wie wollen wir die schon vorhandenen und noch zu erwartenden Forschungsergebnisse nutzen, um Einzelne gesünder zu machen oder bei ihnen Krankheiten vorzubeugen, um in den armen Teilen der Welt Menschen gut und gesund zu ernähren, vielleicht auch um die Ressourcen des Planeten zu bewahren?

Eine dieser Ressourcen sind die Mikroben selbst. So wie es in unserer Verantwortung – und in unserem Interesse – liegt, die verschiedenen Tier- und Pflanzenarten auf der Erde zu erhalten, sollten wir auch versuchen, das mikrobielle Erbe des Menschen zu bewahren. Vielleicht sollten wir noch schnell so viele halbwegs ungestörte menschliche Mikrobiota wie möglich in den entlegensten Winkeln der Welt einsammeln, solange es noch welche gibt. Und sie als biologisches Backup für die Nachwelt konservieren, in einer Arche für Bakterien. Es wird allerdings schwierig, jenseits von Tiefkühltruhen Schutzräume oder Reservate für Bakterien einzurichten, das kann nur jeder Mensch für sich selbst tun.

Dabei geht es aber nicht darum, ein Leben zu führen wie in vorindustriellen Zeiten. Wir werden es wahrscheinlich nicht mehr schaffen, in jedem Körper eine ursprüngliche, durch moderne Medikamente und Nahrung unbeeinflusste Mikrobenmischung wiederherzustellen. Und ob das so überhaupt sinnvoll wäre, darf man auch bezweifeln. Schließlich essen und leben wir heute anders als unsere Urahnen mit ihren Urahnen-Mikrobiomen. Und tatsächlich auch wieder so ursprünglich zu leben und zu essen wie sie ist sicher keine Option für die Mehrheit. Aber vielleicht gelingt uns ja etwas anderes, was wahrscheinlich sogar sinnvoller wäre: unser inneres Ökosystem so zu bestellen wie einen Garten. Mit vorsichtiger Hand durch Ernährungsumstellung und, wo es gar nicht anders geht, auch mit Hauruck-Methoden, indem wir versuchen, neue Bakterien anzusiedeln.

Auch eine Kulturlandschaft kann ein wertvolles, funktionierendes Ökosystem sein, das allerdings ohne die Eingriffe des Menschen nicht

AUSBLICK

existieren würde. Die meisten Heidelandschaften sind zum Beispiel solche Lebensräume, oder auch Streuobstwiesen. Warum sollte so etwas nicht auch mit dem menschlichen Darm möglich sein?

Wie das genau geht? Die Antworten darauf beginnen derzeit, aus all den Daten, Erfahrungen, Gensequenzen, Metaanalysen langsam ans Licht zu kommen. Wir haben in diesem Buch versucht, diesen gegenwärtigen Stand der Erkenntnisse über und des Interesses an den Mikroben des Menschen darzustellen. Endgültige Antworten und Tipps im Sinne von »Diese zehn Mikroben machen dich schön und gesund« gibt es nicht. Das mag man bedauern, aber wer gegenwärtig etwas anderes behauptet, ist ein Scharlatan.

Allerdings kann sich das bald ändern. Warum das möglich ist, warum man trotz aller Herausforderungen bei der komplexen Erforschung der komplexen Ökosysteme des Menschen hier durchaus optimistisch sein kann, auch das steht in diesem Buch.

Warum Bakterien unsere Freunde sind

Eins ist sicher. Wir haben zu lange Bakterien durchweg als Feinde gesehen. Wir haben ihnen nach dem Leben getrachtet, sie alle in einen Topf geworfen, die vielen freundlichen zu den paar Übeltätern. Wir sollten beginnen, sie zu akzeptieren als Teil von uns, zu respektieren als alte Gefährten.

Es wird immer davor gewarnt, Angehörige anderer Arten zu »vermenschlichen«. Wenn wir hier sagen, dass wir unsere harmlosen und hilfreichen Begleiter-Bakterien nicht nur als Mit-Wesen akzeptieren und respektieren sollten, sondern dass sie sogar unsere Freunde sind, könnte man uns solche Vermenschlichung vorwerfen. Zwar sind sie in ihrem Verhalten nicht menschenähnlich, wie manche es etwa einem treuherzigen Hund, einem schlauen Delfin oder einem putzigen Roboter mit Armen, Beinen und Elektrostimme zuschreiben. Tatsächlich aber sind sie viel, viel »menschlicher«, denn sie sind Teil von jedem Menschen. Sie sind das bakterielle Ich jedes Einzelnen, die bakterielle Gesellschaft der Menschheit.

Sie sind enge Freunde, weil sie uns nicht von der Seite weichen, sie sind verlässliche Freunde, weil wir sie schon sehr, sehr schlecht behandeln müssen, damit sie uns verlassen oder sich rächen. Sie sind hilfreiche Freunde, weil sie normalerweise Dinge tun, ohne die uns das

AUSBLICK

Leben schwerer fiele. Sie sind alte Freunde, weil wir mit ihnen seit Ewigkeiten zusammen sind. Sie sind gesellige Freunde, weil sie mit uns essen und trinken. Und sie sind auch deshalb besondere Freunde, weil sie uns in aller Stille und ohne groß auf den Putz zu hauen ihre freundschaftlichen Dienste gewähren. So still, dass wir sie bis vor kurzem nicht einmal bemerkt haben.

LITERATURHINWEISE UND ERLÄUTERUNGEN

Einleitung

1 Kleger et al.: Stuhltransplantation bei therapierefraktärer *Clostridium-difficile*-assoziierter Kolitis. Deutsches Ärzteblatt, Bd. 110, S. 108, 2013
2 Wenn viel Bauchfett, Bluthochdruck, gestörter Fettstoffwechsel und Vorstufen von Diabetes zusammenkommen, sprechen Mediziner vom Metabolischen Syndrom. Das Risiko für Infarkte, Schlaganfälle und Herzschwäche gilt dann als besonders hoch, auch die Gefahr des Ausbruches anderer ernsthafter Erkrankungen wie Krebs und Demenz gilt als erhöht. Ob das Metabolische Syndrom selbst schon als krankhaft oder als Krankheit gelten soll, ist umstritten. Ernsthafte Beschwerden jedenfalls fehlen meist. Kritiker sehen deshalb im Metabolischen Syndrom eher eine aus Kommerzgründen von Medizinern erfundene Krankheit.
3 Vrieze et al.: Transfer of intestinal microbiota from lean donors increases insulin sensitivity in individuals with metabolic syndrome. Gastroenterology 2012;143:913–16 e7

Teil I Der Mikro-Mensch

4 Hooper und Gordon: Commensal host-bacterial relationships in the gut. Science, Bd. 292, S. 1115, 2001
5 Bokulich et al.: Microbial biogeography of wine grapes is conditioned by cultivar, vintage, and climate. PNAS 2013 doi: 10.1073/pnas.1317377110
6 Elahi et al.: Immunosuppressive CD71+ erythroid cells compromise neonatal host defence against infection. Nature, 2013 doi:10.1038/nature12675
7 Als Biota wird die Gesamtheit der Organismen eines Ökosystems bezeichnet, als Mikrobiota entsprechend die Gesamtheit aller Mikroorganismen eines Ökosystems. Die Mikrobiota des Menschen sind also sämtliche Mikroorganismen in und auf ihm, seine Darm-Mikrobiota jene in seinem Darm, seine Haut-Mikrobiota jene auf seiner Haut, und so weiter.
8 Das Yale-Fingernagelexperiment: http://health.ninemsn.com.au/whatsgoodforyou/theshow/694617/what-really-lives-under-the-nails-we-chew

LITERATURHINWEISE UND ERLÄUTERUNGEN

9 Findley et al.: Topographic diversity of fungal and bacterial communities in human skin. Nature, Bd. 498, S. 367, 2013
10 Moolenaar et al.: A prolonged outbreak of Pseudomonas aeruginosa in a neonatal intensive care unit: did staff fingernails play a role in disease transmission? Infection Control and Hospital Epidemiology, Bd. 21, S. 80, 2000
11 Costello et al.: Bacterial Community Variation in Human Body Habitats Across Space and Time. Science, Bd. 326, S. 1694, 2009
12 Staudinger et al.: Molecular analysis of the prevalent microbiota of human male and female forehead skin compared to forearm skin and the influence of make-up. Journal of Applied Microbiology, Bd. 110, S. 1381, 2011
13 Verhulst et al.: Differential Attraction of Malaria Mosquitoes to Volatile Blends Produced by Human Skin Bacteria. PLoS ONE, Bd. 5, S. e15829, 2010
Verhulst et al.: Composition of Human Skin Microbiota Affects Attractiveness to Malaria Mosquitoes. PLoS ONE, Bd. 6, S. e28991, 2011
14 Meadow et al.: Significant changes in the skin microbiome mediated by the sport of roller derby. PeerJ, Bd. 1, S. E53, 2013
15 Song et al.: Cohabiting family members share microbiota with one another and with their dogs. ELife, Bd. 2, S. E00458, 2013
16 Dunns Blogpost über den verwirrenden Artenreichtum im Bauchnabel: blogs.scientificamerican.com/guest-blog/2012/11/07/after-two-years-scientists-still-cant-solve-belly-button-mystery-continue-navel-gazing/
17 Liu et al.: The Otologic Microbiome. A Study of the Bacterial Microbiota in a Pediatric Patient With Chronic Serous Otitis Media Using 16SrRNA Gene-Based Pyrosequencing. Archives of otolaryngology – Head & Neck Surgery, Bd. 137, S. 664, 2011
18 Dong et al.: Diversity of Bacteria at Healthy Human Conjunctiva. Investigative Ophthalmology & Visual Science, Bd. 52, S. 5408, 2011
19 The Human Microbiome Project Consortium: Structure, function and diversity of the healthy human microbiome. Nature, Bd. 486, S. 207, 2012
20 Srinivasan et al.: Temporal Variability of Human Vaginal Bacteria and Relationship with Bacterial Vaginosis. PLoS One, Bd. 5, S. E10197, 2010
21 Hou et al.: Microbiota of the seminal fluid from healthy and infertile men. Fertility and Sterility, Bd. 100, S. 1261, 2013
22 Ma et al.: Consistent Condom Use Increases the Colonization of Lactobacillus crispatus in the Vagina. PLoS One, Bd. 8, S. e70716, 2013
online abrufbar unter: plosone.org/article/info:doi/10.1371/journal.pone.0070716#authcontrib
23 Belda-Ferre et al.: The oral metagenome in health and disease. ISME Journal, Bd. 6, S. 45, 2012
24 Der Mikroskopie-Pionier Antoni van Leeuwenhoek beobachtete Ende des 17. Jahrhunderts als Erster Bakterien, unter anderem in Proben seines eigenen Zahnbelages. Interessanterweise war es auch eine Genanalyse vom

LITERATURHINWEISE UND ERLÄUTERUNGEN

Zahnbelag eines Mannes, mit der der Mikrobiologe David Relman 1999 nachwies, dass auf und im Menschen lebende Mikrobiota aus deutlich mehr Arten bestehen, als man bis dahin kannte und als man im Labor nachzüchten konnte.

25 Aas et al.: Defining the normal bacterial flora of the oral cavity. Journal of Clinical Microbiology, Bd. 43, S. 5721, 2005
26 Desvarieux et al.: Changes in clinical and microbiological periodontal profiles relate to progression of carotid intima-media thickness: the oral infections and vascular disease epidemiology study. Journal of the American Heart Association, Bd. 2, S. E000254, 2013
27 Cockburn et al.: High throughput DNA sequencing to detect differences in the subgingival plaque microbiome in elderly subjects with and without dementia. Investigative Genetics, Bd. 3, S. 19, 2012
28 Bollinger et al.: Biofilms in the large bowel suggest an apparent function of the human vermiform appendix. Journal of Theoretical Biology, Bd. 249, S. 826, 2007
29 Dethlefsen et al.: The pervasive effects of an antibiotic on the human gut microbiota, as revealed by deep 16S rRNA sequencing. PLoS Biology, Bd. 6, S. e280, 2008
30 Lieberkühn: De fabrica et actione villorum intestinorum tenuium (1745), digital zugänglich hier: https://archive.hshsl.umaryland.edu/handle/10713/3443
31 Vorläufer dieses Ur-Darms waren schlicht Ansammlungen von Zellen, die Nahrung aufnahmen und Abfälle abgaben. Erst später folgten dann Tiere mit einer Einstülpung in einer solchen Zellmasse – die in etwa so aussahen wie ein Sack mit nur einer Öffnung –, und wieder später entwickelte sich der Grundtyp Darm, wie ihn auch der Mensch besitzt: ein Rohr mit Ein- und Ausgang. Wann jener erste bedeutsame Bakterienkontakt erfolgte, weiß niemand, aber es war sicher sehr früh in der Evolution.
32 Bakterien haben keinen Zellkern, Archäen (die früher Archebakterien hießen) auch nicht, beide werden Prokyaronten genannt. Pflanzen, Pilze und Tiere dagegen haben einen, sie heißen Eukaryonten.
33 Tiere zu nutzen und sie im Zuge dieser Nutzung auch zu töten, ist ein kontroverses Thema. Den Autoren dieses Buches ist das durchaus bewusst. Die entsprechende ethische Diskussion ist wichtig, würde aber an dieser Stelle viel zu weit führen. Hier geht es schlicht darum, im Ansatz zu verdeutlichen, was Gegenseitigkeit im evolutionsbiologischen Sinne sein kann. So hat zum Beispiel ein Zuchteber, der ohne Gefahr durch wilde Tiere und ohne Nahrungssorgen zum Vater von Abertausenden Ferkeln werden kann, die selber zum Teil wieder Nachkommen haben werden, einen in der Wildnis so niemals vorstellbaren evolutionären Vorteil, der ihm vom Menschen geboten wird.
34 Trotzdem bekommen Nutztiere, auch Kühe, in Ländern wie etwa den USA

LITERATURHINWEISE UND ERLÄUTERUNGEN

nach wie vor »subtherapeutische Dosen« Antibiotika ins Futter, weil das ihr Wachstum stimuliert, siehe Kapitel 9.
35 Alegado et al.: A bacterial sulfonolipid triggers multicellular development in the closest living relatives of animals. eLife Oktober 2012, online abrufbar unter: elife.elifesciences.org/content/1/e00013
36 Fraune und Bosch: Long-term maintenance of species-specific bacterial microbiota in the basal metazoan Hydra. PNAS, Bd. 104, S. 13146, 2007
37 »Bakterienvarianten« ist hier definiert als sich mindestens in drei Prozent ihrer Gensequenz unterscheidende Typen, genannt »Operationale Taxonomische Units«, kurz »OTUs«, weil sich Biologen mit dem Begriff der »Art« bei Bakterien so schwertun.
38 Franzenburg et al.: Distinct antimicrobial peptide expression determines host species-specific bacterial associations. PNAS 2013, Bd. 110, E3730-8. doi: 10.1073/pnas.1304960110
39 Annison und Bryden: Perspectives on ruminant nutrition and metabolism I. Metabolism in the rumen. Nutrition Research Reviews, Bd. 11, S. 173, 1998
40 Rosenthal et al.: Localizing transcripts to single cells suggests an important role of uncultured deltaproteobacteria in the termitegut hydrogen economy. PNAS 2013, Bd. 110, S. 16163 doi: 10.1073/pnas.1307876110
41 Ein anderer Name der Gemeinen Vogelmiere ist Hühnerdarm, wobei der Wortstamm wahrscheinlich nichts mit dem Verdauungsorgan zu tun hat. Auch sie ist, ganz im Sinne von all der Gegenseitigkeit, um die es in diesem und im vorigen Kapitel geht, alles andere als ein reines Unkraut. Sie schützt Böden, etwa in Weinbergen zum Beispiel sehr effektiv vor Erosion und Austrocknen, zudem wird sie als Nahrungsmittel und Heilkraut genutzt.
42 Brucker und Bordenstein: The hologenomic basis of speciation: gut bacteria cause hybrid lethality in the genus Nasonia. Science, Bd. 341, S. 667, 2013
43 Eine Definition von Bakterienvarianten, siehe Endnote 37
44 Meyer: Geheimnisse des Antoni van Leeuwenhoek. Pabst Science Publishers, Lenerich 1998
45 Melkerknoten sind die Geschwüre, die durch das Kuhpockenvirus an Händen und Armen entstehen.
46 Bassi: Del Mal del Segno, Calcinaccio o Moscardino, 1835, online (ital.) unter http://biochimica.bio.uniroma1.it/bassi1f.htm
47 Woese et al.: Towards a natural system of organisms: Proposal for the domains Archaea, Bacteria, and Eucarya. PNAS, Bd. 87, S. 4576, 1990
48 Letulle: Origine infectieuse de certains ulcères simples de l'estomac ou du duodénum. Societe Medicale des Hopitaux de Paris, Bd. 5, S. 360, 1888
49 Böttcher: Zur Genese des perforierten Magengeschwürs. Dorpater Berichte, Bd. 5, S. 148, 1874
50 Blaser: Der Erreger des Magengeschwürs. Spektrum der Wissenschaft, 4/1996, S. 68
51 Richter et al.: Helicobacter pylori and Gastroesophageal Reflux Disease:

LITERATURHINWEISE UND ERLÄUTERUNGEN

The Bug May Not Be All Bad. American Journal of Gastroenterology, Bd. 93, S. 1800, 1998
52 Pylori-freie Menschen nehmen zum Beispiel leichter zu, wahrscheinlich, weil der Keim den Appetit reguliert. Er tut dies offenbar über eine Einflussnahme auf das Sättigungshormon Leptin – was auch immer er davon haben mag.
53 Borg und de Jong: Feelings of Disgust and Disgust-Induced Avoidance Weaken following Induced Sexual Arousal in Women. PLoS ONE, Bd. 7, S. e44111, 2012
54 Hendrie und Brewer: Kissing as an evolutionary adaptation to protect against Human Cytomegalovirus-like teratogenesis. Medical Hypotheses, Bd. 74, S. 222, 2010
55 Borg und de Jong sind Psychologen, und sie gingen in ihrer Studie eher der Frage nach, wie es Menschen gelingt, »freudvollen Sex« zu haben, wenn doch menschliche Gerüche und Flüssigkeiten gemeinhin als ekelerregend eingestuft werden. Entsprechend lesen sich auch ihre Schlussfolgerungen, in denen es eher um die sexuellen Frustrationen von Frauen, die nicht leicht erregbar sind, geht. Mikrobenaustausch wird in der Studie nirgends erwähnt. Sie wird hier nur von uns in diese Richtung interpretiert.
56 Lozupone et al.: Diversity, stability and resilience of the human gut microbiota. Nature, Bd. 489, S. 220, 2012

Teil II Wir gegen uns

57 An verlässliche Zahlen heranzukommen ist schwierig. In den USA gehen nach wie vor geschätzt 80 Prozent der vermarkteten Antibiotika in die Nutztierhaltung. Ein Artikel, der schon vor über einem Jahrzehnt dazu aufrief, diese Praxis zu stoppen, hier: Gorbach: Antimicrobial use in animal feed – Time to stop. New England Journal of Medicine, Bd. 345, S. 1202, 2001
58 Jukes: Antibiotics in Animal Feeds and Animal Production. BioScience, Bd. 22, S. 526, 1972; Jukes: Some Historical Notes on Chlortetracycline. Reviews of Infectious Diseases, Bd. 7, S. 702, 1985
59 Jahresbericht 2013 der amerikanischen Centers for Disease Control and Prevention zur Bedrohung durch Antibiotikaresistenzen: http://www.cdc.gov/drugresistance/threat-report-2013/
60 Cho et al.: Antibiotics in early life alter the murine colonic microbiome and adiposity. Nature, Bd. 488, S. 621, 2012
61 Trasande et al.: Infant antibiotic exposures and early-life body mass. International Journal of Obesity, Bd. 37, S. 16, 2013
62 Dethlefsen und Relman: Incomplete recovery and individualized responses of the human distal gut microbiota to repeated antibiotic perturbation. PNAS 2010, doi:10.1073/pnas.1000087107
63 Weblog des amerikanischen Wissenschaftsjournalisten Carl Zimmer: http://

LITERATURHINWEISE UND ERLÄUTERUNGEN

phenomena.nationalgeographic.com/2012/12/18/when-you-swallow-a-gre nade/

64 Pérez-Cobas et al.: Gut microbiota disturbance during antibiotic therapy: a multi-omic approach. Gut 2012, doi:10.1136/gutjnl-2012-303184

65 Solche molekularen Pumpen sind auch oft charakteristisch für Bakterien mit Antibiotika-Resistenzen. Bei ihnen sind dann Gene so mutiert, dass diese Entgiftungsmechanismen besonders gut funktionieren.

66 Kronman et al.: Antibiotic Exposure and IBD Development Among Children: A Population-Based Cohort Study. Pediatrics 2012, doi: 10.1542/peds.2011-3886

67 Russell et al.: Early life antibiotic-driven changes in microbiota enhance susceptibility to allergic asthma. EMBO reports, Bd. 13, S. 440, 2012; Olszak et al.: Microbial Exposure During Early Life Has Persistent Effects on Natural Killer T Cell Function. Science, Bd. 336, S. 489, 2012

68 Mårild et al.: Antibiotic exposure and the development of coeliac disease: a nationwide case-control study. BMC Gastroenterology, Bd. 13, S. 109, 2013

69 Pasch et al.: Effects of triclosan on the normal intestinal microbiota and on susceptibility to experimental murine colitis. FASEB Journal, April 2009, 23 (Meeting Abstract Supplement)

70 Joly et al.: Impact of chronic exposure to low doses of chlorpyrifos on the intestinal microbiota in the Simulator of the Human Intestinal Microbial Ecosystem (SHIME) and in the rat. Environmental Science and Pollution Research International, Bd. 20, S. 2726, 2013

71 Zheng et al.: Melamine-Induced Renal Toxicity Is Mediated by the Gut Microbiota. Science Translational Medicine, Bd. 5, 172ra22, 2013

72 Interview mit David Weinkove in der Zeitschrift BMC Biology: www.biomedcentral.com/1741-7007/11/94

73 Dobkin et al.: Inactivation of digoxin by Eubacterium lentum, an anaerobe of the human gut flora. Transactions of the Association of American Physicians, Bd. 95, S. 22, 1982

74 Saad et al.: Gut Pharmacomicrobiomics: the tip of an iceberg of complex interactions between drugs and gut-associated microbes. Gut Pathogens, Bd. 4, S. 16, 2012

75 Rizkallah et al.: The Human Microbiome Project, personalized medicine and the birth of pharmacomicrobiomics. Current Pharmacogenomics and Personalized Medicine, Bd. 8, S. 182, 2010

76 Zur Erklärung der Methode: Es wird mit biochemischen Verfahren nach den Molekülen gesucht, die genetische Bauanleitungen an jene zelluläre Maschinerie übermitteln, die letztlich die Genprodukte, also Proteine, herstellt. Sie heißen Messenger-RNA (mRNA). Findet man die mRNA eines Gens, dann bedeutet das, dass dieses Gen gerade aktiv ist. Findet mal viel von dieser mRNA, dann ist das Gen sehr aktiv und viel von dem Protein wird hergestellt – in diesem Falle Cytochrom.

LITERATURHINWEISE UND ERLÄUTERUNGEN

77 Auch in menschlichen Zellen gibt es Cytochrome und in der Leber besonders reichlich davon. Dort sind sie dafür zuständig, Gifte zu neutralisieren.
78 Natürlich ist es auch genau andersherum denkbar: Man könnte auch versuchen, mit Mikrobenhilfe die Leber am Giftabbau zu hindern, um die Wirkung der Droge zu verlängern – je nachdem, ob einem die langfristige Gesundheit oder ein ausgedehnter Rausch wichtiger ist.
79 Zhou et al.: Characterization of vaginal microbial communities in adult healthy women using cultivation-independent methods. Microbiology, Bd. 150, S. 2565, 2004; Robinson et al.: From Structure to Function: the Ecology of Host-Associated Microbial Communities. Microbiology and Molecular Biology Reviews, Bd. 74, S. 453, 2010
80 Ezechi et al.: Incidence and risk factors for caesarean wound infection in Lagos Nigeria. BMC Research Notes, Bd. 2, S. 186, 2009; Ali: Analysis of caesarean delivery in Jimma Hospital, south-western Ethiopia. East African Medical Journal, Bd. 72, S. 60, 1995
81 Joseph et al.: Early complementary feeding and risk of food sensitization in a birth cohort. The Journal of Allergy and Clinical Immunology, Bd. 127, S. 1203, 2011

Teil III Desinfektionskrankheiten

82 Strachan: Hay fever, hygiene, and household size. British Medical Journal, Bd. 299, S. 1259, 1989
83 Legte den Grundstein zur »Bauernhof-Hypothese«: von Ehrenstein et al.: Reduced risk of hay fever and asthma among children of farmers. Clinical & Experimental Allergy, Bd. 30, S. 187, 2000
84 Von Mutius und Vercelli: Farm living: effects on childhood asthma and allergy. Nature Reviews Immunology, Bd. 10, S. 861, 2010
85 Velasquez-Manhoff: Who has the guts for gluten?, New York Times, 23. Februar 2013, unter dem Artikel haben sich über 200 Kommentare angesammelt. Der Autor hat auch das lesenswerte Buch »An Epidemic of Absence: A New Way of Understanding Allergies and Autoimmune Diseases« (Scribner 2012) geschrieben.
86 Miquel et al.: Faecalibacterium prausnitzii and human intestinal health. Current Opinion in Microbiology, Bd. 16, S. 255, 2013
87 Haller et al.: Non-pathogenic bacteria elicit a differential cytokine response by intestinal epithelial cell/leucocyte co-cultures. Gut, Bd. 47, S. 79, 2000
88 Bäckhed et al.: The gut microbiota as an environmental factor that regulates fat storage. PNAS, Bd. 44, S. 15718, 2004
89 Wie so oft ist auch dieses Bakterium, benannt nach drei griechischen Buchstaben, mal gut, mal schlecht. Es kann zum Beispiel auch Hirnhautentzündungen auslösen: jcm.asm.org/content/43/3/1467.full?view=long&pmid=15750136

LITERATURHINWEISE UND ERLÄUTERUNGEN

90 Samuel und Gordon: A humanized gnotobiotic mouse model of host-archaeal-bacterial mutualism. PNAS, Bd. 103, S. 10011, 2006
91 Woese und Fox: Phylogenetic structure of the prokaryotic domain: the primary kingdoms. PNAS, Bd. 74, S. 5088, 1977
92 Armougom et al.: Monitoring Bacterial Community of Human Gut Microbiota Reveals an Increase in Lactobacillus in Obese Patients and Methanogens in Anorexic Patients. PLoS ONE, Bd. 4, S. e7125, 2009
93 Turnbaugh et al.: An obesity-associated gut microbiome with increased capacity for energy harvest. Nature, Bd. 444, S. 1027, 2006; Ley et al.: Human gut microbes associated with obesity. Nature, Bd. 444, S. 1022, 2006
94 Grice und Segre: The human microbiome: our second genome. Annual Reviews of Genomics and Human Genetics, Bd. 13, S. 151, 2012, online abrufbar unter: http://www.ncbi.nlm.nih.gov/pubmed/22703178
95 Everard et al.: Cross-talk between Akkermansia muciniphila and intestinal epithelium controls diet-induced obesity. PNAS, Bd. 110, S. 9066, 2013
96 Brown et al.: Diet-Induced Dysbiosis of the Intestinal Microbiota and the Effects on Immunity and Disease. Nutrients, Bd. 4, S. 1095, 2012
97 Spreadbury: Comparison with ancestral diets suggests dense acellular carbohydrates promote an inflammatory microbiota, and may be the primary dietary cause of leptin resistance and obesity. Diabetes, Metabolic Syndrome and Obesity: Targets and Therapy, Bd. 5, S. 175, 2012
98 Walker und Parkhill: Fighting Obesity with Bacteria. Science, Bd. 341, S. 1069, 2013
99 LeChatelier et al.: Richness of human gut microbiome correlates with metabolic markers. Nature, Bd. 500, S. 541, 2013
100 Cotillard et al.: Dietary intervention impact on gut microbial gene richness. Nature, Bd. 500, S. 585, 2013
101 Ridaura et al.: Gut Microbiota from Twins Discordant for Obesity Modulate Metabolism in Mice. Science, Bd. 341, S. 1079, 2013
102 Wild et al.: Global prevalence of diabetes: Estimates for the year 2000 and projections for 2030. Diabetes Care, Bd. 27, S. 1047, 2004
103 de Vrieze: The Promise of Poop. Science, Bd. 341, S. 954, 2013
104 de Vrieze et al.: Diabetologia, Bd. 53, Supplement S. 44, 2010
105 de Vrieze et al.: Transfer of Intestinal Microbiota From Lean Donors Increases Insulin Sensitivity in Individuals With Metabolic Syndrome. Gastroenterology, Bd. 143, S. 913, 2012
106 BMI, Body Mass Index: ein Maß für die Bewertung des Körpergewichts, berechnet als Quotient von Körpermasse in kg durch das Quadrat der Körperlänge in Meter. Werte über 30 gelten als Marker von Fettleibigkeit.
107 Wolfa und Lorenz: Gut Microbiota and Obesity. Current Obesity Reports, Bd. 1, S. 1, 2012; Delzenne et al.: Targeting gut microbiota in obesity: effects of prebiotics and probiotics. Nature Reviews Endocrinology, Bd. 7, S. 639, 2011

LITERATURHINWEISE UND ERLÄUTERUNGEN

108 Li et al.: Microbiome remodelling leads to inhibition of intestinal farnesoid X receptor signalling and decreased obesity. Nature Communications, Bd. 4, Artikel 2384, 2013
109 Friebe: Viel mehr als nur ein Bauchgefühl. FAS, 10. Juli 2011, S. 55–56. Teile des Inhalts dieses Artikels werden auch in diesem Kapitel wiedergegeben.
110 Anonymous: Changing gut bacteria through diet affects brain function. Healthcentral.com, 29. Mai 2013
111 Petronis: Could the secret of happiness be ... yogurt? Glamor.com, 29. Mai 2013
112 Slonczewski: Brain Plague. Phoenix Pick, 2000
113 Neufeld et al.: Reduced anxiety-like behavior and central neurochemical change in germ-free mice. Neurogastroenterology and Motility, Bd. 23, 255, 2011
114 Mulle et al.: The Gut Microbiome: A New Frontier in Autism Research. Current Psychiatry Reports, Bd. 15, S. 337, 2013
115 Schroeder et al.: Antidepressant-like effects of the histone deacetylase inhibitor, sodium butyrate, in the mouse. Biological Psychiatry, Bd. 62, S. 55, 2007
116 Lyte: Probiotics function mechanistically as delivery vehicles for neuroactive compounds: Microbial endocrinology in the design and use of probiotics. Bioessays, Bd. 33, S. 574, 2011
117 Diaz Heijtz et al.: Normal gut microbiota modulates brain development and behavior. PNAS, Bd. 108, S. 3047, 2011
118 Yamamoto et al.: Intestinal Bacteria Modify Lymphoma Incidence and Latency by Affecting Systemic Inflammatory State, Oxidative Stress, and Leukocyte Genotoxicity. Cancer Research, Bd. 73, S. 4222, 2013
119 Plottel und Blaser: Microbiome and Malignancy. Cell Host & Microbe, Bd. 10, S. 324, 2011
120 Mortensen und Clausen: Short-chain fatty acids in the human colon: relation to gastrointestinal health and disease. Scandinavian Journal of Gastroenterology Suppl., Bd. 216, S. 132, 1996
121 Auf Englisch heißen sie »Toll-Like Receptors« (TLR), aber das »toll« bedeutet nicht etwa Maut oder Zoll, sondern gemeint ist tatsächlich das deutsche »toll«. Es stammt aus der Zeit, als Entwicklungsbiologen, vor allem in Tübingen, sich noch einen Spaß aus der Namensgebung von Genen machten und sie Spätzle, Gurken, Kette oder Schnurri tauften. »Toll« war schlicht das Wort, das der späteren Nobelpreisträgerin Christiane Nüsslein-Volhard entfuhr, nachdem sie 1985 im Labor eine Fliegenlarve mit einer interessanten Fehlbildung entdeckt hatte. Es stiftete den Namen für das für die Fehlbildung verantwortliche mutierte Gen. Die Toll-ähnlichen-Rezeptoren sind als Moleküle ähnlich wie Toll-Rezeptoren aufgebaut, haben aber im Körper andere Aufgaben, nämlich in der Abwehr von Patho-

LITERATURHINWEISE UND ERLÄUTERUNGEN

genen. Wenn sie allerdings langanhaltend aktiviert sind, können sie Krebswachstum fördern. Bei Patienten mit Darmkrebs, der sich nach einer jahrelangen chronischen Darmentzündung gebildet hat, ist etwa deren TLR-4 meist besonders aktiv (Göran und Edfeldt: Toll To Be Paid at the Gateway to the Vessel Wall. Arteriosclerosis, Thrombosis and Vascular Biology, Bd. 25, S. 1085, 2005). Toll selbst hat dort, wo es entdeckt wurde, also im frühen Embryo der Larve der Drosophila-Fliege, die Aufgabe, für einen Unterschied zwischen Oben und Unten zu sorgen, dafür also, dass die Bauch- und die Rückenseite des Tieres sich unterscheiden. Um das tun zu können, muss Spätzle an Toll andocken und vorher bereits Gurken aktiv gewesen sein. Gäbe es all diese Gene nicht, dann gäbe es auch keine komplexen Lebewesen mit sich unterscheidenden Körperteilen und Organen, und wir wären bis heute nichts anderes als undifferenzierte Zellhaufen. Mehr zu den Funktionen auch all der anderen Fliegen-Gene, die sehr häufig mit ähnlichen Funktionen auch noch in der menschlichen DNA zu finden sind, hier: sdbonline.org/fly/aimain/3a-dtest.htm.

122 Arthur et al.: Intestinal Inflammation Targets Cancer-Inducing Activity of the Microbiota. Science, Bd. 338, S. 120, 2012
123 Als Dysbiosis oder Dysbakterie wird eine deutlich von einem normalen, gesunden Zustand abweichende Bakterienzusammensetzung in einem Verdauungsorgan bezeichnet.
124 Possemiers et al.: The prenylflavonoid isoxanthohumol from hops (Humulus lupulus L.) is activated into the potent phytoestrogen 8-prenylnaringenin in vitro and in the human intestine. Journal of Nutrition, Bd. 136, S. 1862, 2006
125 Ziemlich erfolgreich ist eine Methode, mit der unschädlich gemachte Erreger der Rindertuberkulose oberflächlichen Blasenkrebs bei Menschen bekämpfen. Bei einem Impfstoff namens Bacille Calmette-Guérin, der ursprünglich im 19. Jahrhundert von zwei Franzosen gegen Tuberkulose entwickelt worden war, zeigte sich irgendwann, dass die Stimulation des Immunsystems durch den Erreger auch gegen solche Tumoren hilft. In vielen Fällen wirkt er besser als die konventionelle Chemotherapie und ist insbesondere sehr gut darin, eine Rückkehr der Erkrankung zu verhindern. (Alexandroff et al.: Recent advances in bacillus Calmette-Guerin immunotherapy in bladder cancer. Immunotherapy, Bd. 2, S. 551, 2010)
126 Moreira et al.: Baseline prostate inflammation is associated with reduced risk of prostate cancer in men undergoing repeat prostate biopsy: Results from the REDUCE study. Cancer 2013, doi: 10.1002/cncr.28349
127 Amirian et al.: Potential role of gastrointestinal microbiota composition in prostate cancer risk. Infectious Agents and Cancer, Bd. 8, S. 42, 2013
128 Lam et al.: Intestinal microbiota determine severity of myocardial infarction in rats. FASEB Journal, Bd. 26, S. 1727, 2012
129 Metabolisches Syndrom: Kombination von viel Bauchfett, Bluthochdruck,

LITERATURHINWEISE UND ERLÄUTERUNGEN

gestörtem Fettstoffwechsel und Vorstufen von Diabetes. Siehe auch die Erläuterung in Endnote 2

130 Probiotikum contra Herzinfarkt. Die Registrierung der Studie ist in der staatlichen Datenbank clincaltrails.com zu finden: http://clinicaltrials.gov/ct2/show/NCT01952834

131 Koren et al.: Human oral, gut, and plaque microbiota in patients with atherosclerosis. PNAS, Bd. 108, S. 14592, 2011

132 Koeth et al.: Intestinal microbiota metabolism of L-carnitine, a nutrient in red meat, promotes atherosclerosis. Nature Medicine, Bd. 19, S. 576, 2013

133 Zhang et al.: Dietary precursors of trimethylamine in man: a pilot study. Food and Chemical Toxicology, Bd. 37, S. 515, 1999

134 Davey et al.: EPIC-Oxford: lifestyle characteristics and nutrient intakes in a cohort of 33 883 meat-eaters and 31 546 non meat-eaters in the UK. Public Health Nutrition, Bd. 6, S. 259, 2003

135 Compare et al.: Effects of long-term PPI treatment on producing bowel symptoms and SIBO. European Journal of Clinical Investigation, Bd. 41, S. 380e6, 2011

136 Brennan und Spiegel: The Burden of IBS: Looking at Metrics. Current Gastroenterology Reports, Bd. 11, S. 265, 2009

137 Kronman et al.: Antibiotic exposure and IBD development among children: a population-based cohort study. Pediatrics, Bd. 130, S. e794, 2012

138 Weinstock: The worm returns. Nature, Bd. 491, S. 183, 2012

139 Studienbeschreibung: http://clinicaltrials.gov/show/NCT01279577

140 Devkota et al.: Dietary-fat-induced taurocholic acid promotes pathobiont expansion and colitis in Il10-/- mice. Nature, Bd. 487, S. 104, 2012

141 Hamer et al.: Review article: the role of butyrate on colonic function. Alimentary Pharmacology & Therapeutics, Bd. 27, S. 104, 2008

142 Gearry et al.: Reduction of dietary poorly absorbed short-chain carbohydrates (FODMAPS) improves abdominal symptoms in patients with inflammatory bowel disease- a pilot study. Journal of Crohn's and Colitis, Bd. 3, S. 8, 2009; Gibson & Shepherd: Personal view: food for thought-western lifestyle and susceptibility to Crohn's disease. The FODMAP hypothesis. Alimentary Pharmacology & Therapeutics, Bd. 21, S. 1399, 2005

143 Mc Farland und Dublin: Meta-analysis of probiotics for the treatment of irritable bowel syndrome. World Journal of Gastroenterology, Bd. 14, S. 2650, 2008

144 Kaptchuk et al.: Placebos without Deception: A Randomized Controlled Trial in Irritable Bowel Syndrome. PLoS One, Bd. 5, S. E15591, 2010

LITERATURHINWEISE UND ERLÄUTERUNGEN

Teil IV Heilen mit Mikroben

145 Sanders et al.: An update on the use and investigation of probiotics in health and disease. Gut, Bd. 62, S. 787, 2013

146 FAO/WHO: Health and Nutritional Properties of Probiotics in Food including Powder Milk with Live Lactic Acid Bacteria. Report of a Joint FAO/WHO Expert Consultation on Evaluation of Health and Nutritional Properties of Probiotics in Food Including Powder Milk with Live Lactic Acid Bacteria, 2001

147 Hacker: Decennial Life Tables for the White Population of the United States, 1790–1900, in: Historical Methods, Bd. 43, S. 45, April–June 2010. Im Netz abrufbar unter: http://www2.binghamton.edu/history/docs/Hacker_life_tables.pdf

148 Metschnikow: Beiträge zu einer optimistischen Weltauffassung, von Ilja Metschnikow. Mit Erlaubnis des Verfassers ins Deutsche übersetzt von Heinrich Michalski. München 1908

149 McNulty et al.: The impact of a consortium of fermented milk strains on the gut microbiome of gnotobiotic mice and monozygotic twins. Science Translational Medicine, Bd. 3, S. 106ra106, 2011

150 Solche »Blindheit« darf natürlich nicht bedeuten, dass am Ende keiner mehr nachvollziehen kann, welcher Proband was bekommen hat. Das lässt sich aber sicherstellen, indem die entsprechenden Informationen vor Ende der Studie nur nicht beteiligten Personen zugänglich oder ganz unter Verschluss sind. Details zum Thema Verblindung hier: ebm-netzwerk.de/pdf/zefq/schulz-epidemiologie8.pdf

151 Moayyedi et al.: The efficacy of probiotics in the treatment of irritable bowel syndrome: a systematic review. Gut, Bd. 59, S. 325, 2010

152 O'Mahony et al.: Lactobacillus and bifidobacterium in irritable bowel syndrome: symptom responses and relationship to cytokine profiles. Gastroenterology, Bd. 128, S. 541, 2005

153 Aponte et al.: Probiotics for treating persistent diarrhea in children. Cochrane Database Systematic Review 2010 (11): CD007401. Guandalini: Probiotics for prevention and treatment of diarrhea. Journal of Clinical Gastroenterology, Bd. 45, Suppl:S149–53, 2011

154 Floch et al.: Recommendations for probiotic use – 2011 update. Journal of Clinical Gastroenterology, Bd. 45, S. 168, 2011

155 Deshpande et al.: Updated meta-analysis of probiotics for preventing necrotizing enterocolitis in preterm neonates. Pediatrics, Bd. 125, S. 921, 2010

156 Awad et al.: Comparison between killed and living probiotic usage versus placebo for the prevention of necrotizing enterocolitis and sepsis in neonates. Pakistan Journal of Biological Sciences, Bd. 13, S. 253, 2010

157 Szajewska et al.: Effect of Bifidobacterium animalis subsp lactis supplementation in preterm infants: a systematic review of randomized cont-

LITERATURHINWEISE UND ERLÄUTERUNGEN

rolled trials. Journal of Pediatric Gastroenterology and Nutrition, Bd. 51, S. 203, 2010
158 Thomas und Greer: Probiotics and prebiotics in pediatrics. Pediatrics, Bd. 126, S. 1217, 2010
159 Es erscheint konsequent und wissenschaftlich seriös, Empfehlungen erst auszusprechen, wenn die Sicherheit und Wirksamkeit einer Therapie wirklich als nachgewiesen gelten können. Andere Interventionen im Neugeborenenalter allerdings, bei denen längst nicht geklärt ist, ob sie Babys langfristig helfen oder sogar schaden könnten, gehören längst zum Standard. Zum Beispiel wird in Deutschland offiziell empfohlen, allen Neugeborenen mit Fluorid angereicherte 500 IU (Internationale Einheiten, International Units) synthetisches Vitamin D täglich zu geben. Das geschieht, obgleich mittlerweile unbestritten ist, dass Fluor die Zähne und Knochen härten mag, ansonsten für den Körper aber eher ungesund sein kann, und obwohl aussagekräftige Studien zu dieser Art von Vitamin-D-Einsatz bei Neugeborenen und zu den langfristigen gesundheitlichen Konsequenzen fast komplett fehlen. Selbst Studien mit synthetischem Vitamin D2 und D3 bei Erwachsenen bringen alles andere als querbeet positive Ergebnisse. Zudem ist bekannt, dass eingenommenes Vitamin D sich auf die Darmflora auswirken kann, aber noch lange nicht, was das für Neugeborene bedeutet. Auch noch nicht geklärt ist, wie Fluorid – ein Bakteriengift – sich in den empfohlenen Dosen vielleicht auf die Darmflora Neugeborener auswirkt.
160 Tursi et al.: Treatment of relapsing mild-to-moderate ulcerative colitis with the probiotic VSL #3 as adjunctive to a standard pharmaceutical treatment: a double-blind, randomized, placebo-controlled study. American Journal of Gastroenterololgy, Bd. 105, S. 2218, 2010
161 Kruis et al.: Maintaining remission of ulcerative colitis with the probiotic Escherichia coli Nissle 1917 is as effective as with standard mesalazine. Gut, Bd. 53, S. 1617, 2004
162 Hao et al.: Probiotics for preventing acute upper respiratory tract infections. Cochrane Database Systematic Review 2011 (9): CD006895
163 Folster-Holst: Probiotics in the treatment and prevention of atopic dermatitis. Annals of Nutrition and Metabolism, Bd. 57, S. 16, 2010
164 Mastromarino et al.: Bacterial vaginosis: a review on clinical trials with probiotics. New Microbiology, Bd. 36, S. 229, 2013
165 Vannucci et al.: Colorectal carcinogenesis in germ-free and conventionally reared rats: different intestinal environments affect the systemic immunity. International Journal of Oncology, Bd. 32, S. 609, 2008
166 Saikali et al.: Fermented milks, probiotic cultures, and colon cancer. Nutrition and Cancer, Bd. 49, S. 14, 2004
167 Lye et al.: The Improvement of Hypertension by Probiotics: Effects on Cholesterol, Diabetes, Renin, and Phytoestrogens. International Journal of Molecular Sciences, Bd. 10, S. 3755, 2009

LITERATURHINWEISE UND ERLÄUTERUNGEN

168 Lawrence: Are probiotics really that good for your health? The Guardian, 25. Juli 2009
169 Besselink et al.: Probiotic prophylaxis in predicted severe acute pancreatitis: a randomised, double-blind, placebo-controlled trial. The Lancet, Bd. 371, S. 651, 2008
170 Snydman: The safety of probiotics. Clinical Infectious Diseases, Bd. 46, S. 104, 2008
171 Tissier: Traitement des infections intestinals par la methode de la flore bactérienne de l'intestine. CR. Soc. Biol., Bd. 60, S. 359, 1906
172 Cheplin und Rettger: Studies on the transformation of the intestinal flora, with special reference to the implantation of Bacillus acidophilus, II. Feeding experiments on man. PNAS, Bd. 6, S. 704, 1920
173 Fuller: Probiotics in man and animals. Journal of Applied Bacteriology, Bd. 66, S. 365, 1989
174 Gibson und Roberfroid: Dietary modulation of the human colonic microbiota: introducing the concept of prebiotics. The Journal of Nutrition, Bd. 125, S. 1401, 1995.
175 Roberfroid: Prebiotics. The concept revisited. The Journal of Nutrition, Bd. 137, S. 830S, 2007
176 Delzenne et al.: Targeting gut microbiota in obesity: effects of prebiotic-sand probiotics. Nature Reviews Endocinology, Bd. 7, S. 639, 2011
177 Dewulf et al.: Insight into the prebiotic concept: lessons from an exploratory, double blind intervention study with inulin-type fructans in obese women. Gut, Bd. 62, S. 1112, 2013
178 Cecchini et al.: Functional Metagenomics Reveals Novel Pathways of Prebiotic Breakdown by Human Gut Bacteria. PLoS ONE, Bd. 8, S. e72766, 2013
179 Sanders et al.: An update on the use and investigation of probiotics in health and disease. Gut, Bd. 62, S. 787, 2013
180 Siehe auch Endnote 145.
181 McGovern et al.: Fucosyltransferase 2 (FUT2) non-secretor status is associated with Crohn's disease. Human Molecular Genetics, Bd. 19, S. 3468, 2010
182 Yan und Polk: Lactobacillus rhamnosus GG-an updated strategy to use microbial products to promote health. Functional Food Review, Bd. 4, S. 41, 2012
183 Mao et al.: Bacteroides fragilis polysaccharide – A is necessary and sufficient for acute activation of intestinal sensory neurons. Nature Communications, Bd. 4, S. 1465, 2013
184 Petrof et al.: Microbial ecosystems therapeutics: a new paradigm in medicine? Beneficial Microbes, Bd. 4, S. 53, 2013
185 Zhang et al.: Should We Standardize the 1,700-Year-Old Fecal Microbiota Transplantation? The American Journal of Gastroenterology, Bd. 107, S. 1755, 2012

LITERATURHINWEISE UND ERLÄUTERUNGEN

186 Video-Reportage über Wein aus Fäkalien: http://www.vice.com/de/shorties/how-to-make-faeces-wine (abgerufen im Dezember 2013)
187 »*Auf den Ausdruck Dreck statt Koth oder Erde, was gleichbedeutend sey, komme nichts an. Der Mensch ist Erde und diese unser aller Mutter; aus ihr wachse Alles, und in sie kehrt Alles wieder zurück. [...] Die Fäule gibt das Leben und folgentlich [gibt] der stetige Wechsel eine zeitliche Ewigkeit. [...] Gott ist und bleibt der alte Töpfer, so auf seiner Scheiben aus Koth täglich allerhand dreht und formiret. [...] Womit erhalten wir dennoch so weit völlige Gesundheit, und womit bringen wir die verlohrne, nechst Göttlicher Gnade, wieder herbey? Mit Artzeneyen aus Kräutern, Wurtzeln, Thieren und Mineralien gemacht. Erforsche aber aller derer Ursprung, so hast du Dreck und nichts mehr. [...] Wer den Koth verachtet, verachtet seinen Ursprung.*« Aus: Paullini, C. F.: Heylsame Dreck-Apotheke, Frankfurt am Main 1696, 2. Ausgabe. Ein Digitalisat des gesamten Werkes hier: diglib.hab.de/drucke/xb-3174/start.htm. Besser lesbares Digitalisat eines Nachdrucks von 1908 hier: http://digital.ub.uni-duesseldorf.de/vester/content/structure/1720559
188 de Vrieze: The Promise of Poop. Science, Bd. 341, S. 954, 2013
189 Borody et al.: Fecal Microbiota Transplantation: Indications, Methods, Evidence, and Future Directions. Current Gastroenterological Reports, Bd. 15, S. 337, 2013
190 Nood et al.: Duodenal Infusion of Donor Feces for Recurrent Clostridium difficile. New England Journal of Medicine, Bd. 368, S. 407, 2013
191 de Vrieze: The Promise of Poop. Science, Bd. 341, S. 954, 2013
192 Brandt: FMT: First Step in a Long Journey. The American Journal of Gastroenterology, Bd. 108, S. 1367, 2013
193 Wer ist der bessere Fäkalienspender – Mensch oder Schimpanse? Die Antwort von Jonathan Eisen: http://humanfoodproject.com/a-fecal-transplant-from-a-healthy-chimpanzee-or-average-joe-which-would-you-choose/
194 Petrof et al.: Stool substitute transplant therapy for the eradication of Clostridium difficile infection: ›RePOOPulating‹ the gut. Microbiome Journal, Bd. 1, 2013
195 Chemotherapie und Strahlen richten sich vorwiegend gegen sich schnell teilende Krebszellen. Sie treffen aber auch andere sich teilende Zellen, etwa in Haut, Haarfollikel, Darm oder Immunsystem, was Grund für die häufigen Nebenwirkungen von Haarausfall bis Nichts-mehr-essen-können ist.
196 Baker et al.: Repair of the vestibular system via adenovector delivery of Atoh1: a potential treatment for balance disorders. Advances in Otorinolaryngology, Bd. 66, S. 52, 2009
197 Kinross et al.: Gut microbiome-host interactions in health and disease. Genome Medicine, Bd. 3, S. 14, 2011
198 Ridaura et al.: Gut Microbiota from Twins Discordant for Obesity Modulate Metabolism in Mice. Science, Bd. 341, S. 6150, 2013

LITERATURHINWEISE UND ERLÄUTERUNGEN

199 Abreu et al.: Sinus Microbiome Diversity Depletion and Corynebacterium tuberculostearicum Enrichment Mediates Rhinosinusitis. Science Translational Medicine 2012, doi: 10.1126/scitranslmed.3003783
200 Lam et al.: Intestinal microbiota determine severity of myocardial infarction in rats. FASEB Journal, Bd. 26, S. 1727, 2012
201 Natürlich haben Keime keine guten oder bösen Absichten, sie haben keine Charaktereigenschaften, denn dann wären sie ja Menschen, oder zumindest Hunde oder Buckelwale oder dergleichen. Sie und ihre Absichten sind nur gut oder schlecht aus Sicht des Menschen, der sie abbekommt.
202 Jakobsdottir et al.: Designing future prebiotic fibers targeted against the metabolic syndrome. Nutrition 2013, doi: 10.1016/j.nut.2013.08.013
203 Clayton et al.: Pharmacometabonomic identification of a significant host-microbiome metabolic interaction affecting human drug metabolism. PNAS, Bd. 106, S. 14728, 2009

Teil V   Follow the money

204 Moynihan: Intestinal stasis. Surgery, Gynecology & Obstetrics, Bd. 20, S. 154, 1915
205 Brand: Sir William Arbuthnot Lane, 1856–1943. Clinical Orthopaedics and Related Research, Bd. 467, S. 1939, 2009
206 Man könnte hier auch schreiben: »Bereits Hippokrates war überzeugt ...«, denn man findet dieses Thema in den Hippokratischen Schriften. Diese wurden allerdings laut aktuellem Forschungsstand gar nicht oder weitestgehend nicht von ihm selbst verfasst, sodass heute niemand sagen kann, was tatsächlich vom Meister selbst und was von seinen Schülern und Schülersschülern stammt.
207 Hurst: An Address On The Sins And Sorrows Of The Colon. The British Medical Journal, Bd. 1, S. 941, 1922
208 Acosta und Cash: Clinical Effects of Colonic Cleansing for General Health Promotion: A Systematic Review. American Journal of Gastroenterology, Bd. 104, S. 2830, 2009
209 Der deutsche Alternativmedizin-Forscher Edzard Ernst kommt zu einem ähnlichen Schluss. Es gebe keine wissenschaftlich belastbaren Belege für eine Wirkung. Er nennt die Popularität dieser Methoden einen »Sieg der Ignoranz über die Wissenschaft«.
210 Eine Erklärung zu dem, was in den Detox-Fußbädern passiert, liefert Ben Goldacre: http://www.badscience.net/2004/09/rusty-results/
211 Sies und Brooker: Could these be gallstones? The Lancet, Bd. 365, S. 1388, 2005
212 Bundesgesundheitsblatt, Bd. 47, S. 587, 2004
213 Translating the human microbiome. Nature Biotechnology, Bd. 31, S. 304, 2013

LITERATURHINWEISE UND ERLÄUTERUNGEN

214 Olle: Medicines from microbiota. Nature Biotechnology, Bd. 31, S. 309, 2013
215 Jones et al.: Clostridium difficile: a European perspective. Journal of Infection, Bd. 66, S. 115, 2013
216 Atarashi et al.: Treg induction by a rationally selected mixture of Clostridia strains from the human microbiota. Nature, Bd. 500, S. 232, 2013
217 Takiishi et al.: Reversal of autoimmune diabetes by restoration of antigen-specific tolerance using genetically modified Lactococcus lactis in mice. Journal of Clinical Investgation, Bd. 122, S. 1717, 2012
218 Schmidt: The startup bugs. Nature Biotechnology, Bd. 31, S. 279, 2013
219 Second-Genome-Vorstand Peter DiLaura im Forbes Magazin: http://www.forbes.com/sites/matthewherper/2013/06/05/jj-pairs-up-with-a-human-microbiome-focused-biotech/ abgerufen im November 2013
220 Studie zum Probiotikakonsum 2018: http://www.transparencymarketresearch.com/probiotics-market.html

Ausblick

221 HUGO: Human Genome Organisation, Träger des Human Genome Projects, HGP: web.ornl.gov/sci/techresources/Human_Genome/index.shtml
222 Relman und Falkow: The meaning and impact of the human genome sequence for microbiology. Trends in Microbiology, Bd. 9, S. 206, 2001
223 National Institutes of Health, NIH, Website zum Human Microbiome Project: commonfund.nih.gov/hmp/
224 Olle: Medicines from microbiota. Nature Biotechnology, Bd. 31, S. 309, 2013
225 Ebenda
226 Ioannidis: Why Most Published Research Findings Are False. PLoS Medicine, Bd. 2, S. E124, 2005
227 Der Physiker Richard Feynman erzählte einmal in einem Interview, wie, als er noch klein war, andere Kinder damit prahlten, die Namen von irgendwelchen Vögeln zu wissen, und was ihm sein Vater dazu sagte: »Du kannst den Namen eines Vogels in allen Sprachen der Welt kennen, aber wenn du damit fertig bist, weißt du absolut gar nichts über den Vogel. Also lass uns den Vogel anschauen und sehen, was er macht. Das ist, was zählt.« Er habe also, so Feynman, »sehr früh den Unterschied gelernt dazwischen, den Namen von etwas zu wissen und etwas zu wissen«.
228 Ein Leben ohne Mikroben ist ohnehin keine Option. Denn sobald wir die wenigen weitgehend keimfreien Räume dieser Welt – ironischerweise Mikrobenlabors zum Beispiel – verlassen, werden wir umgehend wieder besiedelt werden. Das dann allerdings sicher nicht optimal, denn, wie in diesem Buch schon beschrieben: Es ist wichtig, dass wir schon direkt nach der Geburt und in den ersten Lebensjahren Kontakt mit den richtigen Mikroben bekommen. In dem Falle, dass ein hypothetischer keimfreier Erwach-

LITERATURHINWEISE UND ERLÄUTERUNGEN

sener plötzlich die nicht keimfreie Welt betritt, wäre also einerseits sein Immunsystem nicht geschult, mit Krankheitserregern und harmlosen Keimen jeweils angemessen umzugehen, andererseits könnten gerade Krankheitserreger die noch unbesiedelten Lebensräume dieses Menschen okkupieren. Genau das passiert ja auch in der Realität, etwa wenn *C. diff* nach einer Antibiotikabehandlung die Oberhand gewinnt.

229 http://americangut.org / http://ubiome.com / http://microbes.eu

230 23andMe hat diesen Service zum Zeitpunkt des Redaktionsschlusses dieses Buches aufgrund der behördlichen Aufforderung eingestellt. Allerdings kann man weiter seine Gene dort analysieren lassen und mit anderen im Web verfügbaren Quellen auch weiterhin an ähnliche Diagnosen kommen.

231 Wie die sich stetig verbessernden Möglichkeiten der molekularbiologischen Analyse sich auch im Nachhinein noch auswirken können, bekommen immer mehr Straftäter zu spüren. Einst haben sie seinerzeit wenig aussagekräftige Daten am Tatort hinterlassen: ihre DNA. Heute sind diese Daten sehr aussagekräftig. Wenn sie gespeichert sind, in diesem Falle zum Beispiel schlicht auf noch aufbewahrten Beweismitteln vom Tatort, können Täter jetzt überführt werden. Wer also heute jemandem seine derzeit noch nicht sehr aussagekräftigen Mikrobiom-Daten überlässt, überlässt diesem auch die Möglichkeit, diese, wenn sich die Aussagekraft verbessert, in Zukunft zu nutzen.

SACHREGISTER

16S-rRNA 71f.

A

Acinetobacter 29, 127ff.
Acremonium 29
Adipositas 146
Akkermansia muciniphila 140
Aliivibrio fischeri 56
Allergie 9, 76, 86, 98, 112, 114f.,
  117, 119ff., 127, 129, 132, 188f.,
  203, 205, 269, 283
Alzheimer 156, 223, 287
Amine 104, 163f.
Aminosäure 56, 163, 178, 181f.
Anaerococcus 34
Animalculae 64, 66, 73
Anopheles 31
Anthocyane 104
Antibiotika 9, 11ff., 24f., 29, 36,
  43, 54, 69, 75, 77ff., 89ff., 97f.,
  104, 106, 111, 113, 115, 123,
  125, 129, 144, 157, 160, 165,
  175ff., 181, 184, 186f., 191,
  196, 204, 208, 210f., 216, 219f.,
  222f., 227f., 234f., 238ff., 266,
  268, 271f., 283
Antidepressiva 99, 266
Antikörper 55, 65, 68
Antioxidantien 102, 108, 180
Archaeen 32, 57, 72, 135
Arterienverkalkung 179
Aspartam 99

Aspergillus 29
Aspergillus oryzae 100
Aspirin 178
Asthma 76, 80, 97, 112, 119, 121,
  125, 128ff., 205
Autoimmunkrankheit 9, 80, 86,
  112, 117, 125, 130, 157, 188f.,
  219, 234, 269, 283
Autoimmunleiden 86, 112, 129

B

Bacillus 32, 68, 137, 201, 209, 211
Bacteroides 135, 143, 171, 243
Bacteroides fragilis 168, 216, 239,
  243
Bacteroides thetaiotaomicron,
  siehe auch B. theta 135, 268
Bacteroidetes 137, 239
Bakterientherapie/Bakteriotherapie
  79, 81, 146, 209, 215f., 218, 243,
  266, 268
Ballaststoffe 143, 194f., 267, 284
Bauernhof 24, 121f., 127, 269
Becherzelle 194
Beeren 164, 171, 283
Bier 69
Bifidobakterien 127, 142, 148,
  153, 196, 204f., 209, 211, 267
Bilophila wadsworthia 193
Blinddarm, siehe auch Wurmfortsatz
  40, 43, 134, 187
B. theta 135ff., 142

SACHREGISTER

Buttersäure 31, 158, 170, 191, 194 f., 197

C

cagA 79
Candida 29, 57, 253 f.
Candidasyndrom 253
Carnitin 181
C. diff, siehe auch C. difficile 222, 228, 230
Chlorid 98
Chloroplasten 41, 51, 54
Chlorpyrifos 98
Cholesterin 181 f., 253
Cholin 181
Clostridium 11 f., 15 f., 32, 137, 142, 146
Clostridium butyricum MIYAIRI 588, 268
Colitis ulcerosa 187, 189, 191 f., 196, 223, 249
Collinsella 179
Cordyceps 152
Corynebacterium tuberculostearicum 239

D

Daidzein 166, 171
Darmentzündung, siehe auch Kolitis 10 ff., 16, 86, 97, 187 f., 192 f., 203, 205, 216, 271
Darmepithel 43, 55, 131
Darmerkrankung 161, 169, 215
Darmkrebs 168 f., 176, 207, 213, 235, 239
Darmschleimhaut 43, 123, 169 f., 213, 215
Deltaproteobakterien 58
Demenz 37, 157
Depression 15, 176, 219, 222, 226
Desinfektionsmittel 13, 29, 75, 98

Diabetes 9, 12, 76, 112, 133, 139 ff., 146 f., 149, 192, 223, 226, 251, 270 f., 283
Digoxin 102, 104 f., 106 ff.
Dünndarm 39, 41, 131, 156, 186, 191
Durchfall 10 f., 15, 39, 43, 96, 150, 169, 186 f., 192, 203 f., 209, 220 f., 228, 248, 253
Dysbiose 99, 270

E

E. coli 100
Eggerthella 104 ff.
Elafin 270
Ellagsäure 164, 171
EM 256 ff., 261 ff.
Embryo 48, 86
Enddarm 20, 110
Energiebedarf 47
Enterotypen 277 f.
Entgiftung 102, 245, 248, 254
Entschlackung 248, 250 f., 254
Entzündung 15, 36 f., 42, 79, 124, 127, 131, 139, 141 ff., 156 f., 165, 167 ff., 179 f., 185 f., 190 ff., 213, 216, 241, 268 ff., 288
Epithel 44, 131
Epithelzellen 140, 191 f., 194
Equol 166, 171, 243
Ernährung 21, 81, 97, 105, 107, 112, 133, 139, 143, 145 f., 149, 163, 173, 187, 193, 206, 208, 214, 217, 239, 247, 255, 265 f., 281, 283 f.
Escherichia coli M17 270
Escherichia coli Nissle 1917 192
Escherichia coli, siehe auch E. coli 100
Essen 9, 16, 25, 77, 82, 89, 123, 188
Essigsäure 58, 170

SACHREGISTER

Eubacterium 106, 179
Eubacterium lentum 103
Eukaryonten 54, 70, 72

F

Faecalibacterium prausnitzii 130 f., 194
Fäkalien 10, 12, 25
Fäkaltherapie 221 ff., 229
Fäkaltransplantation 10, 146, 161, 218 ff., 223, 225, 227 f., 230, 240, 255, 267 f.
FDA 225, 229, 287
Fett 40, 92 f., 134, 140 f., 181 f.
Fettsäure 47, 57, 139, 147, 158, 163, 166, 180, 184, 192, 194, 213
Fettzelle 175 ff.
Fingerhut 102, 104
Firmicutes 33, 40, 111, 137
Fisch 56, 74, 182
Fleisch 76, 94, 108, 153, 163, 180 ff.
Fruktane 149, 195, 284
Fusobakterien 37, 172

G

Gallengries 253
Gallensäure 193
Gamella 35
Geburt 19 f., 25 f., 35, 109 f., 116, 124, 144
Geburtsstation 67
Gehirn 40, 97 f., 115, 150 ff., 158 ff., 170, 177, 179, 282
Gene 14 ff., 21 ff., 25, 49, 52, 60, 70, 72, 81, 93, 96 f., 101, 103 f., 129, 137 ff., 143 ff., 158, 167, 180, 208, 216, 219, 233, 236 ff., 242, 265 f., 271, 274, 276, 282, 285

Genom 13, 23, 36, 71 f., 133, 215, 235, 266, 271, 276, 287
Gentherapie 235 f., 238
Gleichgewicht 14 f., 29, 39, 51, 55, 94, 97, 219, 247, 257, 262, 270
Gluten 125 f., 169, 193
Glyphosat 99

H

Haemophilus influenzae 72
Harnwegsinfektion 22
Haut 20, 22, 26 f., 29 ff., 38, 55 f., 63, 65, 73, 81, 87, 111, 140, 185, 251, 253, 261
Hefe 29, 41, 66, 221, 253
Helicobacter pylori/H. pylori 37, 40, 76 ff., 129 f., 156, 168, 239, 241
Herz 10, 15 f., 36, 92, 96, 102, 104 f., 129, 156, 166, 175 ff., 182, 192, 224, 239, 249
Heuschnupfen 80, 120 f.
Holobiont 23, 60
Homöopathie 257, 259
Hooke, Robert 63
Hormon 15, 20, 36, 93, 137, 166, 176 f., 234, 285
Hunde 25, 32, 152
Hygiene 9, 20, 44, 66, 75, 86, 97, 112 f., 120, 122, 134, 188, 227, 250, 260
Hygiene-Hypothese 121
Hypophyse 153

I

Immunkrankheit 169
Immunschwäche 10
Immunsystem 40, 48, 54, 65, 68, 80, 97, 112 ff., 119, 121 ff., 125 ff., 132, 134, 140 f., 156, 167 f., 170,

SACHREGISTER

173, 185, 187 ff., 193, 197, 205, 208, 215, 233, 241, 269, 282
Insulin 139 f., 142, 147 ff., 223
Inulin 212 f.

J

Joghurt 65, 74, 151, 153 ff., 159, 161, 166, 199 ff., 206 f., 211, 214, 217, 228

K

Kaiserschnitt 33, 75, 109 ff., 134
Kalorien 26, 89, 97, 136 ff., 143
Kefir 166, 211, 214, 285
keimfrei 75
Klebsiella 99
Klinische Studien 189, 223, 271
Knollenbakterien 55
Kohlendioxid 42, 58
Kohlenhydrate 40, 76, 141 f.
Kolitis, siehe auch Colitis ulcerosa 11, 16, 193, 205
Koloskopie 12, 220
Kombucha 65
Konservierungsmittel 99
Koprophagie 145
Koralle 23
Krabbe 182
Krankheitserreger 9, 14, 22, 63, 69 f., 74, 80, 134, 185, 194, 219, 224, 228, 283
Krebs 16, 36, 71, 78 ff., 108, 126, 129, 156, 163 ff., 170 ff., 184, 203, 206, 235, 237, 239 ff., 243, 254, 266, 283, 288
Kreißsaal 19 f., 67
Kühe 53, 57, 59, 89

L

Lactobacillus 116 f., 132, 153, 165, 175, 178, 201, 204 f., 207, 209 ff., 215, 239
Laktobazillen, siehe Milchsäurebakterien 34, 148, 164, 206 f.
Lactococcus 127 f., 137, 269
Laktulose 212
Lebensmittelallergie 187 f.
Leber 14, 42, 102 ff., 106, 108, 156 ff., 177, 193, 241, 249, 253
Leptin 137, 175 ff., 179
Lipopolysaccharide/LPS 140 f.
Lymphom 164 ff.

M

Magen 26, 37, 39 ff., 43, 48, 53, 56 f., 71, 76 ff., 129, 153, 156 f.
Mais 74, 98
Make-up 30
Malaria 31, 220
Malawi 75 f., 82
Maniokwurzel 74
Meeresfrüchte 182
Melamin 99
Metaanalyse 203 ff., 217, 290
Metabolisches Syndrom 12, 240
Methanobrevibacter smithii, auch M. smithii 135 f.
Micrococcus 32
Mikrobiom 11, 13, 21, 23 ff., 60, 75, 85, 93, 108 f., 130, 133, 135, 138, 140, 144, 147, 171, 174, 177, 183, 206, 215 ff., 219, 225, 227, 233, 237 ff., 243, 252, 258, 266 f., 270 f., 274 ff., 286, 288 f.
Mikrobiom-Modulatoren 271
Mikrobiota 21, 28, 33, 35, 61, 75, 79, 138, 141 f., 145 ff., 165, 187, 191, 193, 196, 218 f., 222, 225 ff.,

SACHREGISTER

230 f., 234, 239, 266 f., 271, 273, 281, 285 ff., 289
Mikroskop 35, 62, 69
Milch 26, 53, 94
Milchfett 192 f.
Milchsäure 34, 127, 211, 267
Milchsäurebakterien 20, 26, 34, 39, 111, 131, 148, 201, 212, 258, 263, 269
Milzbrand 67 f.
Mitochondrien 51, 54
Morbus Crohn 129, 187, 190, 192, 205, 215, 223, 231, 249, 268
Multiple Sklerose 129, 219, 223, 231
Mutaflor 210
Mycobakterien 142

N

Nasensonde 146 f., 219 f., 224
Nebenniere 153
Nebenwirkungen 9, 65, 91, 102, 148, 156, 169, 180, 206, 211, 225, 234, 249, 266, 273
Nervensignal 150, 171
Neurospora 70
NfkappaB 168
Nieren 42, 52, 99, 102, 105, 166, 249
Nüsse 163 f., 171, 283

O

ökologische Katastrophe 14 f., 89
Ökosystem 14, 22, 26 f., 39, 76, 81, 93, 97, 149, 199, 216 f., 219, 231, 252, 254, 274, 279 ff., 285, 289 f.
Oligofruktose 141, 212 f.
Östrogen 166
OTU 61

P

Panchakarma 248
Paracetamol 100, 107 f., 242
Parasiten 123, 151, 188, 190
Parkinson 129, 156, 223
Pathogene, pathogen 11, 13 f., 24, 121, 125, 131 f., 142, 185, 208, 224, 235, 263
Penis 33, 55, 83
Phagen 70
Phenylalanin 178, 182
Pilze 21, 48, 51, 56, 59, 69, 152, 212, 218, 253, 263
Placebo 147, 153, 180, 196, 200, 202 f., 205, 206 f., 224, 250, 255
Plaque 179
Pocken 64 ff., 70
Pollen 120, 125, 188
Polymerase-Kettenreaktion 71
Polyphenol 87, 164, 171
Polysaccharid A 216
Präbiotika 107, 148, 196, 199, 212 ff., 219, 240, 271
Prävention 64, 159, 178, 217, 240
Prevotella 37, 278
Probiotica 129, 141, 175, 177 f., 200 f., 203, 208, 268
Probleme, psychische 157
Propionibacterium acnes 172 f.
Propionsäure 170
Prostata 173, 243
Prostatakrebs 166, 172 f., 235
Proteobakterien 33, 288
Pseudomonas 29
Psyche 11, 15 f., 150 f., 153, 162, 166, 170, 207, 226

R

Raffinose 212
rauchen 113, 178, 251

SACHREGISTER

Reizdarm 186f., 194ff., 202ff., 248, 268
RePOOPulate 228f.
Resilienz 24
Robogut 227
Roseburia 179

S

Saccharomyces-Hefe 204, 211
Salmonellen 194, 210, 270
Sauerkraut 65, 69, 214, 258, 285
Scheide 20, 22, 26, 28, 33ff., 55, 83, 110, 114
Schilddrüse 234f.
Schlacke 251
Schlupfwespe 61
Schwangerschaft 36, 113, 117, 128, 152
Schwefelbakterien 56
Schweinepeitschenwurm, siehe Trichuris suis 189
Serotonin 158
Sex 33, 60f., 70, 84ff., 212
Signalweg 156, 160, 168
Soja 89, 104, 166, 171, 211, 243
Speck 74
Stall 53, 83, 90f., 96, 121f., 127f., 258f., 269
Stammzellen 43, 176
Staphylokokken 29, 222
Steinzeit-Diät 142, 283
Stoffwechsel 70
Streptokokken 22, 35f., 116, 205, 207
Stress 15, 20, 77, 97, 153, 186f.
Superorganismus 19, 22f., 237
Symbioselenkung 81

T

Tee 65, 251
Termiten 56f., 59
Tiefsee 13, 28
Tiermast, Antibiotika in der 89ff., 96, 207, 210
TMA 181
TMAO 181f.
Toleranz im Immunsystem 123ff.
Topinambur 243
Toxoplasma/Toxoplasmose 152
Transparency Market Research 211, 274
Trichuris suis 189
Triclosan 98
Tryptophan 178, 182
Tuberkulose 66, 68
Tumor 15, 77, 102, 156, 163, 167f., 170, 172ff., 191, 206, 226, 235ff., 241f., 281
Tyrosin 178, 182

U

Übergewicht 89, 92f., 97, 112, 133, 176, 192, 213, 219, 223, 226, 231, 240, 283
Urdarm 47f., 52
Urolithine 164, 171

V

Vagina 33ff., 81, 110ff., 116, 206
Veganer 180ff., 184
Verblindung 203f.
Verdauung 50, 57, 150, 218, 221, 247ff., 251, 283
Viren 21, 34, 36, 48, 65f., 69f., 86, 96, 122, 151f., 155f., 220
Vitamin 39f., 50, 87, 89f., 96, 102, 158, 182

SACHREGISTER

W

Wein 23, 66, 69
Weltgesundheitsorganisation WHO 77, 146, 208
Wiederkäuer 39, 53, 57, 211
Würmer 56, 100 f., 123, 188 ff., 196
Wurmfortsatz 40, 43, 187

Y

Yakult 153, 208, 210

Z

Zellen 14 ff., 22, 39 ff., 45, 47, 49, 51, 54 ff., 60, 63, 68, 70 f., 79 f., 95, 105, 123, 125, 132, 135, 138 f., 147
Zellkern 41, 51, 54, 70 f., 136
Zellteilung 167 f., 213, 238
Zöliakie, siehe Gluten 97
Zonegran 106, 242
Zucker 39 f., 56, 76, 140 ff., 149, 166, 187, 193, 251, 279, 281, 283 f.
Zwiebel 129, 131, 195, 284 f.
Zwillinge 23, 137, 144 f.

PERSONENREGISTER

Aas, Jørn 35
Abreu, Nicola 239
Acosta, Ruben 249
Allen-Vercoe, Emma 99, 227 f.
Andersson, Anders 116
Aziz, Ramy 103 f., 107 f.

Bäckhed, Fredrik 133 f., 142, 179 f., 183
Baker, John 176 ff., 182 f.
Bassi, Agostino 66 f.
Beijerinck, Martinus 70
Bienenstock, John 155 f., 273
Blaser, Martin 77 ff., 91 ff., 97, 130
Blaut, Michael 155
Bonpland, Aimé 275
Borg, Charmaine 84
Bork, Peer 24 f., 271, 277 ff.
Borody, Thomas 196, 222
Brandt, Lawrence 225 f.
Bräunig, Juliane 263 f.
Brenner, Darren 203
Brüggemann, Holger 173

Cani, Patrice 140 f.
Cash, Brooks 249
Cecchini, Davide 213
Chang, Eugene 192
Cohn, Ferdinand 68
Cubells, Joseph 157

Daniel, Hannelore 280
Diaz-Heijtz, Rochellys 97, 157, 160
DiLaura, Peter 272
Dominguez-Bello, Maria Gloria 74 ff., 81 f., 109 f., 114 ff.
Dong, Qunfeng 33
Doyle, Arthur Conan 247
Dun, Rob 32

Ehrlich, Dusko 143
Ehrlich, Paul 68 f., 145
Eiseman, Ben 222
Eisen, Jonathan 85, 227
Enninger, Axel 252, 254 f.
Evans, Ronald 144

Fabrizio, Girolamo 221
Falkow, Stanley 276
Fang, Sungsoon 144
Findley, Keisha 29
Fischer, Christoph 256, 258 ff.
Förstl, Hans 161
Fraune, Sebastian 54 f.

Galle, Peter 249 ff.
Gibson, Peter 195
Gordon, Jeffrey 21, 130, 133, 135 ff., 143 ff., 216, 225, 239, 275, 279
Groenhagen, Ulrike 31
Gruby, David 57

PERSONENREGISTER

Haller, Dirk 131 f., 140 f., 147 f.
Häsler, Robert 191
Hausen, Harald zur 156
Hazen, Stanley 180
Hesse, Walter 68
Higa, Teruo 256 ff.
Holwell, John Zephania 64
Holzer, Peter 98
Humboldt, Alexander von 27 f., 32, 275
Hyöty, Heikki 126
Ioannidis, John 278

Jacob, Francois 70
Jakobsdottir, Greta 240
Jenmalm, Maria 115 f.
Jong, Peter de 84
Jukes, Thomas 89 f., 96

Katz, David 28
King, Nicole 54
Kleerebezem, Michiel 131
Knight, Rob 112, 115 f.
Koch, Robert (Dr.) 67 ff., 246
Kollath, Werner 212
Kolter, Roberto 13 f.

Lam, Vy 176 f.
Lane, William Arbuthnot 209, 245 ff.
Leach, Jeff 283 f.
Leadbetter, Jared 58
Lederberg, Joshua 21
Leeuwenhoek, Antoni van 62 ff., 69 f., 73
Lindenbaum, John 103
Lyte, Mark 150 f., 155 f.

Marshall, Barry 77, 156
Martinez, Fernando 120
Mayr, Ernst Xaver 61, 251
Meadow, James 31
Metschnikow, Ilja 9, 66 f., 201 f.

Meyer, Axel 85
Moayyedi, Paul 203
Monod, Jacques 70
Müller, Johannes 67
Mullis, Kary 71 f.
Mutius, Erika von 119 ff., 127 ff.

Nieuwdorp, Max 147, 224
Nissle, Alfred 192, 209
Nixon, Richard 167

Olle, Bernat 267, 271
Ott, Stephan 44 f., 230 f.

Pasteur, Louis 68
Paullini, Christian Franz 222
Petri, Richard 68
Petrof, Elaine 216 f.
Pollan, Michael 115

Raes, Jeroen 266
Relman, David 94 f., 276
Roberfroid, Marcel 212 f.
Roberts, Willliam 69
Rook, Graham 122
Rosenberg, Eugene 60

Schiestl, Robert 165
Schölmerich, Jürgen 190
Schulz, Stefan 31
Selinge, Christian 161
Semmelweis, Ignaz 67, 75
Seufferlein, Thomas 11 f., 220
Shaw, George Bernard 247
Shepherd, Susan 195
Smith, Sydney 102
Spreadbury, Ian 142
Staecker, Hinrich 236
Steward, William H. 70
Strachan, David 120 f.

Tillisch, Kirsten 154
Tissier, Henry 209, 211

PERSONENREGISTER

Turnbaugh, Peter 104 f.
Venter, Craig 71 f., 276

Verhulst, Niels 31
Vinogradskij, Sergej 69

Warren, John Robin 77, 156
Weinkove, David 100 f.

Weinstock, Joel 188 ff.
Wlodarski, Rafael 85
Woese, Carl 32, 71 f.

Zhang, Faming 221, 223
Zimmer, Carl 95